Beiträge zur Numerischen Mathematik 7

Beiträge zur Numerischen Mathematik 7

Herausgegeben von
Frieder Kuhnert und Jochen W. Schmidt

R. Oldenbourg Verlag München Wien 1979

CIP-Kurztitelaufnahme der Deutschen Bibliothek

Beiträge zur Numerischen Mathematik / hrsg. von
Frieder Kuhnert u. Jochen W. Schmidt. — München,
Wien: Oldenbourg.
NE: Kuhnert, Frieder [Hrsg.]
7. — 1. Aufl. — 1979.
ISBN 3-486-22411-5

Printed in the German Democratic Republic
Lizenz-Nr. 206 · 435/116/78
Gesamtherstellung: VEB Druckhaus „Maxim Gorki“, Altenburg
ISBN: 3-486-22411-5

Inhalt

Beiträge zur Numerischen Mathematik
7 (1979), 7–12

Error estimations for conjugate direction methods

József Abaffy and Aurél Galántai

This paper gives an error estimation for the class of conjugate direction methods when the objective function is quadratical.

1. Introduction

It is an important problem of the unconstrained function minimization to minimize quadratical functions of the form

$$f(\boldsymbol{x}) = \frac{1}{2}\,\boldsymbol{x}^{\mathsf{T}} A \boldsymbol{x} + \boldsymbol{b}^{\mathsf{T}}\boldsymbol{x} + c \qquad (\boldsymbol{b}, \boldsymbol{x} \in R^n, c \in R^1) \tag{1.1}$$

where A is an $n \times n$ positive definite and symmetrical matrix.

The most important methods are based on the computation of conjugate directions ([1–5]). As it is known, the conjugate directions corresponding to the matrix A are defined as a linearly independent system of vectors $\{\boldsymbol{d}_i\}_{i=1}^n$ for which

$$\boldsymbol{d}_i^{\mathsf{T}} A \boldsymbol{d}_j = \delta_{ij} \cdot c_{ij} \qquad (i, j = 1, 2, \ldots, n), \tag{1.2}$$

where δ_{ij} denotes the Kronecker symbol and $c_{ij} \neq 0$ are constant.

The conjugate direction methods then have the following general form:

Let $\boldsymbol{x}_1 \in R^n$ be arbitrary and

$$\boldsymbol{x}_{i+1} + \boldsymbol{x}_i + \alpha_i \boldsymbol{d}_i \qquad (i = 1, 2, \ldots, n), \tag{1.3}$$

where α_i is defined by

$$\alpha_i = -\boldsymbol{g}(\boldsymbol{x}_i)^{\mathsf{T}}\, \boldsymbol{d}_i / \boldsymbol{d}_i^{\mathsf{T}} A \boldsymbol{d}_i \tag{1.4}$$

and $\boldsymbol{g}(\boldsymbol{x}_i) = \operatorname{grad} f(\boldsymbol{x}_i)$.

In this scheme the methods differ from each others only in the computation way of conjugate directions $\{\boldsymbol{d}_i\}_{i=1}^n$.

Without loss of generality we can assume that

$$\|\boldsymbol{d}_i\| = 1 \qquad (i = 1, 2, \ldots, n). \tag{1.5}$$

Note that the number α_i for non-quadratical functions is defined by the relation

$$f(\boldsymbol{x}_{i+1}) = \min_{\alpha \in R} f(\boldsymbol{x}_i + \alpha \boldsymbol{d}_i) \tag{1.6}$$

which is equivalent to (1.4) for the quadratical functions.

In two special cases the error of the above scheme was estimated by M. Sachet and S. Kahne [4] for quadratical functions. The first case supposes error only in one step of the process and exact computations in the further steps. In the second case it is assumed that the errors in the computation of α_i and $\boldsymbol{d}_i$ are independent of each others. In this way a simple estimation of the error was obtained.

In this paper we give a general error estimation (that means the errors of the different steps may depend on each others) which is obviously sharper than the result of Sachet and Kahne.

2. A closed form of the error for quadratical functions

This section gives a closed form for the error propagation.

We denote the perturbed conjugate directions by $\boldsymbol{p}_i$ ($i = 1, \ldots, n$; $\boldsymbol{p}_i \neq \boldsymbol{0}$). The computed minimumpoints in the linear subspace of the vectors $\boldsymbol{d}_1, \ldots, \boldsymbol{d}_i$ are denoted by $\boldsymbol{y}_i$ ($i = 1, \ldots, n+1$). Similarly, β_i denotes the computed value of α_i ($i = 1, \ldots, n$). Let $\boldsymbol{\delta}_i = \boldsymbol{p}_i - \boldsymbol{d}_i$ be the error of direction $\boldsymbol{d}_i$ ($i = 1, \ldots, n$) and let us decompose β_i in the form

$$\beta_i = \alpha_i + \gamma_i + \varepsilon_i \qquad (i = 1, \ldots, n), \tag{2.1}$$

where

$$\gamma_i = -\boldsymbol{g}^{\mathsf{T}}(\boldsymbol{y}_i)\, \boldsymbol{p}_i / \boldsymbol{p}_i^{\mathsf{T}} A \boldsymbol{p}_i - \alpha_i \qquad (i = 1, \ldots, n) \tag{2.2}$$

is the accumulated error and ε_i is the round-off error of the computer actually used.

With the above notations we have

Theorem 1. *Consider the process* (1.3)–(1.4) *for the quadratical function* $f(\boldsymbol{x}) = \frac{1}{2}\boldsymbol{x}^{\mathsf{T}} A \boldsymbol{x} + \boldsymbol{b}^{\mathsf{T}}\boldsymbol{x} + c$ *and assume that the first k steps are performed exactly i.e.*

$$\beta_i = \alpha_i, \qquad \boldsymbol{p}_i = \boldsymbol{d}_i, \qquad \boldsymbol{y}_i = \boldsymbol{x}_i \qquad (i = 1, \ldots, k;\ k < n). \tag{2.3}$$

Then

$$\boldsymbol{y}_j = \boldsymbol{x}_{k+1} + \sum_{i=k+1}^{j-1} \beta_i \boldsymbol{p}_i \qquad (j = k+1, \ldots, n+1) \tag{2.4}$$

and for the accumulated error

$$\gamma_i = \left[\alpha_i \boldsymbol{\delta}_i^{\mathsf{T}} A \boldsymbol{\delta}_i - 2\alpha_i \boldsymbol{\delta}_i^{\mathsf{T}} A \boldsymbol{d}_i - \sum_{j=k+1}^{i-1} \beta_j \boldsymbol{\delta}_j^{\mathsf{T}} A \boldsymbol{d}_j - \boldsymbol{g}^{\mathsf{T}}(\boldsymbol{y}_i)\, \boldsymbol{\delta}_i\right] \Big/ \boldsymbol{p}_i^{\mathsf{T}} A \boldsymbol{p}_i \tag{2.5}$$

($i = k+1, \ldots, n$) *holds.*

Proof. Since the first relation is obvious we prove only (2.5) by induction corresponding to i. It is noted that (2.3) implies $y_{k+1} = x_{k+1}$. Using this fact and the relation

$$d_i^T A d_i = p_i^T A p_i - 2\delta_i^T A p_i + \delta_i^T A \delta_i \tag{2.6}$$

we have

$$\begin{aligned}-g^T(y_{k+1})\, p_{k+1} &= -g^T(x_{k+1})\,(d_{k+1} + \delta_{k+1})\\ &= \alpha_{k+1} d_{k+1}^T A d_{k+1} - g^T(x_{k+1})\,\delta_{k+1}\\ &= \alpha_{k+1} p_{k+1}^T A p_{k+1} + [\alpha_{k+1}\delta_{k+1}^T A \delta_{k+1} - 2\alpha_{k+1}\delta_{k+1}^T A p_{k+1}\\ &\quad - g^T(y_{k+1})\,\delta_{k+1}]\\ &= (\alpha_{k+1} + \gamma_{k+1})\, p_{k+1}^T A p_{k+1}\end{aligned}$$

which gives the requested form of γ_{k+1}. Assume the truth of (2.5) for $i\,(1 \leqq i < n)$. Then we have

$$\begin{aligned}\gamma_{i+1} = -\alpha_{i+1} - [g^T(x_{k+1})\, d_{i+1} + \sum_{j=k+1}^{i} \beta_j (d_j + \delta_j)^T A d_{i+1}\\ + g^T(y_{i+1})\,\delta_{i+1}]/p_{i+1}^T A p_{i+1}\,.\end{aligned}$$

Now using the relation

$$g^T(x_{i+1})\, d_{i+1} = [g^T(x_{k+1}) + \sum_{j=k+1}^{i} \alpha_j d_j^T A]\, d_{i+1} = g^T(x_{k+1})\, d_{i+1}$$

and the relation (2.6) for $i + 1$ we have

$$\begin{aligned}\gamma_{i+1} = -\alpha_{i+1} + \big[\alpha_{i+1} p_{i+1}^T A p_{i+1} + \big(\alpha_{i+1}\delta_{i+1}^T A \delta_{i+1}\\ -2\alpha_{i+1}\delta_{i+1}^T A p_{i+1} - \sum_{j=k+1}^{i} \beta_j \delta_j^T A d_{i+1} - g^T(y_{i+1})\,\delta_{i+1}\big)\big]/p_{i+1}^T A p_{i+1}\end{aligned}$$

which also implies (2.5) for γ_{i+1}, q.e.d.

3. A priori bound for the error propagation

In this section we give a bound for the error $\|y_j - x_j\|$ using the result of the previous section. The estimation needs a priori informations on the spectrum of A ($\lambda_{\max}, \lambda_{\min}$) and on the errors of conjugate directions actually used.

We need to prove the following lemma:

Lemma 1. *For the quadratical function* (1.1) *and the sequence* (1.3) *the inequality*

$$\|g(x_i)\| \leqq \|g(x_1)\| \sqrt{\lambda_{\max}}/\sqrt{\lambda_{\min}} \qquad (i = 1, \ldots, n + 1) \tag{3.1}$$

holds.

Proof. The principal axis transformation keeps the norm of the gradient vector, so it is enough to prove (3.1) for the function of form

$$f^*(\boldsymbol{x}) = \sum_{i=1}^{n} \lambda_i x_i^2 \qquad (\lambda_1 \geqq \lambda_2 \geqq \cdots \geqq \lambda_n > 0) \tag{3.2}$$

with the gradient

$$\boldsymbol{g}^*(\boldsymbol{x}) = (2\lambda_1 x_1, \ldots, 2\lambda_n x_n)^{\mathsf{T}}. \tag{3.3}$$

consider the level set

$$S(\boldsymbol{z}) = \{\boldsymbol{x} \in R^n \mid f^*(\boldsymbol{x}) \leqq f^*(\boldsymbol{z})\} \qquad (\boldsymbol{z} \in R^n) \tag{3.4}$$

and look for $\max\left(\boldsymbol{g}^*(\boldsymbol{x})\right)^{\mathsf{T}} \boldsymbol{g}^*(\boldsymbol{x})$ in the set $S(\boldsymbol{z})$. Using the inequality $f^*(\boldsymbol{x}) \leqq K$ $\left(K = f^*(\boldsymbol{z})\right)$ we have

$$\begin{aligned}\left(\boldsymbol{g}^*(\boldsymbol{x})\right)^{\mathsf{T}} \boldsymbol{g}^*(\boldsymbol{x}) &= 4\sum_{i=1}^{n} \lambda_i^2 x_i^2 \leqq 4\lambda_1\left(K - \sum_{i=2}^{n} \lambda_i x_i^2\right) + 4\sum_{i=2}^{n} \lambda_i^2 x_i^2 \\ &= 4\lambda_1 K + 4\sum_{i=2}^{n} \lambda_i(\lambda_i - \lambda_1)\, x_i^2 \\ &\leqq 4\lambda_1 K \leqq 4\,\frac{\lambda_1}{\lambda_n} \sum_{i=1}^{n} \lambda_i \lambda_n z_i^2 \leqq \frac{\lambda_1}{\lambda_n}\, 4\sum_{i=1}^{n} \lambda_i^2 z_i^2 = \frac{\lambda_1}{\lambda_n}\, \|\boldsymbol{g}^*(\boldsymbol{z})\|^2\end{aligned}$$

which implies

$$\|\boldsymbol{g}^*(\boldsymbol{x})\| \leqq \|\boldsymbol{g}^*(\boldsymbol{z})\| \sqrt{\lambda_{\max}}/\sqrt{\lambda_{\min}} \qquad \left(\boldsymbol{x} \in S(\boldsymbol{z})\right).$$

For the conjugate direction method (1.3)–(1.4) holds $f(\boldsymbol{x}_{i+1}) \leqq f(\boldsymbol{x}_i)$ $(i = 1, \ldots, n+1)$, so the process cannot step out of the level set $S(\boldsymbol{x}_1)$. This obviously implies (3.1). q.e.d.

It is noted that Lemma 1 also implies

$$\|\boldsymbol{g}(\boldsymbol{y}_k)\| \leqq \|\boldsymbol{g}(\boldsymbol{x}_1)\| \sqrt{\lambda_{\max}}/\sqrt{\lambda_{\min}} \qquad (k > 1) \tag{3.5}$$

under the fairly formal assumption $f(\boldsymbol{y}_k) \leqq f(\boldsymbol{x}_1)$ $(k > 1)$, which holds for $|\varepsilon_i|$, $\|\boldsymbol{d}_i\|$ small enough.

Another consequence of Lemma 1 is the inequality

$$|\alpha_i| \leqq \alpha = \|\boldsymbol{g}(\boldsymbol{x}_1)\| \sqrt{\lambda_{\max}}/\left(\sqrt{\lambda_{\min}}\right)^3 \tag{3.6}$$

for $i = 1, \ldots, n$.

Let $\varepsilon = \max_i |\varepsilon_i|$ be the maximal round-off error and similarly, let $\delta = \max_i \|\boldsymbol{d}_i\|$ be the maximal error of the conjugate directions. We assume that

$$\|\boldsymbol{p}_i\| = 1 \qquad (i = 1, \ldots, n) \tag{3.7}$$

also holds for the computed conjugate directions.

We then have

Theorem 2. *Consider the process* (1.3)—(1.4) *for the quadratical function* $f(\boldsymbol{x}) = \frac{1}{2}\boldsymbol{x}^{\mathsf{T}}A\boldsymbol{x} + \boldsymbol{b}^{\mathsf{T}}\boldsymbol{x} + c$ *and assume that the first* k *steps are performed exactly* ($\beta_i = \alpha_i$, $\boldsymbol{p}_i = \boldsymbol{d}_i$, $\boldsymbol{y}_i = \boldsymbol{x}_i$; $i = 1, \ldots, k$, $k < n$) *and*

$$f(\boldsymbol{y}_i) \leqq f(\boldsymbol{x}_1) \qquad (i = 1, \ldots, n + 1) \tag{3.8}$$

is satisfied. Then

$$\|\boldsymbol{y}_j - \boldsymbol{x}_j\| \leqq (j - k - 1)\left[\varepsilon + \frac{\alpha\delta}{\lambda_{\min}}\left(\delta\lambda_{\max} + 2\lambda_{\min} + \frac{j - k + 2}{2}\|A\|\right)\right] \tag{3.9}$$

holds for $j \geqq k + 1$.

Proof. From Lemma 1 and the relation $\boldsymbol{x}_j = \boldsymbol{x}_{k+1} + \sum_{i=k+1}^{j-1} \alpha_i \boldsymbol{d}_i$ it follows that

$$\|\boldsymbol{y}_j - \boldsymbol{x}_j\| \leqq \left\| \sum_{i=k+1}^{j-1} [\alpha_i \boldsymbol{\delta}_i + (\gamma_i + \varepsilon_i)\, \boldsymbol{p}_i] \right\| \leqq \sum_{i=k+1}^{j-1} (\alpha\delta + \varepsilon + |\gamma_i|). \tag{3.10}$$

So we need to estimate $|\gamma_i|$ using the inequalities

$$|\gamma_i| \leqq \left[\alpha \boldsymbol{\delta}_i^{\mathsf{T}} A \boldsymbol{\delta}_i + 2\alpha\delta\,\|A\| + \|\boldsymbol{g}^{\mathsf{T}}(\boldsymbol{y}_i)\|\,\delta + \sum_{j=k+1}^{i-1} |\beta_j|\,\delta\,\|A\|\right] / \boldsymbol{p}_i^{\mathsf{T}} A \boldsymbol{p}_i$$

and

$$|\beta_i| = |\boldsymbol{g}^{\mathsf{T}}(\boldsymbol{y}_i)\, \boldsymbol{p}_i / \boldsymbol{p}_i^{\mathsf{T}} A \boldsymbol{p}_i| \leqq \|\boldsymbol{g}(\boldsymbol{x}_1)\|\, \sqrt{\lambda_{\max}} \big/ \left(\sqrt{\lambda_{\min}}\right)^3$$

as well as the inequality

$$\lambda_{\min} \boldsymbol{x}^{\mathsf{T}}\boldsymbol{x} \leqq \boldsymbol{x}^{\mathsf{T}} A \boldsymbol{x} \leqq \lambda_{\max} \boldsymbol{x}^{\mathsf{T}}\boldsymbol{x}. \tag{3.11}$$

Thus we get the bound

$$|\gamma_i| \leqq \alpha\delta[\delta\lambda_{\max} + \lambda_{\min} + (i - k + 1)\,\|A\|]/\lambda_{\min}. \tag{3.12}$$

Hence, a simple calculation yields the bound (3.9), q.e.d.

This result means that the error propagation is linear in the term of the maximal error of the conjugate directions. The bound can be decreased if it is possible to choose the conjugate directions such that

$$\lambda_{\min} \leqq \boldsymbol{d}_i^{\mathsf{T}} A \boldsymbol{d}_i < \boldsymbol{d}_{i+1}^{\mathsf{T}} A \boldsymbol{d}_{i+1} \qquad (i = 1, \ldots, n - 1). \tag{3.13}$$

However a considerable improvement can be obtained only from the suitable choice of the initial value $\boldsymbol{x}_1$ according to the condition

$$\|\boldsymbol{g}(\boldsymbol{x}_1)\| = \|A\boldsymbol{x}_1 + \boldsymbol{b}\| \leqq \|\boldsymbol{b}\|. \tag{3.14}$$

At last we remark that using Gerschgorin type estimates for the spectrum of A the dependence on $\lambda_{\max}$ and $\lambda_{\min}$ can be omitted in the bound (3.9). The simple estimate $\lambda_{\max} \leqq \|A\|$ yields the independence of $\lambda_{\max}$.

References

[1] ABAFFY, J., A new three parameter class of Quasi-Newton methods, Alkalmazott Matematikai Lapok (to be published).
[2] ABAFFY, J., and F. SLOBODA, General algorithms for generating conjugate directions and their applications, in: Algoritmy vo vypoctovej technike, Slovenska vedechotechnisa spolicnost (1975), p. 97–108.
[3] FLETCHER, R., and C. M. REEVES, Function minimisation by conjugate gradients, Computer J. 7 (1964), 149.
[4] SACHET, M., and S. KAHNE, Error analysis in conjugate direction methods (to be published).
[5] WALSH, G. R., Methods of optimization, John Wiley, London 1975.
[6] PSENICNY, B. N., and YU. N. DANILIN, Numerical methods of extremal problems (Russian), Nauka, Moscow 1975.

Manuskripteingang: 14. 2. 1977

VERFASSER:

Dr. JÓZSEF ABAFFY, Automation and Computer Institute of the Hungarian Academy of Sciences, Budapest

Dr. AURÉL GALÁNTAI, Department of Numerical Methods and Computer Science of the Eötvös Loránd University Budapest

Beiträge zur Numerischen Mathematik
7 (1979), 13–18

Eine elementare Realisierung des lexikographischen Simplexverfahrens

Horst Bialy

1. Einleitung

Es gibt heute mehrere Zusatzmaßnahmen, die die Endlichkeit des Simplexverfahrens erzwingen. Am bekanntesten sind die Störungsmethode von Charnes [1] und die Ausnutzung der Vektorlexikographie von Dantzig, Orden und Wolfe [2]. Sinn beider Methoden ist die Verhinderung von Basiszyklen. Eine von Jerke in [3] für das duale Simplexverfahren vorgeschlagene und von Schiebel, Terno und Unger in [4] noch vereinfachte lexikographische Vorgehensweise läßt sich in analoger Weise auch für das primale Simplexverfahren angeben. Das zugehörige Pivotwahlverfahren kommt ohne wesentliche Zusatzrechnung aus, ist numerisch einfacher als die Methode [5] und kann bedenkenlos auch in einer Einführungsvorlesung vorgetragen werden.

Wir bezeichnen Vektoren bzw. Matrizen mit halbfetten Klein- bzw. Großbuchstaben. Hochgestelltes $\mathbf{T}$ ist das Transponierungszeichen.

Es sei

$$z = d_0 + \boldsymbol{d}^{\mathsf{T}}\boldsymbol{x}_N,$$
$$\boldsymbol{x}_B = \boldsymbol{b} + \boldsymbol{B}\boldsymbol{x}_N \qquad \text{mit } \boldsymbol{b} \geqq \boldsymbol{o} \tag{1}$$

ein Simplextableau eines in Normalform gebrachten linearen Optimierungsproblems. Die Komponenten der Vektoren $\boldsymbol{x}_B$ bzw. $\boldsymbol{x}_N$ sind die Basis- bzw. Nichtbasisvariablen. Die durch die Nichtbasisvariablen dargestellte Zielfunktion z sei zu minimieren. Für die numerische Rechnung benutzt man (1) in der Tabellenform

	1	$\boldsymbol{x}_N^{\mathsf{T}}$
z	d_0	$\boldsymbol{d}^{\mathsf{T}}$
$\boldsymbol{x}_B$	$\boldsymbol{b}$	$\boldsymbol{B}$

(2)

Die Zeilen werden von 0 bis m, die Spalten von 0 bis n numeriert. $Z = \{0, 1, \ldots, m\}$ ist die Menge der Zeilenindizes, $S = \{0, 1, \ldots, n\}$ die Menge der Spaltenindizes. Im Sinne einheitlicher Transformationsformeln (3) ist die Verwendung der Tabellenmatrix

$$\boldsymbol{A} = \begin{pmatrix} d_0 & \boldsymbol{d}^{\mathsf{T}} \\ \boldsymbol{b} & \boldsymbol{B} \end{pmatrix} = (a_{ik}), \qquad i = 0(1)m, \qquad k = 0(1)n,$$

vorteilhaft. Ein Basiswechsel mit dem Pivot $p := a_{st}$, also der Austausch der Basisvariablen in der Zeile $s \in Z \setminus \{0\}$ gegen die Nichtbasisvariable in der Spalte $t \in S \setminus \{0\}$, erfolgt bekanntlich nach den Formeln

$$\begin{aligned} a^*_{st} &= 1/p, & & \\ a^*_{sk} &= a_{sk}/(-p), & k &\in S \setminus \{t\}, \\ a^*_{it} &= a_{it}/p, & i &\in Z \setminus \{s\}, \\ a^*_{ik} &= a_{ik} + a_{it}a^*_{sk}, & i &\in Z \setminus \{s\}, \quad k \in S \setminus \{t\}. \end{aligned} \tag{3}$$

Hier und im folgenden sind die Koeffizienten der neu entstehenden Tabelle durch einen Stern gekennzeichnet.

2. Das lexikographische Simplexverfahren

Definition 1. Eine Zeile der Tabelle (2) heißt *l-positiv* (*linkspositiv*), wenn das erste von Null verschiedene Element dieser Zeile positiv ist. Die Tabelle (2) heißt *l-positiv*, wenn die Zeilen mit den Nummern 1 bis m l-positiv sind.

Definition 2. Tabelle (2) sei l-positiv. Dann heißt die Zahl

$$\text{ent}(i) := \min \{k \mid k \in S \wedge a_{ik} > 0\}$$

Entartungszahl der Zeile $i \in Z \setminus \{0\}$.

Die Entartungszahl gibt diejenige Stelle einer Zeile an, in der das erste von Null verschiedene Element steht.

Definition 3. *Das lexikographische Simplexverfahren* (LSV)

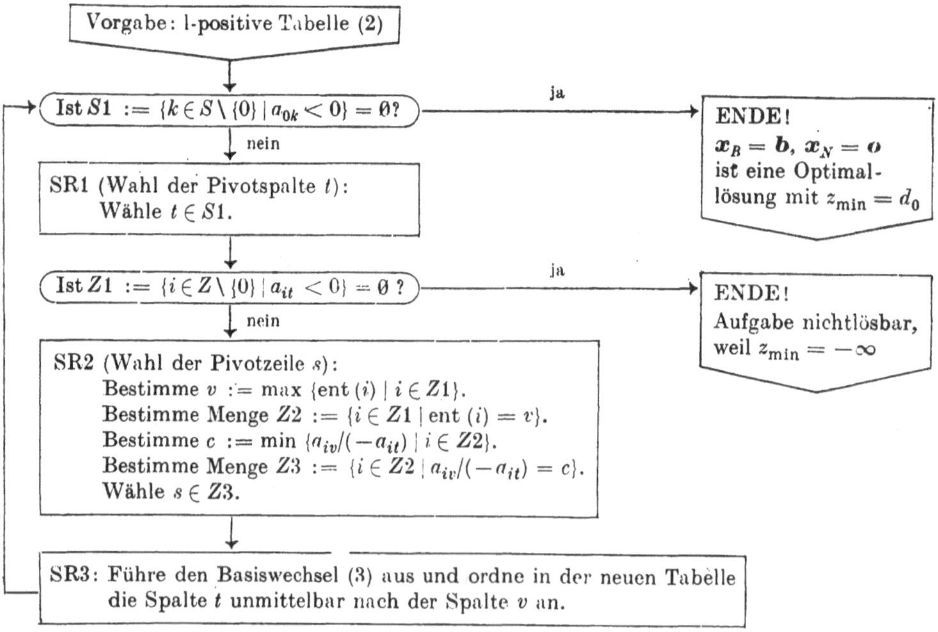

Die Zahl v heißt *Entartungsstufe des Basiswechsels.*

Satz 1. *Das LSV ist stets ausführbar. Nach jedem Basiswechsel entsteht wieder eine l-positive Tabelle, und es gilt $a_{0v}^* < a_{0v}$, wobei v die Entartungsstufe des Basiswechsels ist.*

Beweis. Die Ausführbarkeit der Simplexschritte SR1 bis SR3 ist klar, da $Z2$ und $Z3$ keine leeren Mengen sind, wenn $Z1$ nicht die leere Menge ist.

Wegen $Z3 \subset Z1$ gilt $p := a_{st} < 0$. Wegen $a_{sv} > 0$ ist sicher $v < t$. Die Spalten mit den Nummern $k = 0, 1, \ldots, v - 1$ (das sind die ersten v Spalten!) ändern sich nicht.

Es gilt $a_{sv}^* = a_{sv}/(-p) > 0$. Außerdem ist $a_{sv}^* = c > 0$.

Für eine beliebige Zeile $i \in Z \setminus \{0, s\}$ mit der Entartungszahl $w := \text{ent}(i)$ sind folgende Fälle denkbar:

F 1: $w < v$. Es folgt $a_{iw}^* = a_{iw} > 0$.

F 2.1: $w = v \wedge a_{it} \geqq 0$. Es gilt $a_{iw}^* = a_{iv}^* = a_{iv} + a_{it}a_{sv}^* \geqq a_{iv} > 0$.

F 2.2: $w = v \wedge a_{it} < 0$. Wegen $i \in Z2$ gilt

$$a_{iw}^* = a_{iv}^* = a_{iv} + a_{it}(c) \geqq a_{iv} + a_{it}\big(a_{iv}/(-a_{it})\big) = 0.$$

F 3.1: $w > v \wedge a_{it} > 0$. Dann ist $a_{iv}^* = 0 + c \cdot a_{it} > 0$ das erste von Null verschiedene Element in der neuen Zeile i.

F 3.2: $w > v \wedge a_{it} = 0$. Im Fall $t < w$ verändert sich die Zeile i nicht. Der Fall $t = w$ ist nicht möglich. Im Fall $t > w$ erfolgt lediglich die Umstellung einer Null aus Spalte t nach Spalte $v + 1$. In der neuen Tabelle gilt dann $\text{ent}(i) = w + 1$.

F 3.3: $w > v \wedge a_{it} < 0$. Dieser Fall ist wegen $i \in Z1$ und der Definition von v nicht möglich.

Die im Simplexschritt SR3 vorzunehmende Spaltenvertauschung ist ausschließlich wegen der in F 2.2 nicht vermeidbaren Beziehung $a_{iw}^* = 0$ erforderlich. Aus der Fallunterscheidung folgt die l-Positivität der neuen Tabelle.

Die Ungleichung $a_{0v}^* = a_{0v} + c \cdot a_{0t} < a_{0v}$ ist wegen $a_{0t} < 0$ trivial.

Satz 2. *Eine Wiederkehr der gleichen Basis ist im LSV unmöglich. Daher ist das LSV endlich, d. h., nach endlich vielen Ausführungen der Simplexregeln SR1 bis SR3 bricht das Verfahren ab.*

Beweis. Wir nehmen an, daß nach r aufeinanderfolgenden Basiswechseln wieder die gleiche Basis auftritt. $v_1, v_2, \ldots, v_r$ seien die zu den Basiswechseln gehörigen Entartungsstufen und $v := \min(v_1, v_2, \ldots, v_r)$. Dann sind die ersten $v + 1$ Spalten während der Basiswechsel sicher nicht umgeordnet worden. Es sei x_u die zur Spalte v gehörende Nichtbasisvariable. Dann ist der z-Koeffizient von x_u nach Satz 1 kleiner geworden. Die Darstellung der Zielfunktion durch die Nichtbasisvariablen einer Basis ist aber eindeutig, unsere Annahme somit falsch. Im Verlauf des LSV ist also die Wiederkehr der gleichen Basis nicht möglich. Da jede Aufgabe nur endlich viele verschiedene Basen besitzt, muß das LSV nach endlich vielen Basiswechseln abbrechen.

3. Das Aufsuchen einer l-positiven Tabelle

Das LSV verlangt eine l-positive Ausgangstabelle, die stets auch ein Simplextableau ist. Aber die Umkehrung gilt nicht. Wir schlagen folgenden einfachen *Weg zur Aufstellung einer l-positiven Tabelle* vor.

1. *Bestimme ein Simplextableau* (2). Hierfür sind zahlreiche Methoden bekannt, die an dieser Stelle nicht erörtert werden müssen.
2. Ist dieses Simplextableau nicht l-positiv, so gehe man zur *gestörten Tabelle*

	1	ε	$\boldsymbol{x}_N^{\mathsf{T}}$
z	d_0	M	$\boldsymbol{d}^{\mathsf{T}}$
$\boldsymbol{x}_B$	$\boldsymbol{b}$	$\boldsymbol{e}$	$\boldsymbol{B}$

$$\text{mit } \boldsymbol{e} = \begin{pmatrix} 1 \\ 1 \\ \dots \\ 1 \end{pmatrix} \in R^m \qquad (4)$$

über, die sich durch eine zusätzliche positive Spalte mit der Nichtbasisvariablen ε auszeichnet. Dabei ist $M > 0$ eine hinreichend große Zahl, die garantiert, daß die Zusatzspalte niemals Pivotspalte gemäß der Simplexregel SR 1 im LSV wird.

Da ε im Verlauf des LSV niemals Basisvariable wird, besitzen Originalproblem und gestörtes Problem die gleichen Lösungseigenschaften. Speziell ist die im LSV erzeugte Optimallösung des gestörten Problems wegen $\varepsilon = 0$ gleichzeitig Optimallösung des ungestörten Problems. Bei der numerischen Rechnung muß man M weder eintragen noch nach (3) umrechnen. Die Tabellen (2) und (4) sind äquivalent.

4. Ein Zahlenbeispiel

Das folgende Beispiel dient lediglich zur Demonstration der Regeln des LSV, beansprucht also kein Interesse als Optimierungsproblem. Die Tabellen sind links oben numeriert und die Pivots durch ☐ gekennzeichnet. Die erste Tabelle T 1 ist bereits l-positiv. Die im LSV benötigten Daten sind ebenfalls angegeben.

T 1	1	x_1	x_2	x_3	x_4	x_5	x_6	x_7
z	2	1	0	4	−2	−2	1	1
x_8	0	0	0	2	−1	[−1]	0	1
x_9	3	2	1	1	0	−1	−1	−1
x_{10}	0	0	0	3	1	−1	−1	2
x_{11}	0	0	0	4	−3	−2	1	0
x_{12}	0	0	0	0	1	0	−2	3
x_{13}	0	0	0	0	0	0	1	−1

$S1 = \{4, 5\}$. Wir wählen $t = 5$. $Z1 = \{1, 2, 3, 4\}$, $v = 3$, $Z2 = \{1, 3, 4\}$, $c = 2$, $Z3 = \{1, 4\}$. Wir wählen $s = 1$. Nach dem Austausch von x_8 gegen x_5 ist die Spalte mit x_8 unmittelbar nach der Spalte mit x_3 anzuordnen. Andernfalls wäre die Zeile mit x_{11} in T 2 nicht mehr l-positiv (Beweisfall F 2.2 zu Satz 1). In den Zeilen mit x_{12} und x_{13} liegt der Fall 3.2 des Beweises zu Satz 1 vor.

T 2	1	x_1	x_2	x_3	x_8	x_4	x_6	x_7
z	2	1	0	0	2	0	1	−1
x_5	0	0	0	2	−1	−1	0	1
x_9	3	2	1	−1	1	1	−1	−2
x_{10}	0	0	0	1	1	2	−1	1
x_{11}	0	0	0	0	2	−1	1	−2
x_{12}	0	0	0	0	0	1	−2	3
x_{13}	0	0	0	0	0	0	1	[−1]

$S1 = \{7\}$. Also wird $t = 7$. $Z1 = \{2, 4, 6\}$, $v = 6$, $Z2 = Z3 = \{6\}$. Also wird $s = 6$. Da die Pivotspalte unmittelbar auf die Spalte mit der Nummer $v = 6$ folgt, unterbleibt ein Spaltenaustausch beim Übergang von T 2 nach T 3.

T 3	1	x_1	x_2	x_3	x_8	x_4	x_6	x_{13}
z	2	1	0	0	2	0	0	1
x_5	0	0	0	2	−1	−1	1	−1
x_9	3	2	1	−1	1	1	−3	2
x_{10}	0	0	0	1	1	2	0	−1
x_{11}	0	0	0	0	2	−1	−1	2
x_{12}	0	0	0	0	0	1	1	−3
x_7	0	0	0	0	0	0	1	−1

Wegen $S1 = \emptyset$ ist das LSV mit T 3 beendet. Mit Ausnahme von $x_9 = 3$ sind sämtliche Komponenten der Optimallösung Null. Es gilt $z_{\min} = 2$.

Literatur

[1] CHARNES, A., Optimality and degeneracy in linear programming, Econometrica **20** (1952), 160–170.

[2] DANTZIG, G. B., A. ORDEN and P. WOLFE, The generalized simplex method for minimizing a linear form under linear inequality restraints, Pacific J. Math. **5** (1955), 183–195.

[3] JERKE, W., Duale Schnittverfahren der ganzzahligen linearen Optimierung unter besonderer Berücksichtigung der Entartung, Dissertation, TU Dresden 1974.

[4] JERKE, W., W. SCHIEBEL, J. TERNO und G. UNGER, Ein Beitrag zur Behandlung der Entartung beim Simplexverfahren, Beitr. Numer. Math. **4** (1975), 105–114.

[5] BIALY, H., Eine elementare Methode zur Behandlung des Entartungsfalles in der linearen Optimierung, Unternehmensforschung **10** (1966), 118–123.

Zusammenfassung

In der vorliegenden Arbeit wird eine numerische Realisierung des lexikographischen Simplexverfahrens angegeben, die gegenüber dem gewöhnlichen Simplexverfahren nur wenig Zusatzrechnung erfordert.

Summary

This paper presents a numerical realization of the lexicographic simplex method, which requires only a few supplement calculationwork compared to the usual simplex method.

Résumé

Dans l'article présent on donne une procédure numérique pour l'algorithme du simplexe lexicographique, quelle en comparaison de l'algorithme du simplex usuel demande peu de calcul supplémentaire.

Резюме

В данной работе указывают численную реализацию лексикографического симплекс-метода, требующая по сравнению с обычным симплекс-методом относительно мало добавочных вычислений.

Manuskripteingang: 15. 10. 1976

VERFASSER:

Dr. Horst Bialy, Sektion Mathematik, Naturwissenschaften und Rechentechnik der Hochschule für Verkehrswesen „Friedrich List" Dresden

Beiträge zur Numerischen Mathematik
7 (1979), 19–31

Die Anwendung der Iterierten Defektkorrektur auf das Dirichletproblem

REINHARD FRANK und JÖRG HERTLING

1. Darstellung der Methode

In [1] und [3] wurde die Methode der Iterierten Defektkorrektur entwickelt und deren Anwendung auf Anfangswertprobleme bei gewöhnlichen Differentialgleichungen und in [2] die Anwendung auf Zweipunkt-Randwertprobleme diskutiert. Die dort angegebenen Algorithmen, die sich in numerischen Experimenten als außerordentlich effektiv erwiesen haben [6], sollen nun auf partielle Differentialgleichungen vom elliptischen Typ erweitert werden. Während für Zweipunkt-Randwertprobleme in [2] die asymptotische Theorie ($h \to 0$) entwickelt wurde, beschränken wir uns in dieser Arbeit darauf, den Algorithmus der Iterierten Defektkorrektur für gewisse elliptische Randwertaufgaben (RWA) und numerische Experimente anzugeben. Wir betrachten

$$L[u] \equiv a^{\langle 11\rangle}(x, y) \frac{\partial^2 u}{\partial x^2} + a^{\langle 22\rangle}(x, y) \frac{\partial^2 u}{\partial y^2} + a^{\langle 1\rangle}(x, y) \frac{\partial u}{\partial x} + a^{\langle 2\rangle}(x, y) \frac{\partial u}{\partial y}$$
$$= f(x, y, u) \qquad (1.1)$$

auf dem Einheitsquadrat $R \equiv [0, 1] \times [0, 1]$ mit den Randbedingungen

$$\begin{aligned} u(0, y) &= r_1(y), & u(1, y) &= r_2(y), & 0 &\leqq y \leqq 1, \\ u(x, 0) &= \bar{r}_1(x), & u(x, 1) &= \bar{r}_2(x), & 0 &\leqq x \leqq 1. \end{aligned} \qquad (1.2)$$

Natürlich setzen wir die Stetigkeit der Randfunktion in den Eckpunkten voraus, d. h., $r_1(0) = \bar{r}_1(0)$, $r_1(1) = \bar{r}_2(0)$, $r_2(0) = \bar{r}_1(1)$, $r_2(1) = \bar{r}_2(1)$.

Die exakte Lösung dieses Problems sei $z(x, y)$. In unserer Notation hat die Bedingung der gleichmäßigen Elliptizität die folgende Gestalt:

$$a^{\langle 11\rangle}(x, y)\, \xi^2 + a^{\langle 22\rangle}(x, y)\, \eta^2 \geqq \varkappa(\xi^2 + \eta^2), \qquad \varkappa > 0. \qquad (1.3)$$

Zunächst möchten wir die Idee unserer Methode skizzieren. Dazu nehmen wir an, daß unser Problem mittels eines klassischen Differenzenschemas (Fünfpunkt-Sterne) gelöst wird. Dadurch erhält man auf dem Punktgitter

$$\mathbf{G}_h := \{(x_\nu, y_\mu);\ x_\nu = \nu h,\ y_\mu = \mu h,\ h = \frac{1}{l},\ \nu, \mu = 0(1)l\} \qquad (1.4)$$

die Näherungswerte $\eta_{\nu\mu}^{[0]}$ für die exakte Lösung $z(x_\nu, y_\mu)$. Nun interpolieren wir die Näherungswerte $\eta_{\nu\mu}^{[0]}$ auf $[0, 1] \times [0, 1]$ mit der Interpolationsfunktion $P_h^{[0]}(x, y)$:

$$P_h^{[0]}(x_\nu, y_\mu) = \eta_{\nu\mu}^{[0]}, \qquad \nu, \mu = 0(1)m.$$

Der Index h deutet an, daß die von den $\eta_{\nu\mu}^{[0]}$-Werten abhängige Interpolationsfunktion damit auch von der Schrittweite h abhängt. Nun konstruieren wir ein neues Randwertproblem

$$L[u] = f(x, y, u) + L[P_h^{[0]}] - f\big(x, y, P_h^{[0]}(x, y)\big), \tag{1.5}$$

$$\begin{aligned} u(0, y) &= P_h^{[0]}(0, y), \qquad & u(1, y) &= P_h^{[0]}(1, y), \\ u(x, 0) &= P_h^{[0]}(x, 0), \qquad & u(x, 1) &= P_h^{[0]}(x, 1), \end{aligned} \tag{1.6}$$

wobei in L dieselben Koeffizientenfunktionen $a^{(11)}(x, y), \ldots$ auftreten wie in (1.1). Offensichtlich hat dieses Randwertproblem $P_h^{[0]}(x, y)$ als exakte Lösung. Die Differentialgleichung (1.5) weicht von der ursprünglichen Gleichung (1.1) um die Störung

$$d_h^{[0]}(x, y) := L[P_h^{[0]}] - f\big(x, y, P_h^{[0]}(x, y)\big) \tag{1.7}$$

ab. Gilt $P_h^{[0]}(x, y) \approx z(x, y)$, $\dfrac{\partial^k}{\partial x^k} P_h^{[0]}(x, y) \approx \dfrac{\partial^k}{\partial x^k} z(x, y)$ und $\dfrac{\partial^k}{\partial y^k} P_h^{[0]}(x, y) \approx \dfrac{\partial^k}{\partial y^k} z(x, y)$ $(k = 1, 2)$, was dadurch erreicht werden kann, daß erstens in (1.4) mit hinreichend kleinem h gearbeitet wird, so daß die Größen $\eta_{\nu\mu}^{[0]}$ hinreichend gute Approximationen von $z(x_\nu, y_\mu)$ sind, und daß zweitens $P_h^{[0]}(x, y)$ aus einer geeigneten Klasse von Interpolationsfunktionen gewählt wird, dann ist die Störung $d_h^{[0]}(x, y)$ „klein". Das bedeutet, daß das Problem (1.5), (1.6) „nahe" unserem ursprünglichen Problem (1.1), (1.2) ist; daher nennen wir ab nun (1.5), (1.6) „Nachbarproblem" (NP). Entsprechend bezeichnen wir nun (1.1), (1.2) als „Originalproblem" (OP). Obwohl wir die exakte Lösung des NPs kennen, lösen wir es mit demselben Differenzenschema auf demselben Gitter. Das liefert die Näherungswerte $\pi_{\nu\mu}^{[0]}$ für $P_h^{[0]}(x_\nu, y_\mu)$. Natürlich kennen wir jetzt den globalen Diskretisierungsfehler $\pi_{\nu\mu}^{[0]} - P_h^{[0]}(x_\nu, y_\mu)$ von (1.5), (1.6). Da das NP nahe dem Originalproblem (1.1), (1.2) ist, können wir erwarten, daß $\pi_{\nu\mu}^{[0]} - P_h^{[0]}(x_\nu, y_\mu)$ eine gute Schätzung für den unbekannten Diskretisierungsfehler $\eta_{\nu\mu}^{[0]} - z(x_\nu, y_\mu)$ von (1.1), (1.2) ist. Der eben beschriebene Gedanke geht auf Zadunaisky zurück, der ihn für die Anwendung von Runge-Kutta-Methoden auf Anfangswertprobleme bei gewöhnlichen Differentialgleichungen eingeführt hat und ihn durch die obigen heuristischen Argumente motiviert hat [7]. Da wir eine echte Schätzung (mit richtigem Vorzeichen) und keine Abschätzung gewonnen haben, können wir diese Schätzung dazu benutzen, um unsere erste numerische Approximation auf die folgende Art zu verbessern: Wenn wir in der Identität

$$z(x_\nu, y_\mu) = \eta_{\nu\mu}^{[0]} - \big(\eta_{\nu\mu}^{[0]} - z(x_\nu, y_\mu)\big)$$

den Ausdruck $\eta_{\nu\mu}^{[0]} - z(x_\nu, y_\mu)$ durch seine Schätzung $\pi_{\nu\mu}^{[0]} - P_h^{[0]}(x_\nu, y_\mu)$ ersetzen, erhalten wir voraussichtlich bessere Approximationen

$$\eta_{\nu\mu}^{[1]} := \eta_{\nu\mu}^{[0]} - \big(\pi_{\nu\mu}^{[0]} - P_h^{[0]}(x_\nu, y_\mu)\big) \tag{1.8}$$

für $z(x_\nu, y_\mu)$.

Es ist offensichtlich, daß diese Prozedur iteriert werden kann. Natürlich benutzt man im zweiten Schritt dieser Iteration eine neue Interpolationsfunktion $P_h^{[1]}(x, y)$, die die neuen Werte $\eta_{\nu\mu}^{[1]}$ interpoliert, und erhält

$$\eta_{\nu\mu}^{[2]} := \eta_{\nu\mu}^{[0]} - \left(\pi_{\nu\mu}^{[1]} - P_h^{[1]}(x_\nu, y_\mu)\right). \tag{1.9}$$

Weitere Iterationsschritte liefern

$$\eta_{\nu\mu}^{[j]} := \eta_{\nu\mu}^{[0]} - \left(\pi_{\nu\mu}^{[j-1]} - P_h^{[j-1]}(x_\nu, y_\mu)\right), \qquad j = 3, 4, \ldots \tag{1.10}$$

Um die Iteration (1.9) auf heuristische Art zu motivieren, beachten wir:

a) Die Werte $\eta_{\nu\mu}^{[1]}$ sind (voraussichtlich) bessere Approximationen für $z(x_\nu, y_\mu)$ als $\eta_{\nu\mu}^{[0]}$.

b) Daher ist die Funktion $P_h^{[1]}(x, y)$ (bzw. ihre Ableitungen), die die „besseren" Werte $\eta_{\nu\mu}^{[1]}$ interpoliert, der exakten Lösung (bzw. ihren Ableitungen) näher.

c) Daher läßt das neue NP (das $P_h^{[1]}(x, y)$ als exakte Lösung hat) eine noch kleinere Störung

$$d_h^{[1]}(x, y) := L[P_h^{[1]}] - f\left(x, y, P_h^{[1]}(x, y)\right)$$

erwarten. (Das neue NP ist an das OP „nähergerückt".)

d) Das bedingt voraussichtlich, daß die neue Fehlerschätzung $\pi_{\nu\mu}^{[1]} - P_h^{[1]}(x_\nu, y_\mu)$ besser ist als die erste Fehlerschätzung $\pi_{\nu\mu}^{[0]} - P_h^{[0]}(x_\nu, y_\mu)$.

In verschiedenen Arbeiten über gewöhnliche Differentialgleichungen (Anfangs- und Randwertprobleme) ist diese Methode „Iterierte Defektkorrektur" genannt und ihr asymptotisches Verhalten für $h \to 0$ analysiert worden. Es stellte sich heraus, daß für eine Basismethode der Konsistenzordnung p und für Interpolationsfunktionen aus einer geeigneten Funktionenklasse der j-te Schritt der Iteration die Ordnung $(j + 1)\,p$ hatte. Bei eindimensionalen Problemen beruhte der Beweis dieser Tatsache auf der Existenz einer asymptotischen Entwicklung des globalen Diskretisierungsfehlers (nach h-Potenzen). Dieser Beweis läßt sich nicht unmittelbar auf Probleme vom Typ (1.1), (1.2) übertragen, da bei physikalisch relevanten Problemen im allgemeinen die Existenz „hinreichend langer" asymptotischer Entwicklungen nicht gesichert ist. Auch bei glatten Daten $a^{\langle 11\rangle}(x, y)$, $a^{\langle 22\rangle}(x, y)$, $a^{\langle 1\rangle}(x, y)$, $a^{\langle 2\rangle}(x, y)$, $f(x, y, u)$, $r_1(y)$, $r_2(y)$, $\bar{r}_1(x)$, $\bar{r}_2(x)$ können nämlich in den Eckpunkten Singularitäten der höheren Ableitungen von $z(x, y)$ auftreten. Die numerischen Experimente, die wir durchgeführt haben, zeigen jedoch, daß die erzielten Resultate ähnlich gut sind wie bei eindimensionalen Problemen.

Die Konstruktion der Interpolationsfunktion und die Berechnung der Störungen $d_h^{[j]}(x_\nu, y_\mu)$ erscheint aufwendig. In Abschnitt 2 werden wir jedoch sehen, daß diese Berechnung in sehr einfacher Weise möglich ist, falls mit stückweise polynomialer Interpolation gearbeitet wird.

Ein wesentlicher Vorteil unserer Methode ist der folgende: Um das Originalproblem zu lösen (Berechnung der Werte $\eta_{\nu\mu}^{[0]}$) und um das j-te NP zu lösen (Berechnung der Werte $\pi_{\nu\mu}^{[j]}$), muß man nichtlineare Gleichungssysteme lösen. Wenn die Werte $\eta_{\nu\mu}^{[j]}$ näher an $z(x_\nu, y_\mu)$ rücken und wenn gleichzeitig die Fehlerschätzungen $\pi_{\nu\mu}^{[j]} - P_h^{[j]}(x_\nu, y_\mu)$ besser mit dem tatsächlichen Diskretisierungsfehler $\eta_{\nu\mu}^{[0]} - z(x_\nu, y_\mu)$ übereinstimmen, dann rücken die Werte $\pi_{\nu\mu}^{[j]}$ näher an unsere erste numerische

Approximation $\eta_{\nu\mu}^{[0]}$ (Abb. 1). Für die numerische Lösung des j-ten NPs, d. h. für die Lösung des entsprechenden nichtlinearen Gleichungssystems, erhalten wir auf Grund unserer letzten Bemerkung die guten Startwerte $\eta_{\nu\mu}^{[0]}$.

Dies bedeutet, daß wir bei allen Schritten der Iterierten Defektkorrektur mit demselben Startvektor arbeiten. Da die Störungen $d_h^{[j]}(x, y)$ nicht von u abhängen, verschwinden sie bei der Konstruktion der Jacobimatrix, die dem j-ten NP entspricht (Differentiation von $f(x, y, u) + d_h^{[j]}(x, y)$ nach u). Falls nun mit einem Pseudonewtonverfahren gearbeitet wird (Auswertung der Jacobimatrix nur an der Startstelle), so bedeutet dies, daß während der iterierten Defektkorrektur stets mit derselben Jacobimatrix gearbeitet wird. (Das heißt, Dreieckszerlegungen treten nur bei der Lösung des OPs auf, jedoch nicht bei der Lösung der NPs!)

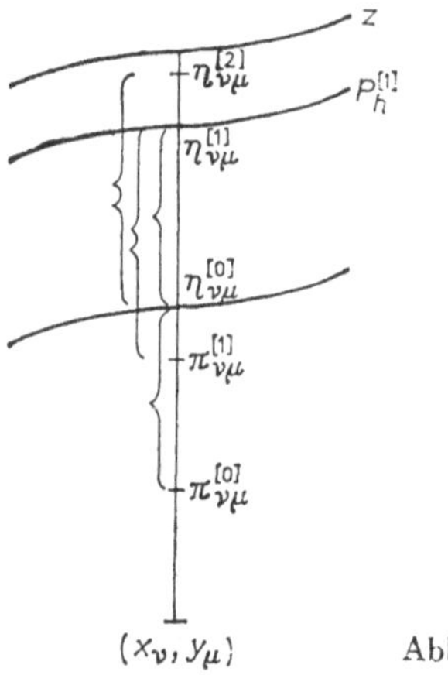

Abb. 1

Vergleichen wir unsere Methode mit einer Extrapolationsmethode, so bemerken wir, daß die Schrittweite fest bleibt und die Gleichungssysteme nicht explodieren. Das ist für mehrdimensionale Probleme ein sehr wichtiger Gesichtspunkt.

2. Algorithmische Details

Praktische Gründe, die noch später besprochen werden, legen nahe, daß für die Konstruktion unserer NPs stückweise polynomiale Interpolation in zwei Variablen sehr günstig ist. Da die NPs numerisch auf demselben Gitter gelöst werden müssen, müssen die Störungen $d_h^{[j]}(x, y)$ nur auf den Gitterpunkten berechnet werden. Daraus folgt, daß wir die Interpolationspolynome nicht explizit konstruieren müssen, sondern nur ihre ersten und zweiten partiellen Ableitungen an den Gitterpunkten.

Für die stückweise polynomiale Interpolation in zwei Variablen teilen wir das Einheitsquadrat in Teilquadrate (Abb. 2). Die Eckpunkte dieser Teilquadrate bilden das Gitter

$$\mathbf{G}_H := \left\{(x^i, y^k);\ x^i = iH,\ y^k = kH,\ H = \frac{1}{n},\ i, k = 0(1)n\right\} \tag{2.1}$$

mit den Teilquadraten

$$R^{ik} := \{(x, y);\ x^{i-1} \leqq x \leqq x^i,\ y^{k-1} \leqq y \leqq y^k\}, \quad i, k = 1(1)n. \tag{2.2}$$

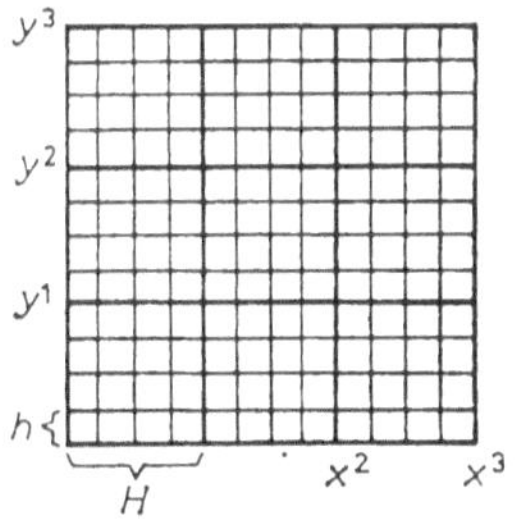

Abb. 2

Wenn m der Grad unseres Interpolationspolynoms (in jeder Variablen) ist, dann wählen wir in (1.4) $l = n \cdot m$. Die Polynome $P_h^{j[ik]}$ seien auf R^{ik} definiert durch

$$P_h^{[j]ik}(x_\nu, y_\mu) = \eta_{\nu\mu}^{[j]}, \quad \begin{array}{l} \nu = (i-1)\,m, (i-1)\,m+1, \ldots, im, \\ \mu = (k-1)\,m, (k-1)\,m+1, \ldots, km. \end{array} \tag{2.3}$$

Unsere Interpolationsfunktion $P_h^{[j]}$ ist dann definiert durch

$$P_h^{[j]}(x, y) := P_h^{[j]ik}(x, y) \quad \text{für } (x, y) \in R^{ik}. \tag{2.4}$$

Mit den Basispolynomen $L_{\nu'\mu'}^{ik}(x, y)$, die durch

$$L_{\nu'\mu'}^{ik}(x_\nu, y_\mu) = \begin{cases} 0 & \text{für } \nu' \neq \nu \vee \mu' \neq \mu, \\ 1 & \text{für } \nu' = \nu \wedge \mu' = \mu, \end{cases} \tag{2.5}$$

$$\nu', \nu = (i-1)\,m, (i-1)\,m+1, \ldots, im,$$
$$\mu', \mu = (k-1)\,m, (k-1)\,m+1, \ldots, km,$$

definiert sind, erhalten wir

$$P_h^{[j]ik}(x, y) = \sum_{\nu'=(i-1)m}^{im} \sum_{\mu'=(k-1)m}^{km} \eta_{\nu'\mu'}^{[j]} L_{\nu'\mu'}^{ik}(x, y) \tag{2.6}$$

und weiter etwa

$$\frac{\partial}{\partial x} P_h^{[j]ik}(x_\nu, y_\mu) = \sum_{\nu'=(i-1)m}^{im} \sum_{\mu'=(k-1)m}^{km} \eta_{\nu'\mu'}^{[j]} \frac{\partial}{\partial x} L_{\nu'\mu'}^{ik}(x_\nu, y_\mu). \tag{2.7}$$

Da $L_{\nu'\mu'}^{ik}(x, y) = L_{\nu'}^{i}(x)\, L_{\mu'}^{k}(y)$ gilt, wobei

$$\begin{array}{ll} L_{\nu'}^{i}(x_\nu) = \delta_{\nu',\nu}, & \nu', \nu = (i-1)\,m, (i-1)\,m+1, \ldots, im, \\ L_{\mu'}^{k}(y_\mu) = \delta_{\mu',\mu}, & \mu', \mu = (k-1)\,m, (k-1)\,m+1, \ldots, km, \end{array} \tag{2.8}$$

reduziert sich (2.7) auf

$$\frac{\partial}{\partial x} P_h^{[j]ik}(x_\nu, y_\mu) = \sum_{\nu'=(i-1)m}^{im} \eta_{\nu'\mu}^{[j]} \frac{d}{dx} L_{\nu'}^{i}(x_\nu). \tag{2.9}$$

Nun führen wir die Lagrangeschen Basisfunktionen $\tilde{L}_{\nu'}(x)$ $(\nu' = 0(1)m)$ mit den äquidistanten Knoten in $x_0 = 0, x_1 = 1, \ldots, x_m = m$ ein und definieren die Gewichte $\omega_{\nu'\nu} = \frac{d}{dx}\tilde{L}_{\nu'}(x_\nu)$, $\nu = 0(1)m$. Damit erhalten wir

$$\frac{d}{dx} L^i_{(i-1)m+\nu'}(x_{(i-1)m+\nu}) = \frac{1}{h}\,\omega_{\nu'\nu}\,, \qquad \nu', \nu = 0(1)m\,. \tag{2.10}$$

Die analoge Gewichtsmatrix für die zweite Ableitung ergibt sich durch Quadrieren der Matrix für die erste Ableitung.

Das Arbeiten mit stückweiser Interpolation bedeutet natürlich, daß die Störungen $d_h^{[j]}(x, y)$ auch stückweise definiert sind:

$$d_h^{[j]}(x, y) := d_h^{[j]ik}(x, y) \qquad \text{für } (x, y) \in R^{ik}, \tag{2.11}$$

mit

$$d_h^{[j]ik}(x, y) := L[P_h^{[j]ik}] - f\big(x, y, P_h^{[j]ik}(x, y)\big)\,. \tag{2.12}$$

Es liegt somit eine „stückweise definierte" Differentialgleichung vor. Die Lösung dieser Differentialgleichung — die stückweise definierte Interpolationsfunktion $P_h^{[j]}(x, y)$ — hat Sprünge der ersten Ableitungen längs der Linien $x = x^i$, $y = y^k$. Ähnlich wie in [2] nehmen wir diese Ableitungssprünge

$$\begin{cases} \dfrac{\partial P_h^{[j]i+1,k}(x^i, y)}{\partial x} - \dfrac{\partial P_h^{[j]ik}(x^i, y)}{\partial x} =: s^{ik}(y)\,, \\[2ex] \dfrac{\partial P_h^{[j]i,k+1}(x, y^k)}{\partial y} - \dfrac{\partial P_h^{[j]ik}(x, y^k)}{\partial y} =: \bar{s}^{ik}(x) \end{cases} \tag{2.13}$$

in die Datenmenge auf. Es liegt also folgender Problemtyp vor:

Daten: a) Gitter $\mathbf{G}_H$, charakterisiert die Quadrate R^{ik} (vgl. (2.1), (2.2)).

b) Randbedingungen: $r_1(y)$, $r_2(y)$, $\bar{r}_1(x)$, $\bar{r}_2(x)$. Die Funktionen sind stückweise definiert, etwa

$$r_1(y) := r_1^k(y)\,, \qquad y \in [y^{k-1}, y^k]\,, \qquad k = 1(1)n\,,$$

aber stetig $\big(r_1^k(y^k) = r_1^{k+1}(y^k)\big)$.

c) Stückweise definierte, stetige Sprungfunktionen

$$s^i(y) := s^{ik}(y)\,, \qquad y \in [y^{k-1}, y^k]\,, \qquad k = 1(1)n\,, \quad i = 1(1)n-1\,,$$

$$\bar{s}^k(x) := \bar{s}^{ik}(x)\,, \qquad x \in [x^{i-1}, x^i]\,, \qquad i = 1(1)n\,, \quad k = 1(1)n-1\,.$$

d) Koeffizientenfunktionen $a^{\langle 11\rangle}(x, y)$, $a^{\langle 22\rangle}(x, y)$, $a^{\langle 1\rangle}(x, y)$, $a^{\langle 2\rangle}(x, y)$ und $f(x, y, u)$.

Inhomogenität: Auf $[0, 1] \times [0, 1]$ stückweise definierte Funktion

$$d(x, y) := d^{ik}(x, y)\,, \qquad (x, y) \in R^{ik}\,,$$

die längs der Linien $x = x^i$, $y = y^k$ unstetig sein kann.

Problem: Gesucht ist jene auf $[0, 1] \times [0, 1]$ stückweise definierte Funktion

$$u(x, y) := u^{ik}(x, y), \qquad (x, y) \in R^{ik},$$
$$\left(u^{ik}(x, y) \in \mathbf{C}^2[R^{ik}], \qquad u(x, y) \in \mathbf{C}^0[R]\right) \text{ mit:}$$

a) Randbedingungen:

$$\begin{aligned} u(0, y) &= r_1(y), & u(1, y) &= r_2(y),\\ u(x, 0) &= \bar{r}_1(x), & u(x, 1) &= \bar{r}_2(x). \end{aligned} \tag{2.14}$$

b) Sprungbedingungen:

$$\begin{cases} \dfrac{\partial u^{i+1,k}(x^i, y)}{\partial x} - \dfrac{\partial u^{ik}(x^i, y)}{\partial x} = s^{ik}(y), & k = 1(1)n,\\ & i = 1(1)n-1,\\ \dfrac{\partial u^{i,k+1}(x, y^k)}{\partial y} - \dfrac{\partial u^{ik}(x, y^k)}{\partial y} = \bar{s}^{ik}(x), & i = 1(1)n,\\ & k = 1(1)n-1. \end{cases} \tag{2.15}$$

c) Differentialgleichungen:

$$\begin{aligned} &a^{\langle 11\rangle}(x, y)\,\frac{\partial^2 u^{ik}}{\partial x^2} + a^{\langle 22\rangle}(x, y)\,\frac{\partial^2 u^{ik}}{\partial y^2} + a^{\langle 1\rangle}(x, y)\,\frac{\partial u^{ik}}{\partial x}\\ &+ a^{\langle 2\rangle}(x, y)\,\frac{\partial u^{ik}}{\partial y} = f(x, y, u^{ik}) + d^{ik}(x, y),\\ &(x, y) \in R^{ik}, \qquad i = 1(1)n,\\ &\qquad\qquad\qquad\quad\; k = 1(1)n. \end{aligned} \tag{2.16}$$

Die Frage, ob dieser Problemtyp stets eine Lösung hat, ist für uns von geringem Interesse, da wir das j-te NP so konstruieren, daß $P_h^{[j]}(x, y)$ dessen Lösung ist. Genauer gesagt, wir konstruieren die Daten des j-ten NPs aus $P_h^{[j]}$:

a) Randfunktionen: beispielsweise $r_1(y) = P_h^{[j]}(0, y), \ldots$,

b) Sprungfunktionen: siehe (2.13),

c) Differentialgleichungen für $u^{ik}(x, y)$: siehe (2.16) mit $d(x, y) = d_h^{[j]}(x, y)$ (vgl. (2.11)).

Offensichtlich ist unser ursprüngliches Randwertproblem (1.1), (1.2) der „entartete" Fall unseres allgemeineren Typs, bei dem für die Sprungfunktionen

$$\begin{aligned} s^i(y) &\equiv 0 \quad \text{auf} \quad [0, 1], & i &= 1(1)n-1,\\ \bar{s}^k(x) &\equiv 0 \quad \text{auf} \quad [0, 1], & k &= 1(1)n-1 \end{aligned} \tag{2.17}$$

gilt.

Natürlich muß die Diskretisierung von Problemen des Typs (2.14), (2.15), (2.16) die Sprungbedingungen (2.15) berücksichtigen. Im Inneren jedes R^{ik} benutzen wir die gewöhnlichen Fünfpunkt-Differenzensterne der Ordnung 2. Die Sprungbedingungen (2.15) werden durch Gleichungen, wie z. B.

$$\begin{aligned} &\frac{1}{2h}\left[(-3\eta_{\nu\mu} + 4\eta_{\nu,\mu+1} - \eta_{\nu,\mu+2}) - (3\eta_{\nu\mu} - 4\eta_{\nu,\mu-1} + \eta_{\nu,\mu-2})\right] = \bar{s}^{ik}(x_\nu)\\ &\text{mit } y_\mu = y^k, \end{aligned} \tag{2.18}$$

diskretisiert. Analog zur klassischen Situation beim Rechteck, wo die Näherungswerte in den Eckpunkten nicht in der Diskretisierung auftreten, unterdrücken wir hier die Näherungswerte in den Punkten von $\mathbf{G}_H$. Dadurch stimmt die Anzahl der Unbekannten mit der Anzahl der Gleichungen überein.

Entsprechend der Idee unserer Methode müssen wir auch das glatte OP mit derselben Diskretisierungsmethode behandeln, die für die Diskretisierung des j-ten NPs verwendet wird. Das bedeutet, daß wir längs der Geraden $x = x^i$, $y = y^k$ nicht die gewöhnlichen Differenzensterne benutzen, sondern z. B. die Diskretisierung

$$\frac{1}{2h}\left[(-3\eta_{\nu\mu} + 4\eta_{\nu,\mu+1} - \eta_{\nu,\mu+2}) - (3\eta_{\nu\mu} - 4\eta_{\nu,\mu-1} + \eta_{\nu,\mu-2})\right] = 0 \qquad (2.19)$$

mit $y_\mu = y^k$.

Dieser Algorithmus zum Lösen der „stückweise definierten Probleme" würde bei einer Implementierung gewisse Schwierigkeiten mit sich bringen: Löst man das im allgemeinen nichtlinearen Gleichungssystem für die $\eta^{[0]}_{\nu\mu}$-Werte bzw. für die $\pi^{[j]}_{\nu\mu}$-Werte mit dem Newtonverfahren, so besitzt die Funktionalmatrix bei der üblichen Diskretisierung bekanntlich folgende Struktur:

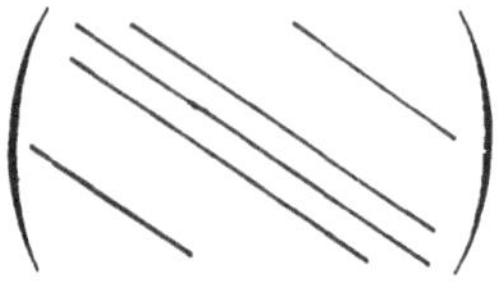

(2.20)

Diese Struktur würde durch die Diskretisierung der Ableitungssprünge (vgl. (2.18)) gestört werden.

Durch eine kleine Modifikation des obigen Algorithmus läßt sich erreichen, daß die übliche Struktur der Matrix erhalten bleibt. Dazu denken wir uns jede der Differentialgleichungen (2.16) und deren Lösungen $u^{ik}(x, y)$ auf ein das Quadrat R^{ik} enthaltendes Gebiet fortgesetzt. Betrachtet man nun den Punkt (x_ν, y_μ) etwa auf der „Sprunglinie" $x = x^i$ (d. h., $x_\nu = x^i$), dann bezeichnen wir mit $\bar{\eta}_{\nu+1,\mu}$ die Approximation von $u^{ik}(x_{\nu+1}, y_\mu)$ und mit $\bar{\eta}_{\nu-1,\mu}$ die Approximation von $u^{i+1,k}(x_{\nu-1}, y_\mu)$. (wie bisher approximieren die Werte $\eta_{\nu-1,\mu}$ bzw. $\eta_{\nu+1,\mu}$ die Größen $u^{ik}(x_{\nu-1}, y_\mu)$ bzw. $u^{i+1,k}(x_{\nu+1}, y_\mu)$.) Der Stelle (x_ν, y_μ) entsprechen dann die Gleichungen:

$$\begin{aligned} & a^{\langle 11\rangle}_{\nu\mu}(\eta_{\nu-1,\mu} - 2\eta_{\nu\mu} + \bar{\eta}_{\nu+1,\mu}) + a^{\langle 22\rangle}_{\nu\mu}(\eta_{\nu,\mu-1} - 2\eta_{\nu\mu} + \eta_{\nu,\mu+1}) \\ & + \frac{h}{2}\, a^{\langle 1\rangle}_{\nu\mu}(\bar{\eta}_{\nu+1,\mu} - \eta_{\nu-1,\mu}) + \frac{h}{2}\, a^{\langle 2\rangle}_{\nu\mu}(\eta_{\nu,\mu+1} - \eta_{\nu,\mu-1}) \\ & - h^2\big(f(x_\nu, y_\mu, \eta_{\nu\mu}) + d^{ik}(x_\nu, y_\mu)\big) = 0, \end{aligned} \qquad (2.21)$$

$$\begin{aligned} & a^{\langle 11\rangle}_{\nu\mu}(\bar{\eta}_{\nu-1,\mu} - 2\eta_{\nu\mu} + \eta_{\nu+1,\mu}) + a^{\langle 22\rangle}_{\nu\mu}(\eta_{\nu,\mu-1} - 2\eta_{\nu\mu} + \eta_{\nu,\mu+1}) \\ & + \frac{h}{2} a^{\langle 1\rangle}_{\nu\mu}(\eta_{\nu+1,\mu} - \bar{\eta}_{\nu-1,\mu}) + \frac{h}{2} a^{\langle 2\rangle}_{\nu\mu}(\eta_{\nu,\mu+1} - \eta_{\nu,\mu-1}) \\ & - h^2\big(f(x_\nu, y_\mu, \eta_{\nu\mu}) + d^{i+1,k}(x_\nu, y_\mu)\big) = 0 \end{aligned} \qquad (2.22)$$

und die Sprungbedingung

$$\frac{1}{2h}(\eta_{\nu+1,\mu} - \bar{\eta}_{\nu-1,\mu}) - \frac{1}{2h}(\bar{\eta}_{\nu+1,\mu} - \eta_{\nu-1,\mu}) = s^{ik}(y_\mu). \tag{2.23}$$

Durch Elimination von $\bar{\eta}_{\nu-1,\mu}$ und $\bar{\eta}_{\nu+1,\mu}$ erhält man statt der drei Gleichungen (2.21), (2.22), (2.23) die Gleichung

$$\begin{aligned}
&a^{\langle 11\rangle}_{\nu\mu}\{\eta_{\nu-1,\mu} - 2\eta_{\nu\mu} + \eta_{\nu+1,\mu} - hs^{ik}(y_\mu)\} + a^{\langle 22\rangle}_{\nu\mu}\{\eta_{\nu,\mu-1} - 2\eta_{\nu\mu} + \eta_{\nu,\mu+1}\}\\
&+ \frac{h}{2}\,a^{\langle 1\rangle}_{\nu\mu}\left\{\eta_{\nu+1,\mu} - \eta_{\nu-1,\mu} + \frac{h^2}{2a^{\langle 11\rangle}_{\nu\mu}}\,a^{\langle 1\rangle}_{\nu\mu}\,s^{ik}(y_\mu)\right.\\
&\left. - \frac{h^2}{2a^{\langle 11\rangle}_{\nu\mu}}\left(d^{i+1,k}(x_\nu, y_\mu) - d^{ik}(x_\nu, y_\mu)\right)\right\} + \frac{h}{2}a^{\langle 2\rangle}_{\nu\mu}\{\eta_{\nu,\mu+1} - \eta_{\nu,\mu-1}\}\\
&- h^2\left\{f(x_\nu, y_\mu, \eta_{\nu\mu}) + \frac{1}{2}\left(d^{i+1,k}(x_\nu, y_\mu) + d^{ik}(x_\nu, y_\mu)\right)\right\} = 0.
\end{aligned} \tag{2.24}$$

Der Vorteil dieser Vorgehensweise — die in den Sprungbedingungen auftretenden ersten Ableitungen durch zentrale Differenzenquotienten zu ersetzen — ist offensichtlich:

a) Liegt ein glattes Problem vor, d. h. etwa $s^{ik}(y_\mu) = 0$ und $d^{i+1,k}(x_\nu, y_\mu) = d^{ik}(x_\nu, y_\mu)$, so entartet (2.24) zum normalen Differenzenstern. Das bedeutet, daß das OP mit dem klassischen Diskretisierungsverfahren gelöst werden kann (vgl. im Gegensatz dazu (2.19)).

b) Die gewohnte Matrixstruktur (2.20) bleibt auch für die „stückweise definierten" NPs gewahrt.

Nun sei (x_ν, y_μ) Schnittpunkt der beiden Sprunglinien $x = x^i$, $y = y^k$ (d. h., $x_\nu = x^i$ und $y_\mu = y^k$). Durch analoges Vorgehen gewinnt man aus vier überlappenden Differenzensternen und zwei Sprungbedingungen die folgende Gleichung:

$$\begin{aligned}
&a^{\langle 11\rangle}_{\nu\mu}\{\eta_{\nu-1,\mu} - 2\eta_{\nu\mu} + \eta_{\nu+1,\mu} - hs^{ik}(y_\mu)\}\\
&+ a^{\langle 22\rangle}_{\nu\mu}\{\eta_{\nu,\mu-1} - 2\eta_{\nu\mu} + \eta_{\nu,\mu+1} - h\bar{s}^{ik}(x_\nu)\}\\
&+ \frac{h}{2}a^{\langle 1\rangle}_{\nu\mu}\left\{\eta_{\nu+1,\mu} - \eta_{\nu-1,\mu} + \frac{h^2}{2a^{\langle 11\rangle}_{\nu\mu}}\,a^{\langle 1\rangle}_{\nu\mu}s^{ik}(y_\mu)\right.\\
&\left. + \frac{1}{2}\left(d^{i,k+1}(x_\nu, y_\mu) - d^{i+1,k+1}(x_\nu, y_\mu) + d^{ik}(x_\nu, y_\mu) - d^{i+1,k}(x_\nu, y_\mu)\right)\right\}\\
&+ \frac{h}{2}\,a^{\langle 2\rangle}_{\nu\mu}\left\{\eta_{\nu,\mu+1} - \eta_{\nu,\mu-1} + \frac{h^2}{2a^{\langle 22\rangle}_{\nu\mu}}\,a^{\langle 2\rangle}_{\nu\mu}\bar{s}^{ik}(x_\nu)\right.\\
&\left. + \frac{1}{2}\left(d^{i+1,k}(x_\nu, y_\mu) - d^{i+1,k+1}(x_\nu, y_\mu) + d^{ik}(x_\nu, y_\mu) - d^{i,k+1}(x_\nu, y_\mu)\right)\right\}\\
&- h^2\left\{f(x_\nu, y_\mu, \eta_{\nu\mu}) + \frac{1}{4}\left(d^{ik}(x_\nu, y_\mu) + d^{i+1,k}(x_\nu, y_\mu)\right.\right.\\
&\left.\left. + d^{i,k+1}(x_\nu, y_\mu) + d^{i+1,k+1}(x_\nu, y_\mu)\right)\right\} = 0.
\end{aligned} \tag{2.25}$$

Auch hier treffen wieder die obigen Bemerkungen a) und b) zu.

3. Numerische Ergebnisse

Die folgenden Experimente sind einer Diplomarbeit von Rapf [4] entnommen. Dort wurden Tests durchgeführt, um folgende Fragen zu klären:

a) Zusammenhang zwischen dem Polynomgrad der Interpolationspolynome und der Anzahl der Iterationsschritte, die deutliche Verbesserungen bringen.

b) Ist es problematisch, den Grundbereich R in „viele" Interpolationsrechtecke R^{ik} zu teilen?

c) Erprobung an einem nichtlinearen Beispiel.

d) Erprobung an einem Beispiel, bei dem mit Singularitäten der höheren Ableitungen der exakten Lösung in den Eckpunkten zu rechnen ist.

ad a) Falls dieselben asymptotischen Resultate gelten wie bei gewöhnlichen Differentialgleichungen zweiter Ordnung (siehe [2]), kann man erwarten, daß bei einem Polynomgrad $2s + 3$ und hinreichend kleiner Schrittweite s Schritte der Iteration Verbesserungen bringen.

Beispiel a 1)

$$\begin{aligned} &\Delta u = -5 \sin(x + 2y) && \text{auf } R = [0, 0.3] \times [0, 0.3], && \\ &u(0, y) = \sin(2y), && u(0.3, y) = \sin(0.3 + 2y), && 0 \leqq y \leqq 0.3, \\ &u(x, 0) = \sin x, && u(x, 0.3) = \sin(x + 0.6), && 0 \leqq x \leqq 0.3. \end{aligned}$$

Exakte Lösung: $z(x, y) = \sin(x + 2y)$.
Schrittweite: $h = 0.03$.
Interpolation mit 4 Polynomen vom Grad 5.
Fehler des Fünfpunkt-Differenzenverfahrens $\approx 0.3 \times 10^{-5}$.
Fehler nach dem 1. Defektkorrekturschritt $\approx 0.3 \times 10^{-7}$.
Fehler nach dem 2. Defektkorrekturschritt $\approx 0.8 \times 10^{-8}$.
Fehler nach dem 3. Defektkorrekturschritt $\approx 0.8 \times 10^{-8}$.

Diese Werte wurden durch Mittelbildung über sämtliche absoluten Fehler an den Gitterpunkten erhalten. Eine deutliche Verbesserung ergibt tatsächlich nur der erste Schritt, wie es bei Polynomen vom Grad 5 ($s = 1$) zu erwarten wäre.

Beispiel a 2) Wie Beispiel a 1), aber auf $R = \left[0, \frac{11}{21}\right] \times \left[0, \frac{11}{21}\right]$.
Schrittweite: $h = \frac{11}{21 \cdot 14} \approx 0.037$.
Interpolation mit 4 Polynomen vom Grad 7.
Fehler des Fünfpunkt-Differenzenverfahrens $\approx 0.25 \times 10^{-4}$.
Fehler nach dem 1. Defektkorrekturschritt $\approx 0.8 \times 10^{-7}$.
Fehler nach dem 2. Defektkorrekturschritt $\approx 0.2 \times 10^{-9}$.
Fehler nach dem 3. Defektkorrekturschritt $\approx 0.6 \times 10^{-10}$.
Fehler nach dem 4. Defektkorrekturschritt $\approx 0.6 \times 10^{-10}$.

Die deutlichste Verbesserung ergeben die ersten beiden Schritte.

Beispiel a 3) Wie Beispiel a 1), aber auf $R = \left[0, \frac{11}{7}\right] \times \left[0, \frac{11}{7}\right]$.
Schrittweite: $h = \frac{11}{7 \cdot 11} \approx 0.112$.

Interpolation wieder mit 4 Polynomen vom Grad 7.
Fehler des Fünfpunkt-Differenzenverfahrens $\approx 0.2 \times 10^{-2}$.
Fehler nach dem 1. Defektkorrekturschritt $\approx 0.3 \times 10^{-5}$.
Fehler nach dem 2. Defektkorrekturschritt $\approx 0.3 \times 10^{-5}$.

Entsprechend der ungenaueren Anfangsnäherung bringt nur der erste Defektkorrekturschritt eine gute Verbesserung.

ad b)

Beispiel b 1) Wie Beispiel a 1), aber auf $R = [0, 0.6] \times [0, 1]$.

Schrittweite: $h = \frac{1}{25} = 0.04$.

Interpolation mit 15 Polynomen vom Grad 5.
Fehler des Fünfpunkt-Differenzenverfahrens $\approx 0.7 \times 10^{-4}$.
Fehler nach dem 1. Defektkorrekturschritt $\approx 0.4 \times 10^{-6}$.

Trotz vieler Interpolationsquadrate etwa gleich gute Verbesserung beim 1. Defektkorrekturschritt wie bei Beispiel a 1).

ad c)

Beispiel c 1)

$$\Delta u - 0.2\frac{\partial u}{\partial x} + 0.1\frac{\partial u}{\partial y} = u^3 - e^{-3(x+2y+3)} + 5e^{-(x+2y+3)} \text{ auf } R = \left[0, \frac{3}{4}\right] \times \left[0, \frac{3}{4}\right],$$

$$u(0, y) = e^{-(2y+3)}, \qquad u\left(\frac{3}{4}, y\right) = e^{-(2y+15/4)}, \qquad 0 \leqq y \leqq \frac{3}{4},$$

$$u(x, 0) = e^{-(x+3)}, \qquad u\left(x, \frac{3}{4}\right) = e^{-(x+9/2)}, \qquad 0 \leqq x \leqq \frac{3}{4}.$$

Exakte Lösung: $z(x, y) = e^{-(x+2y+3)}$.

Schrittweite: $h = \frac{3}{4 \cdot 14} \approx 0.05$.

Interpolation mit 4 Polynomen vom Grad 7.
Fehler des Fünfpunkt-Differenzenverfahrens $\approx 0.8 \times 10^{-6}$.
Fehler nach dem 1. Defektkorrekturschritt $\approx 0.3 \times 10^{-8}$.
Fehler nach dem 2. Defektkorrekturschritt $\approx 0.1 \times 10^{-9}$.

Auch bei diesem nichtlinearen Beispiel zeigt sich die Qualitätsverbesserung unserer Methode.

ad d)

Beispiel d 1)

$$\Delta u = 0 \qquad \text{auf} \quad R = [0, 10] \times [0, 10],$$

$$u(0, y) = u(10, y) = 0.01\left(\sqrt{50 - (y-5)^2} - 5\right), \qquad 0 \leqq y \leqq 10,$$

$$u(x, 0) = u(x, 10) = 0.01 \sin\frac{\pi x}{10}, \qquad 0 \leqq x \leqq 10.$$

Da die exakte Lösung bei diesem Beispiel unbekannt ist, haben wir es mit dem Fünfpunkt-Differenzenverfahren mit den Schrittweiten $h = 1, \frac{1}{2}, \frac{1}{4}$ gelöst und anschließend Richardson-Extrapolation durchgeführt. An den Punkten (5,5), (3,3) und (1,1) vergleichen wir die so erhaltenen Werte mit den Werten der iterierten Defektkorrektur, durchgeführt mit 4 Polynomen vom Grad 5 und der Schrittweite $h = 1$.

Punkt (5,5):

$h = 1$	0.128071×10^{-1}		
		0.126679×10^{-1}	
$h = \frac{1}{2}$	0.127027×10^{-1}		0.1266762×10^{-1}
		0.126676×10^{-1}	
$h = \frac{1}{4}$	0.126764×10^{-1}		

Der 1. Defektkorrekturschritt liefert den Wert 0.126666×10^{-1}.

Punkt (3,3):

$h = 1$	0.124970×10^{-1}		
		0.123859×10^{-1}	
$h = \frac{1}{2}$	0.124137×10^{-1}		0.123857×10^{-1}
		0.123857×10^{-1}	
$h = \frac{1}{4}$	0.123927×10^{-1}		

Der 1. Defektkorrekturschritt liefert den Wert 0.123822×10^{-1}.

Punkt (1,1):

$h = 1$	0.804639×10^{-2}		
		0.797510×10^{-2}	
$h = \frac{1}{2}$	0.799292×10^{-2}		0.797256×10^{-2}
		0.797272×10^{-2}	
$h = \frac{1}{4}$	0.797777×10^{-2}		

Der 1. Defektkorrekturschritt liefert den Wert 0.799696×10^{-2}.

Offensichtlich stimmen die auf diesen beiden Wegen erhaltenen Werte im Inneren des Rechtecks besser überein als nahe den Eckpunkten — wie es zu erwarten war.

Literatur

[1] Frank, R., Schätzungen des globalen Diskretisierungsfehlers bei Runge-Kutta-Methoden, ISNM 27 (1975), 45—70.

[2] Frank, R., The method of iterated defect-correction and its application to two-point boundary value problems. Part 1 and 2 (erscheint in Numer. Math.).

[3] Frank, R., and C. W. Ueberhuber, Iterated defect correction for Runge-Kutta methods. Report No. 14/75, Inst. f. Numer. Math., Technical University of Vienna.

[4] Rapf, A., Diplomarbeit, Technische Universität Wien 1976.

[5] STETTER, H. J., Economical global error estimation. In: R. A. WILLOUGHBY (Ed.), Stiff Differential Systems, Plenum Press, New York—London 1974, pp. 245—258.
[6] SÜNDERMANN, R., Numerische Lösung von Zweipunkt-Randwertaufgaben mit der Methode der Iterierten Defekt-Korrektur. Diplomarbeit, Technische Universität Wien 1975.
[7] ZADUNAISKY, P. E., On the estimation of errors propagated in the numerical solution of ordinary differential equations. Proc. IAU Symp. No. 25, Thessaloniki, Greece, 1966.

Manuskripteingang: 11. 5. 1976

VERFASSER:

Dr. REINHARD FRANK und Doz. Dr. JÖRG HERTLING, Institut für Numerische Mathematik der Technischen Universität Wien

Beiträge zur Numerischen Mathematik
7 (1979), 33–48

Zur stochastischen Regularisierung linearer Gleichungen in Hilberträumen

VOLKMAR FRIEDRICH und ANDREAS UHLIG

Die Bestimmung unbekannter Größen aus indirekten Messungen führte zur Entwicklung von Näherungsverfahren für nichtkorrekte Gleichungen. Die Tichonowsche Regularisierung als bekanntestes dieser Näherungsverfahren benutzt qualitative Zusatzinformationen über die unbekannte Größe zur Formulierung benachbarter korrekter Näherungsgleichungen. Ihre Anwendung auf (schlecht konditionierte) lineare Gleichungssysteme steht in einer gewissen Beziehung zu deren stochastischer Regularisierung auf der Grundlage einer stochastischen Modellierung dieser Meßvorgänge.

Nachfolgend werden die stochastische Regularisierung für lineare Gleichungen in Hilberträumen begründet und ihre Analogien zur Tichonowschen Regularisierung diskutiert. Die stochastische Regularisierung erweist sich dabei im gleichen Sinne wie für lineare Gleichungssysteme als optimales Näherungsverfahren.

1. Aufgabenstellung der indirekten Messung

Es sei x ein interessierender Zustand, der nicht unmittelbar unserer Beobachtung zugänglich ist, dessen Wirkungen aber gemessen werden können. Die Abbildung A beschreibe den Zusammenhang zwischen x und der von ihr direkt abhängenden, meßtechnisch erfaßbaren Größe. In der Regel sind die Meßergebnisse noch durch einen Meßfehler y verfälscht, der hier als additiv angenommen wird. Das tatsächlich registrierte Meßergebnis z erfüllt somit die Beziehung

$$Ax + y = z. \tag{1}$$

Im weiteren werden x als Element eines normierten Raumes X und Ax, y sowie z als Elemente eines (im allgemeinen von X verschiedenen) normierten Raumes Y aufgefaßt; A sei ein stetiger linearer Operator von X in Y.

Die Bestimmung von x aus (1) bereitet insofern Schwierigkeiten, daß für den Meßfehler im allgemeinen nur eine gewisse obere Schranke δ für $\|y\|$ angegeben werden kann und im Fall eines unendlichdimensionalen Raumes X für eine vollstetige Abbildung A eine Ersetzung von (1) durch $Ax = z$ als Näherungsgleichung nicht sinnvoll ist, da selbst dann, wenn A eine eineindeutige Abbildung von X in Y ist, diese Gleichung $Ax = z$ weder eine Lösung besitzen muß noch diese Lösung, falls sie existiert, dem gesuchten x benachbart zu sein braucht [1].

2. Regularisierung nach Tichonow

Wird dagegen als Näherung x_α für x die Lösung des Minimumproblems für das Funktional

$$T_\alpha(x) = \|Ax - z\|^2 + \alpha\Omega(x) \tag{2}$$

genommen, so ergeben sich Konvergenzaussagen unter recht allgemeinen Voraussetzungen an das stabilisierende Funktional $\Omega(x)$ und an den Regularisierungsparameter α als Funktion von δ für $\delta \to 0$ (vgl. [1], Kap. II).

Sind X und Y Hilberträume, so läßt sich für bestimmte $\Omega(x)$ das Minimalelement x_α des Funktionals (2) als Lösung einer „Eulergleichung" berechnen. So entspricht dem stabilisierenden Funktional $\Omega(x) = \|x\|^2$ die Eulergleichung

$$(A^*A + \alpha I)\, x_\alpha = A^*z.^{1)} \tag{3}$$

Für $\Omega(x) = (Lx, x)$ mit L als einem symmetrischen, positiv definiten, nicht notwendig beschränkten Operator in X und $D(L)$ als dessen Definitionsgebiet ist die Eulergleichung

$$(A^*A + \alpha L)\, x_\alpha = A^*z \tag{4}$$

stets eindeutig in $D(L)$ lösbar.

Die Wahl von $\Omega(x)$ und α im konkreten Anwendungsfall kann nicht ausschließlich aus den Konvergenzsätzen begründet werden. Annahmen über die Struktur von x bestimmen weitgehend die Verwendung bestimmter $\Omega(x)$, während für die Auswahl von α mehrere, in unterschiedlichen Anwendungsaufgaben experimentell erprobte Kriterien empfohlen werden ([1], S. 87–89).

Fehlerabschätzungen für die Güte der durch Regularisierung erhaltenen Näherungen erfordern unbedingt zusätzliche Kenntnisse über das gesuchte x. Sie wurden unter Voraussetzungen, daß x einem vorgegebenen Kompakt M angehört oder eine Quelldarstellung ([2, 3]) besitzt, studiert. Fehlerabschätzungen dieser Art sind aber nur für wenige Anwendungen effektiv handhabbar und überdies im allgemeinen recht pessimistisch, da sie auch für ungünstige Meßfehler und gesuchte Zustände aus M gelten sollen.

3. Stochastische Regularisierung

Da Meßfehler in der Regel zufälligen Charakter tragen und in zahlreichen Beispielen auch der interessierende Zustand x bestimmten stochastischen Gesetzmäßigkeiten unterliegt, werden neben den deterministischen Verfahren auch stochastisch begründete Näherungsverfahren untersucht. Die Kenntnis gewisser Verteilungsparameter

---

1) I bezeichnet den identischen Operator; mitunter wird, um Verwechslungen zu vermeiden, auch I_X bzw. I_Y benutzt. A^* ist der durch $(Ax, y)_Y = (x, A^*y)_X$ definierte, zu A adjungierte Operator von Y in X, wobei die Indizes an den Skalarprodukten auf die jeweiligen Räume hinweisen.

ermöglicht hier nicht nur die Konstruktion von Näherungen, sondern auch deren Bewertung anhand stochastischer Gütekriterien. Im Fall endlichdimensionaler Räume $X = R^n$ und $Y = R^m$ liegen hierzu wesentliche Resultate vor ([4, 5, 6]). Können der unbekannte Vektor $x \in R^n$ und der Vektor der Meßfehler $y \in R^m$ als Realisierungen stochastisch unabhängiger (oder wenigstens nichtkorrelierter) zufälliger Vektoren ξ und η mit den Mittelwerten $\bar{x} \in R^n$ bzw. $\bar{y} \in R^m$ und den Kovarianzmatrizen B und C aufgefaßt werden, so stellt die stochastische Regularisierung

$$x_{st} = \bar{x} + \Gamma(z - A\bar{x} - \bar{y}) \quad \text{mit} \quad \Gamma = BA^{\mathsf{T}}(ABA^{\mathsf{T}} + C)^{-1} \tag{5}$$

ein Schätzverfahren für die Bestimmung von x bzw. von Werten linearer Funktionale über x bei bekanntem z dar.[1] Beachtet man, daß jedes mit einer $n \cdot m$-Matrix G nach einer Vorschrift

$$\tilde{x} = a + G(z - b), \qquad a \in R^n, \; b \in R^m, \tag{6}$$

aus $z = Ax + y$ gebildete $\tilde{x}$ als Realisierung des entsprechenden zufälligen Vektors $\tilde{\xi} = a + G(A\xi + \eta - b)$ betrachtet werden kann, so ist auch der Schätzfehler $\tilde{\xi} - \xi$ ein zufälliger Vektor, und

$$E(\|\tilde{\xi} - \xi\|^2) \quad \text{bzw.} \quad E\big(|(l, \tilde{\xi}) - (l, \xi)|^2\big) \tag{7}$$

ist als mittlerer quadratischer Fehler der Schätzung von x durch $\tilde{x}$ bzw. von Werten (l, x) des linearen Funktionals l über x durch $(l, \tilde{x})$ ein mögliches Gütekriterium zum Vergleich verschiedener Näherungsvorschriften (6). E bezeichnet hierbei die Erwartungswertbildung bezüglich der gemeinsamen Verteilung von ξ und η, so daß dieses Vergleichskriterium auf gute Schätzungen für häufig auftretende Zustände x und Meßfehler y orientiert, aber auch große Fehler $\tilde{x} - x$ bzw. $(l, \tilde{x}) - (l, x)$ für seltene Zustände oder Meßfehler erlaubt.

Die stochastische Regularisierung (5) erweist sich als beste lineare Schätzung bezüglich des Kriteriums (7), d. h., für beliebige nach (6) gebildete $\tilde{x}$ gilt

$$E(\|\tilde{\xi} - \xi\|^2) \geqq E(\|\xi_{st} - \xi\|^2) \quad \text{und} \quad E\big(|(l, \tilde{\xi}) - (l, \xi)|^2\big) \geqq E\big(|(l, \xi_{st}) - (l, \xi)|^2\big).$$

Unter der stärkeren Voraussetzung, daß ξ und η stochastisch unabhängige, normalverteilte zufällige Vektoren mit nichtsingulären Kovarianzmatrizen sind, bildet

$$\begin{aligned} x_{st} &= \bar{x} + BA^{\mathsf{T}}(ABA^{\mathsf{T}} + C)^{-1}(z - A\bar{x} - \bar{y}) \\ &= \bar{x} + (A^{\mathsf{T}}C^{-1}A + B^{-1})^{-1}A^{\mathsf{T}}C^{-1}(z - A\bar{x} - \bar{y}) \end{aligned} \tag{8}$$

außerdem den Mittelwert der bedingten Verteilung des zufälligen Vektors ξ unter der Voraussetzung, daß das Meßergebnis z vorliegt.[2] Dabei ist

$$B - BA^{\mathsf{T}}(ABA^{\mathsf{T}} + C)^{-1}AB = (A^{\mathsf{T}}C^{-1}A + B^{-1})^{-1} \tag{9}$$

die Kovarianzmatrix dieser bedingten Verteilung.

---

[1]) Für eine singuläre Matrix $ABA^{\mathsf{T}} + C$ ist unter $(ABA^{\mathsf{T}} + C)^{-1}$ die verallgemeinerte Inverse zu verstehen ([7], S. 167).

[2]) Die Identität $BA^{\mathsf{T}}(ABA^{\mathsf{T}} + C)^{-1} = (A^{\mathsf{T}}C^{-1}A + B^{-1})^{-1}A^{\mathsf{T}}C^{-1}$ folgt sofort aus der Beziehung $A^{\mathsf{T}}C^{-1}(ABA^{\mathsf{T}} + C) = (A^{\mathsf{T}}C^{-1}A + B^{-1})BA^{\mathsf{T}}$.

Die Näherung x_{st} steht insofern in Beziehung zur Tichonowschen Regularisierung, als für $\bar{y} = O$ und $C = \sigma^2 I$ das Minimum des Funktionals (2) mit

$$\alpha\Omega(x) = \sigma^2\big(B^{-1}(x - \bar{x}), x - \bar{x}\big)$$

bei $x = x_{st}$ angenommen wird.

4. Probleme der Übertragung der stochastischen Regularisierung auf den unendlichdimensionalen Fall

Bezeichnet $\mathfrak{B}$ die σ-Algebra der Borelmengen über einem reellen separablen Hilbertraum H, so wird ein zufälliges Element ξ mit Werten in H (als Verallgemeinerung des Begriffes einer zufälligen Variablen) durch ein auf $\mathfrak{B}$ definiertes normiertes Maß μ derart charakterisiert, daß für alle Mengen $S \in \mathfrak{B}$

$$P(\xi \in S) = \mu(S)$$

gilt. μ wird auch Verteilung von ξ genannt. Jedes lineare stetige Funktional $l_z(\xi) = (\xi, z)$ stellt eine zufällige Variable über dem Wahrscheinlichkeitsraum $(H, \mathfrak{B}, \mu)$ dar. Bezeichnet E_ξ die Erwartungswertbildung bezüglich der Verteilung von ξ und gibt es ein Element $a \in H$ und einen symmetrischen Operator B in H mit

$$E_\xi(\xi, z) = (a, z) \quad \text{für alle } z \in H,$$

$$E_\xi\big((\xi - a, z_1)(\xi - a, z_2)\big) = (Bz_1, z_2) \quad \text{für alle } z_1, z_2 \in H,$$

so wird a Mittelwert und B Korrelationsoperator des zufälligen Elementes ξ genannt [8].

Das zufällige Element ξ heißt Gauß-verteilt und seine Verteilung ein Gaußsches Maß, wenn jedes stetige lineare Funktional (ξ, z) Normalverteilung besitzt. Hierfür ist hinreichend und notwendig, daß das charakteristische Funktional $\varphi(z) = E_\xi\{e^{i(\xi,z)}\}$ von ξ in der Form

$$\varphi(z) = \exp\left\{i(a, z) - \frac{1}{2}(Bz, z)\right\} \tag{10}$$

mit einem beliebigen Element $a \in H$ und einem nuklearen[1]) Operator B in H darstellbar ist; a und B sind dann gerade Mittelwert und Korrelationsoperator von ξ. Die Verteilung eines Gaußschen zufälligen Elementes ist somit durch Mittelwert und Korrelationsoperator eindeutig bestimmt; symbolisch sei dies durch $\xi[a, B] \in H$ bezeichnet [8].

---

[1]) Ist B ein nichtnegativer, vollstetiger, selbstadjungierter linearer Operator in H, so kann eine orthonormale Basis des Raumes H aus seinen Eigenelementen gebildet werden. Es sei $\{u_j\}_{j=1}^{\infty}$ eine solche Basis, und β_j bezeichne den zu u_j gehörenden Eigenwert. Der Operator B wird nuklear genannt, wenn seine Spur endlich ist:

$$\operatorname{sp} B = \sum_j (Bu_j, u_j) = \sum_j \beta_j < \infty.$$

Dabei gilt auch für jede andere orthonormale Basis $\{e_k\}_{k=1}^{\infty}$ die Beziehung $\operatorname{sp} B = \sum_k (Be_k, e_k)$.

Fassen wir nun den unbekannten Zustand x sowie den Meßfehler y als Realisierungen Gaußscher zufälliger Elemente $\xi[\bar{x}, B] \in X$ und $\eta[\bar{y}, C] \in Y$ auf, wobei X und Y Hilberträume seien. Der lineare stetige Operator A von X in Y erzeugt aus ξ wiederum ein Gauß-verteiltes zufälliges Element $A\xi[A\bar{x}, ABA^*] \in Y$, das unter Berücksichtigung des zufälligen Meßfehlers η im Falle der stochastischen Unabhängigkeit von ξ und η die Gaußsche zufällige Meßgröße in Y

$$\zeta = A\xi + \eta \tag{11}$$

mit dem Mittelwert $A\bar{x} + \bar{y}$ und dem Korrelationsoperator $ABA^* + C$ ergibt.

Die Berechnung des Mittelwertes der bedingten Verteilung von ξ bezüglich des Ereignisses $\zeta = z$ benutzt im endlichdimensionalen Fall wesentlich die Verteilungsdichten (bezüglich des Lebesgueschen Maßes) und kann deshalb nicht direkt auf den unendlichdimensionalen Fall übertragen werden, da der Begriff des Lebesgueschen Maßes keine sinnvolle Erweiterung auf unendlichdimensionale Räume gestattet. Auch die Verwendung der gegenseitigen Dichten Gaußscher Maße, d. h. die Ausnutzung von Beziehungen zwischen zueinander absolut stetigen Gaußschen Maßen, erweist sich nur in Spezialfällen (unter zusätzlichen Bedingungen an A, B und C) als anwendbare Technik. Eine formale Anwendung von (5) ist ebenfalls ausgeschlossen, da $ABA^* + C$ nuklear und deshalb nicht beschränkt invertierbar ist. Das Definitionsgebiet von Γ ist zwar dicht in Y, es besitzt aber als Bildmenge $\operatorname{im}(ABA^* + C)$ des Korrelationsoperators von ζ bezüglich der Verteilung μ_ζ dieses zufälligen Elements ζ nur das Maß Null ([9], S. 85):

$$\mu_\zeta(D(\Gamma)) = 0. \tag{12}$$

Der Ausweg besteht in der Konstruktion einer geeigneten Erweiterung $\tilde{\Gamma}$ des Operators Γ, mit der sich der gesuchte bedingte Mittelwert in einer zu (5) analogen Form schreiben läßt. Diese Erweiterung $\tilde{\Gamma}$ ist stets angebbar, auch wenn Γ keine Abschließung besitzt.

5. Die stochastische Regularisierung in Hilberträumen bei stochastischer Unabhängigkeit der zufälligen Elemente ζ und η

Der Einfachheit wegen gelte $\ker(ABA^* + C) = \{O\}$, d. h., $ABA^* + C$ besitze einen trivialen Nullraum und sei damit linksinvertierbar. Weiterhin sei vorausgesetzt, daß ξ und η zentriert sind, d. h., es gelte $\bar{x} = O$, $\bar{y} = O$. Damit ist auch ζ zentriert. Unter der Verwendung der Quadratwurzeln der Operatoren B und $ABA^* + C$ und des Operators

$$T = B^{\frac{1}{2}} A^*(ABA^* + C)^{-\frac{1}{2}} \tag{13}$$

läßt sich Γ auch als

$$\begin{aligned} \Gamma = BA^*(ABA^* + C)^{-1} &= B^{\frac{1}{2}} B^{\frac{1}{2}} A^*(ABA^* + C)^{-\frac{1}{2}} (ABA^* + C)^{-\frac{1}{2}} \\ &= B^{\frac{1}{2}} T(ABA^* + C)^{-\frac{1}{2}} \end{aligned}$$

schreiben. Der Operator T erfüllt für alle $v \in D(T) = \operatorname{im}(ABA^* + C)^{\frac{1}{2}}$ die Beziehung

$$\|Tv\|_X \leqq \|v\|_Y, \tag{14}$$

da aus der Nichtnegativität von C für beliebiges $v = (ABA^* + C)^{\frac{1}{2}} w$

$$\begin{aligned} \|Tv\|^2 &= \left\|B^{\frac{1}{2}} A^* w\right\|^2 = (ABA^* w, w) \\ &\leqq \big((ABA^* + C)\, w, w\big) = \left\|(ABA^* + C)^{\frac{1}{2}} w\right\|^2 = \|v\|^2 \end{aligned}$$

folgt. Auf Grund der Dichtheit des Definitionsgebietes $D(T)$ in Y und der Beziehung (14) ist T zu einem beschränkten linearen Operator $\overline{T}$ mit $\|\overline{T}\| \leqq 1$ erweiterbar. Da wegen der Stetigkeit der Operatoren $B^{\frac{1}{2}}$ und A^* der zu T adjungierte Operator als

$$T^* = (ABA^* + C)^{-\frac{1}{2}} AB^{\frac{1}{2}} \tag{15}$$

dargestellt werden kann, folgt aus der allgemeinen Beziehung $(\overline{T})^* = T^*$ und der Beschränktheit von $\overline{T}$ auch die Beschränktheit des Operators (15). Schließlich gilt $T^{**} = \overline{T}$.

Es seien $\{u_j\}_{j=1}^{\infty} \subset X$ und $\{\beta_j\}_{j=1}^{\infty}$ sowie $\{v_i\}_{i=1}^{\infty} \subset Y$ und $\{\gamma_i\}_{i=1}^{\infty}$ vollständige Orthonormalsysteme normierter Eigenvektoren und entsprechende Folgen zugehöriger Eigenwerte der beiden Operatoren B bzw. $ABA^* + C$.

Für jedes $z \in D(\Gamma) = \operatorname{im}(ABA^* + C)$ erhalten wir aus

$$(ABA^* + C)^{-\frac{1}{2}} z = \sum_i \frac{(z, v_i)}{\sqrt{\gamma_i}} v_i$$

und $v_i \in D(T)$

$$\begin{aligned} \Gamma z &= B^{\frac{1}{2}} T \sum_i \frac{(z, v_i)}{\sqrt{\gamma_i}} v_i = B^{\frac{1}{2}} \sum_i \frac{(z, v_i)}{\sqrt{\gamma_i}} T v_i \\ &= B^{\frac{1}{2}} \sum_j \left\{\sum_i \frac{(z, v_i)}{\sqrt{\gamma_i}} (Tv_i, u_j)\right\} u_j = \sum_j \sqrt{\beta_j} \left\{\sum_i \frac{(z, v_i)}{\sqrt{\gamma_i}} (Tv_i, u_j)\right\} u_j \end{aligned}$$

und

$$\|\Gamma z\|^2 = \sum_j \beta_j \left\{\sum_i \frac{(z, v_i)}{\sqrt{\gamma_i}} (Tv_i, u_j)\right\}^2.$$

Ausgehend von dieser Darstellung des Elementes Γz definieren wir nun durch

$$\tilde{\Gamma} z = \sum_{j=1}^{\infty} \sqrt{\beta_j} \left\{\sum_{i=1}^{\infty} \frac{(z, v_i)}{\sqrt{\gamma_i}} (Tv_i, u_j)\right\} u_j \tag{16}$$

auf

$$D(\tilde{\Gamma}) = \left\{ z \in Y \;\middle|\; \|\tilde{\Gamma} z\|^2 = \sum_j \beta_j \left\{\sum_i \frac{(z, v_i)}{\sqrt{\gamma_i}} (Tv_i, u_j)\right\}^2 < \infty \right\}$$

einen linearen Operator $\tilde{\Gamma}$, der offensichtlich eine Erweiterung von Γ ist.

Lemma. *Die Abbildung $\tilde{\Gamma}$ aus Y in X ist meßbar, d. h., das Urbild $\tilde{\Gamma}^{-1}(S)$ jeder Borelmenge S in X ist eine Borelmenge in Y.*

Der Beweis dieses Lemmas beruht wesentlich auf der Tatsache, daß der Grenzwert (im Sinne der punktweisen Konvergenz) einer Folge meßbarer linearer Abbildungen, deren Definitionsgebiete eine nichtwachsende Folge bilden, wiederum eine meßbare Abbildung darstellt (vgl. [10]). Die durch

$$\Gamma_{nk}z = \sum_{j=1}^{n} \sqrt{\beta_j} \left\{ \sum_{i=1}^{k} \frac{(z, v_i)}{\sqrt{\gamma_i}} (Tv_i, u_j) \right\} u_j$$

auf ganz Y definierten linearen endlichdimensionalen Abbildungen sind beschränkt und damit meßbar. Die Gesamtheit der z, für die (bei festem n) die Folge $\Gamma_{nk}z$ für $k \to \infty$ einen Grenzwert besitzt, bildet das Definitionsgebiet des durch $\Gamma_n z = \lim\limits_{k\to\infty} \Gamma_{nk}z$ erklärten linearen Operators Γ_n. Die erwähnte Aussage garantiert die Meßbarkeit von Γ_n.

Da die Definitionsgebiete $D(\Gamma_n)$ offensichtlich eine monoton nichtwachsende Folge bilden, liefert eine nochmalige Anwendung des obigen Zusammenhangs wegen $\tilde{\Gamma}z = \lim\limits_{n\to\infty} \Gamma_n z \ (z \in D(\tilde{\Gamma}))$ die Aussage des Lemmas.

$\tilde{\Gamma}$ stellt nun insofern eine Erweiterung von Γ dar, als im Gegensatz zu (12)

$$\mu_\zeta(D(\tilde{\Gamma})) = 1 \tag{17}$$

gilt. Zum Beweis nutzen wir die Karhunendarstellung des Gaußschen zufälligen Elementes $\zeta[O, ABA^* + C] \in Y$ in der Form

$$\zeta = \sum_i \sqrt{\gamma_i}\zeta_i v_i \tag{18}$$

aus, in der die Koeffizienten

$$\zeta_i = \frac{(\zeta, v_i)}{\sqrt{\gamma_i}} \tag{19}$$

sich als in ihrer Gesamtheit unabhängige, nach standardisierter Normalverteilung (d. h. mit $E\zeta_i = 0$ und $D^2\zeta_i = 1$) identisch verteilte zufällige Variable über dem Wahrscheinlichkeitsraum $(Y, \mathfrak{B}_Y, \mu_\zeta)$ erweisen ([8], S. 416f.).

Zusammen mit ζ_i sind (bei festem j) auch die zufälligen Größen $(T^*u_j, v_i)\,\zeta_i$ zentriert und stochastisch unabhängig. Da wegen

$$\sum_i D^2\{(T^*u_j, v_i)\,\zeta_i\} = \sum_i (T^*u_j, v_i)^2 = \|T^*u_j\|^2 \leqq \|u_j\|^2 = 1$$

die Summe ihrer Dispersionen endlich ist, konvergiert die Reihe

$$\sum_{i=1}^{\infty} (T^*u_j, v_i)\,\zeta_i \tag{20}$$

nach einem Satz von Kolmogorow ([8], S. 90) mit Wahrscheinlichkeit 1. Für die

Mengen D_j aller Elemente $z \in Y$, für die die Reihe

$$\sum_{i=1}^{\infty} (Tv_i, u_j) \frac{(z, v_i)}{\sqrt{\gamma_i}} = \sum_{i=1}^{\infty} (T^* u_j, v_i) \frac{(z, v_i)}{\sqrt{\gamma_i}}$$

konvergiert, bedeutet dies, daß $\mu_\zeta(D_j) = 1$ gilt. Hieraus folgt sofort, daß auch mit Wahrscheinlichkeit 1 diese Reihen für alle j gleichzeitig konvergieren.

Bezeichnet τ_j die Summe der Reihe (20), so haben wir mit τ_j zentrierte, aber nicht stochastisch unabhängige zufällige Variable über $(Y, \mathfrak{B}_Y, \mu_\zeta)$ vorliegen. Zusammen mit $\tau_j^{(n)} = \sum_{i=1}^{n} (T^* u_j, v_i)\, \zeta_i$ bildet auch die Folge ihrer Quadrate $\{[\tau_j^{(n)}]^2\}$ eine Folge zufälliger Größen, die mit Wahrscheinlichkeit 1 konvergiert. Da außerdem mit Wahrscheinlichkeit 1 die Beziehung $\lim_{n\to\infty} [\tau_j^{(n)}]^2 = \left[\lim_{n\to\infty} \tau_j^{(n)}\right]^2 = \tau_j^2$ gilt, erhält man nach dem Satz von Fatou [11]

$$E\tau_j^2 = E \lim_{n\to\infty} [\tau_j^{(n)}]^2 \leqq \underline{\lim}_{n\to\infty} E[\tau_j^{(n)}]^2 = \lim_{n\to\infty} E[\tau_j^{(n)}]^2 = \sum_{i=1}^{\infty} (T^* u_j, v_i)^2$$
$$= \|T^* u_j\|^2 \leqq 1. \tag{21}$$

Die Ungleichung (21) erlaubt uns nun, auch die Reihe

$$\sum_{j=1}^{\infty} \beta_j \tau_j^2 \tag{22}$$

hinsichtlich ihrer Konvergenz zu untersuchen, denn aus

$$\sum_{j=1}^{\infty} E(\beta_j \tau_j^2) = \sum_{j=1}^{\infty} \beta_j E(\tau_j^2) \leqq \sum_{j=1}^{\infty} \beta_j = \operatorname{sp} B < \infty$$

folgt sofort die Konvergenz der Reihe (22) mit Wahrscheinlichkeit 1 nach [8], S. 88, da die Summanden der Reihe (22) nichtnegative zufällige Variable sind. Die Beziehung (17) gilt dann wegen

$$\mu_\zeta\big(D(\tilde{\Gamma})\big) = \mu_\zeta \left(\left\{ z \in Y \,\middle|\, \sum_i \beta_j \left\{ \sum_i \frac{(z, v_i)}{\sqrt{\gamma_i}} (Tv_i, u_j) \right\}^2 < \infty \right\}\right)$$
$$= P\left(\sum_j \beta_j \tau_j^2 \text{ konvergiert}\right) = 1.$$

Da eine meßbare Abbildung, die bezüglich der Verteilung μ_ζ eines zufälligen Elementes ζ fast überall definiert ist, meßbar bezüglich dieser Verteilung heißt und ihre Anwendung auf ζ wieder ein zufälliges Element ergibt, erhalten wir aus Lemma 1 und (17):

Satz 1. *$\tilde{\Gamma}$ ist meßbar bezüglich der Verteilung μ_ζ, und $\tilde{\Gamma}\zeta$ ist ein zufälliges Element mit Werten in X.*

Bemerkungen. 1. Satz 1 gilt auch im Fall eines Operators $ABA^* + C$ mit nichttrivialem Nullraum. Im Beweis ist dazu lediglich unter $(ABA^* + C)^{-1}$ der Inverse der Einschränkung von $ABA^* + C$ auf den Unterraum $\hat{Y} = \overline{\operatorname{im}(ABA^* + C)} = \hat{Y} \ominus \ker(ABA^* + C)$ zu verstehen und die Summation über i nur auf die zu positiven Eigenwerten γ_i gehörenden Indizes i anzuwenden.

2. Besitzt der Operator Γ eine auf ganz $\hat{Y}$ definierte Abschließung, so gilt die Identität $\tilde{\Gamma} = \bar{\Gamma} P_{\hat{Y}}$ mit $P_{\hat{Y}}$ als Orthoprojektor von Y auf $\hat{Y}$. Im Fall $\ker(ABA^* + C) = \{O\}$ ist dann $\tilde{\Gamma} = \bar{\Gamma}$.

3. Für den Fall, daß Γ eine Abschließung $\bar{\Gamma}$ besitzt, aber Γ nicht beschränkt ist, sind bisher keine einfachen Zusammenhänge zwischen $\tilde{\Gamma}$ und $\bar{\Gamma}$ bekannt.

6. Charakterisierung des Schätzfehlers und des Mittelwertes der bedingten Verteilung unter Verwendung von $\tilde{\Gamma}$

Wir untersuchen nun den Schätzfehler $\xi - \tilde{\Gamma}\zeta$ und die Eigenschaften von $\tilde{\Gamma}z$ als bedingter Mittelwert.

Hilfsmittel für die Untersuchung der gegenseitigen Beziehungen zwischen zufälligen Elementen mit Werten in X und Y bildet die Darstellung von Paaren zufälliger Elemente im Produkthilbertraum $\{X \times Y\} = \big\{\{x, y\} \mid x \in X, y \in Y\big\}$ mit den üblichen Operationen und $\langle\{x, y\}, \{u, v\}\rangle = (x, u)_X + (y, v)_Y$ als Skalarprodukt. Jeder lineare Operator A in $X \times Y$ ist symbolisch in Matrixform darstellbar als

$$A = \begin{pmatrix} A_{11} & A_{12} \\ A_{21} & A_{22} \end{pmatrix}, \quad A\{x, y\} = \{A_{11}x + A_{12}y, A_{21}x + A_{22}y\};$$

Addition und Multiplikation von Operatoren in $X \times Y$ unterliegen den üblichen Regeln der Matrizenrechnung. Weiter folgt aus der Beschränktheit der Operatoren $A_{11}, A_{12}, A_{21}, A_{22}$ die Beschränktheit von A und aus der Existenz der Operatoren $A_{11}^*, A_{12}^*, A_{21}^*$ und A_{22}^* die Existenz von A^*; dabei gilt

$$A^* = \begin{pmatrix} A_{11}^* & A_{21}^* \\ A_{12}^* & A_{22}^* \end{pmatrix}.$$

Infolge der vorausgesetzten stochastischen Unabhängigkeit der Gaußschen zufälligen Elemente $\xi[O, B] \in X$ und $\eta[O, C] \in Y$ hat $\{\xi, \eta\}$ als ebenfalls zentriertes Gaußsches zufälliges Element in $X \times Y$ den Korrelationsoperator $\begin{pmatrix} B & O \\ O & C \end{pmatrix}$. Das zentrierte Gaußsche zufällige Element $\{\xi, \zeta\}$ in $X \times Y$ besitzt dann wegen $\{\xi, \zeta\} = \begin{pmatrix} I_X & O \\ A & I_Y \end{pmatrix} \{\xi, \eta\}$ den Korrelationsoperator

$$\begin{pmatrix} I_X & O \\ A & I_Y \end{pmatrix} \begin{pmatrix} B & O \\ O & C \end{pmatrix} \begin{pmatrix} I_X & A^* \\ O & I_Y \end{pmatrix} = \begin{pmatrix} B & BA^* \\ AB & ABA^* + C \end{pmatrix}. \tag{23}$$

Wir analysieren nun die Eigenschaften des Schätzfehlers

$$\chi = \xi - \tilde{\Gamma}\zeta. \tag{24}$$

Da allerdings $\tilde{\Gamma}$ im allgemeinen unbeschränkt ist, folgt aus der Darstellung (24) nicht unmittelbar, daß auch χ ein Gaußsches zufälliges Element ist. Um dies zu beweisen, betrachten wir die gemeinsame Verteilung der zufälligen Elemente χ und ζ und bestimmen das charakteristische Funktional dieses Paares $\{\chi, \zeta\}$.

Da nach Satz 1 die Abbildung $\tilde{\Gamma}$ meßbar bezüglich μ_ζ ist, erweist sich auch $S = \begin{pmatrix} I_X & -\tilde{\Gamma} \\ O & I_Y \end{pmatrix}$ als Abbildung in $X \times Y$ als meßbar bezüglich der Verteilung des Paares $\{\xi, \zeta\}$. Wegen

$$\{\chi, \zeta\} = S\{\xi, \zeta\} \tag{25}$$

ergibt sich für das zu untersuchende charakteristische Funktional

$$\varphi_{\chi,\zeta}(\{f, g\}) = E_{\chi,\zeta} \exp\left\{i\langle\{\chi, \zeta\}, \{f, g\}\rangle\right\} = E_{\xi,\zeta} \exp\left\{i\langle S\{\xi, \zeta\}, \{f, g\}\rangle\right\}$$
$$= E_{\xi,\zeta} \exp\{i[(\xi, f) - (\tilde{\Gamma}\zeta, f) + (\zeta, g)]\}.$$

Verwenden wir wieder die stetigen Abbildungen Γ_{nk} aus dem Beweis des Lemmas und führen noch

$$\varphi_{nk}(\{f, g\}) = E_{\xi,\zeta} \exp\{i[(\xi, f) - (\Gamma_{nk}\zeta, f) + (\zeta, g)]\}$$

ein, so erhalten wir mittels der Stetigkeit des Skalarproduktes und der Exponentialfunktion sowie des Satzes von LEBESGUE über die Vertauschbarkeit von Integration und Grenzübergang

$$\varphi_{\chi,\zeta}(\{f, g\}) = \lim_{n\to\infty} \lim_{k\to\infty} \varphi_{nk}(\{f, g\}). \tag{26}$$

Bezeichnen $P_X{}^n$ und $P_Y{}^k$ die Orthoprojektoren auf die durch die Eigenelemente $u_1, \ldots, u_n$ bzw. $v_1, \ldots, v_k$ aufgespannten Unterräume in X bzw. Y, so folgt aus der Stetigkeit der Abbildungen Γ_{nk}, den Beziehungen

$$\Gamma_{nk} = P_X{}^n \Gamma P_Y{}^k, \quad \Gamma_{nk}(ABA^* + C) = P_X{}^n BA^* P_Y{}^k,$$

$$\Gamma_{nk}AB = P_X{}^n B^{\frac{1}{2}} T P_Y{}^k T^* B^{\frac{1}{2}},$$

dem Korrelationsoperator (23) des Paares $\{\xi, \zeta\}$ und der Darstellung (10) des charakteristischen Funktionals die Beziehung

$$\varphi_{nk}(\{f, g\}) = E_{\xi,\zeta} \exp\left\{i\left\langle\{\xi, \zeta\}, \begin{pmatrix} I_X & O \\ -\Gamma_{nk}^* & I_Y \end{pmatrix}\{f, g\}\right\rangle\right\}$$
$$= \exp\left\{-\frac{1}{2}\left\langle\begin{pmatrix} B & BA^* \\ AB & ABA^* + C \end{pmatrix}\begin{pmatrix} I_X & O \\ -\Gamma_{nk}^* & I_Y \end{pmatrix}\{f, g\},\right.\right.$$
$$\left.\left.\begin{pmatrix} I_X & O \\ -\Gamma_{nk}^* & I_Y \end{pmatrix}\{f, g\}\right\rangle\right\}$$
$$= \exp\left\{-\frac{1}{2}\left[([B - 2\Gamma_{nk}AB + \Gamma_{nk}(ABA^* + C)\,\Gamma_{nk}^*]\,f, f)\right.\right.$$
$$+ 2([-BA^* + \Gamma_{nk}(ABA^* + C)]\,g, f)$$
$$\left.\left. + \left((ABA^* + C)g, g\right)\right]\right\}$$

$$= \exp\left\{-\frac{1}{2}\left[\left(\left[B - 2P_X{}^n B^{\frac{1}{2}} T P_Y{}^k T^* B^{\frac{1}{2}} + P_X{}^n B^{\frac{1}{2}} T P_Y{}^k T^* B^{\frac{1}{2}} P_X{}^n\right] f, f\right) + 2([-BA^* + P_X{}^n B A^* P_Y{}^k]\, g, f) + \left((ABA^* + C)\, g, g\right)\right]\right\}.$$

Aus dem Grenzübergang (26) folgt sofort

$$\varphi_{\chi,\zeta}(\{f, g\}) = \exp\left\{-\frac{1}{2}\left[\left(\left[B - B^{\frac{1}{2}} T^{**} T^* B^{\frac{1}{2}}\right] f, f\right) + \left((ABA^* + C)\, g, g\right)\right]\right\}$$

$$= \exp\left\{-\frac{1}{2} \langle K\{f, g\}, \{f, g\}\rangle\right\} \tag{27}$$

mit

$$K = \begin{pmatrix} B - B^{\frac{1}{2}} T^{**} T^* B^{\frac{1}{2}} & 0 \\ 0 & ABA^* + C \end{pmatrix}.$$

Dabei erweist sich $B^{\frac{1}{2}} T^{**} T^* B^{\frac{1}{2}}$ als selbstadjungiert, nichtnegativ und gemäß $\operatorname{sp} B^{\frac{1}{2}} T^{**} T^* B^{\frac{1}{2}} = \sum \left\| T^* B^{\frac{1}{2}} u_i \right\|^2 \leqq \sum \left\| B^{\frac{1}{2}} u_i \right\|^2 = \operatorname{sp} B$ auch als nuklear. Wegen $\left(\left[B - B^{\frac{1}{2}} T^{**} T^* B^{\frac{1}{2}}\right] x, x\right) = \left\| B^{\frac{1}{2}} x \right\|^2 - \left\| T^* B^{\frac{1}{2}} x \right\|^2 \geqq 0$ ist auch $B - B^{\frac{1}{2}} T^{**} T^* B^{\frac{1}{2}}$ ein nichtnegativer und (als Differenz nuklearer Operatoren) wiederum nuklearer Operator. Damit ist auch K ein nuklearer Operator in $X \times Y$, und aus der Gestalt (72) des charakteristischen Funktionals $\varphi_{\chi,\zeta}$ erhält man, daß das zufällige Element $\{\chi, \zeta\}$ in $X \times Y$ Gauß-Verteilung mit dem Mittelwert $\{0, 0\}$ und dem Korrelationsoperator K besitzt. Entsprechend der Gestalt von K erweist sich χ als mit der Meßgröße ζ nicht korrelierend und — da $\{\chi, \zeta\}$ Gauß-Verteilung besitzt — sogar als stochastisch unabhängig. Damit gilt der folgende Satz:

Satz 2. *Der Schätzfehler* (24) *der Näherung* $\tilde{\Gamma}\zeta$ *für* ξ *ist ein zentriertes Gaußsches zufälliges Element in* X *mit dem Korrelationsoperator* $B - B^{\frac{1}{2}} T^{**} T^* B^{\frac{1}{2}}$. *Schätzfehler* χ *und Meßgröße* ζ *sind stochastisch unabhängige Gaußsche zufällige Elemente.*

Wir können nun die bedingte Verteilung des zufälligen Elementes ξ bezüglich des Ereignisses $\zeta = z$ bestimmen, wobei wir die Summendarstellung $\xi = \chi + \tilde{\Gamma}\zeta$ ausnutzen. Infolge der eben gezeigten stochastischen Unabhängigkeit von χ und ζ gilt nämlich für beliebige Borelmengen $M \subset X$ im Fall $z \in D(\tilde{\Gamma})$

$$\begin{aligned}\mu|_{\zeta=z}(M) &= P(\xi \in M \mid \zeta = z) = P(\chi + \tilde{\Gamma}\zeta \in M \mid \zeta = z) \\ &= P(\chi + \tilde{\Gamma}z \in M \mid \zeta = z) = P(\chi \in M - \tilde{\Gamma}z \mid \zeta = z) \\ &= P(\chi \in M - \tilde{\Gamma}z) = P(\chi + \tilde{\Gamma}z \in M),\end{aligned}$$

d. h., die bedingte Verteilung ist eine um $\tilde{\Gamma}z$ verschobene Gauß-Verteilung. Damit gilt analog zum endlichdimensionalen Fall auch:

Satz 3. *Die bedingte Verteilung des zufälligen Elementes ξ bezüglich des Ereignisses $\zeta = z$ mit $z \in D(\tilde{\Gamma})$ ist eine Gauß-Verteilung in X mit dem Mittelwert $\tilde{\Gamma}z$ und dem Korrelationsoperator* $B - B^{\frac{1}{2}} T^{**}T^{*}B^{\frac{1}{2}}$.

Damit ist die in Abschnitt 4 gestellte Aufgabe für eine Menge von Meßgrößen $z \in Y$ vom Maß 1 gelöst. In Analogie zum endlichdimensionalen Fall sei die Verwendung von

$$x_{\mathrm{st}} = \tilde{\Gamma}z \tag{28}$$

als Näherung für x bei Vorliegen des Meßergebnisses z als stochastische Regularisierung bezeichnet.

Bemerkung. Für die stochastische Regularisierung gilt außer (17) auch

$$E_\zeta\{\|\tilde{\Gamma}\zeta\|^2\} = \sum_{j=1}^{\infty} E_\zeta(\beta_j \tau_j^2) \leqq \operatorname{sp} B < \infty .$$

7. Zur Optimalität der stochastischen Regularisierung

Analog zum endlichdimensionalen Fall erweist sich die stochastische Regularisierung bezüglich der Gütekriterien (7) als bestmögliche Auswertungsvorschrift.

Benutzt man für die Schätzung der Funktionalwerte (l, x) ein beliebiges (nicht notwendig lineares) μ_ζ-meßbares Funktional $\bar{l}$ über Y mit $E_\zeta\{\bar{l}(\zeta)^2\} < \infty$, so erhält man für das Quadrat des Fehlers der Schätzung von (l, x) durch $\bar{l}(z)$

$$\begin{aligned} E\{|\bar{l}(\zeta) - (l, \xi)|^2\} &= E\{|\bar{l}(\zeta) - (l, \tilde{\Gamma}\zeta) + (l, \tilde{\Gamma}\zeta) - (l, \xi)|^2\} \\ &= E\{|\bar{l}(\zeta) - (l, \tilde{\Gamma}\zeta)|^2\} \\ &\quad + 2E\{(\bar{l}(\zeta) - (l, \tilde{\Gamma}\zeta))\,((l, \tilde{\Gamma}\zeta) - (l, \xi))\} \\ &\quad + E\{|(l, \tilde{\Gamma}\zeta) - (l, \xi)|^2\}. \end{aligned}$$

Da der erste Summand nichtnegativ ist und der dritte Summand gerade den Schätzfehler der stochastischen Regularisierung darstellt, bleibt lediglich zu zeigen, daß der mittlere Ausdruck verschwindet. Die mit Wahrscheinlichkeit 1 definierte Koordinatentransformation $w = x - \tilde{\Gamma}(Ax + y)$, $z = Ax + y$ in $X \times Y$ erlaubt, über eine Variablensubstitution im interessierenden Ausdruck

$$E_{\chi,\zeta}\{(\bar{l}(\zeta) - (l, \tilde{\Gamma}\zeta))\,(l, \chi)\} = E_{\xi,\zeta}\{(\bar{l}(A\xi + \eta) - (l, \tilde{\Gamma}(A\xi + \eta))\,(l, \xi - \tilde{\Gamma}(A\xi + \eta))\}$$

die in Satz 2 festgestellte Zentriertheit des Gaußschen zufälligen Elementes χ und die stochastische Unabhängigkeit von χ und ζ auszunutzen, woraus sich

$$E_{\chi,\zeta}\{(\bar{l}(\zeta) - (l, \tilde{\Gamma}\zeta))\,(l, \chi)\} = E_\chi(l, \chi) \cdot E_\zeta\{\bar{l}(\zeta) - (l, \tilde{\Gamma}\zeta)\} = 0$$

ergibt.

Für die Schätzung des Elementes x selbst mittels einer beliebigen meßbaren Vorschrift G mit der Eigenschaft $E_\zeta\{\|G(\zeta)\|^2\} < \infty$ führen die gleichen Überlegungen zu

$$E\{\|G(\zeta) - \xi\|^2\} = E\{\|G(\zeta) - \tilde{\Gamma}\zeta\|^2\} + 2E\big((G(\zeta) - \tilde{\Gamma}\zeta), (\tilde{\Gamma}\zeta - \xi)\big) + E\{\|\tilde{\Gamma}\zeta - \xi\|^2\}$$

und

$$E_{\chi,\zeta}\big(G(\zeta) - \tilde{\Gamma}\zeta, \chi\big) = E_\zeta E_\chi\big(\chi, G(\zeta) - \tilde{\Gamma}\zeta\big) = 0\,.$$

Damit gilt

Satz 4. *Eine Schätzung von x bzw. (l, x) bei Kenntnis eines Meßergebnisses z durch die stochastische Regularisierung*

$$x_{\mathrm{st}} = \tilde{\Gamma}z \qquad bzw. \qquad (l, x_{\mathrm{st}}) = (l, \tilde{\Gamma}z) \tag{29}$$

erweist sich bezüglich der Kriterien (7) als optimal in der Gesamtheit aller Auswertungsvorschriften G bzw. $\tilde{l}$ mit endlichen zweiten Momenten $E_\zeta\{\|G(\zeta)\|^2\}$ bzw. $E_\zeta\{\tilde{l}(\zeta)^2\}$.

Bemerkungen. 1. Obwohl $\tilde{\Gamma}$ gleichermaßen für die Schätzung von x und von Funktionalen über x geeignet ist, liegt der Schwerpunkt in der Anwendung auf der Schätzung der Funktionale über x. Die Größe $E\{(l, \chi)^2\}$ charakterisiert dabei den Schätzfehler, dessen Gegenüberstellung mit $E_\xi\{(l, \xi)^2\}$ den Nutzen der Auswertungsverfahren gegenüber der a-priori-Information ausweist.

2. Ein zahlenmäßiger Vergleich zwischen der stochastischen Regularisierung und anderen Verfahren [12] bestätigt die starke Abhängigkeit des Informationsgewinns von den betrachteten Funktionalen und die Überlegenheit der stochastischen Regularisierung bezüglich der Genauigkeit an praktisch interessanten Aufgabenstellungen.

8. Vergleich zur Regularisierung nach Tichonow

Die in Abschnitt 3 diskutierten Beziehungen zwischen der stochastischen Regularisierung und der deterministischen Regularisierung nach Tichonow werden beim Übergang zu Hilberträumen wesentlich komplizierter. Ursache hierfür ist der Umstand, daß der identische Operator nicht Korrelationsoperator eines zufälligen Elementes in einem (unendlichdimensionalen) Hilbertraum sein kann.

Erhalten bleiben Analogien bei der Auswahl des stabilisierenden Funktionals in der Form $(B^{-1}x, x)$, da der Inverse des nuklearen Operators B positiv definit ist und Mengen der Gestalt $\{x \in X \mid (B^{-1}x, x) \leqq M < \infty\}$ in X stark kompakt sind.

Anders sieht es mit der Berücksichtigung der Meßfehler aus. Die Tichonowsche Regularisierung kann hier nicht einfach als stochastische Regularisierung bei „weißem Rauschen" interpretiert werden, da bei $C = \sigma^2 I$ die Meßfehler mit Wahrscheinlichkeit 1 unendliche Norm besäßen. Ein mit Wahrscheinlichkeit 1 dem Raum Y angehörender Meßfehler kann nicht in allen Richtungen die gleichen Charakteristika besitzen, der reine Defekt $\|Ax - z\|$ berücksichtigt aber nicht die in C enthaltenen

Informationen über die Struktur der zufälligen Meßfehler, andererseits ist ein Übergang zu $(C^{-1}(Ax - z), Ax - z)$ bzw. $\left\|C^{-\frac{1}{2}}(Ax - z)\right\|^2$ nicht möglich, da die Wahrscheinlichkeit für $\eta \in D\left(C^{-\frac{1}{2}}\right)$ für einen unendlichdimensionalen Raum Y Null ist.

Gegenüber der Tichonowschen Regularisierung hat die stochastische Regularisierung den numerischen Nachteil, daß $ABA^* + C$ nicht positiv definit ist, so daß die Kondition der diesen Operator approximierenden Matrizen mit wachsender Dimension des approximierenden Problems unbeschränkt wächst. Eine nochmalige Regularisierung von $\tilde{\Gamma}$ nach Tichonow durch $\tilde{\Gamma}_\alpha = BA^*(ABA^* + C + \alpha I)^{-1}$ umgeht diese Schwierigkeit, wobei der Parameter α allein aus dem numerischen Verhalten der Näherungen bestimmt werden müßte. Hierbei gilt

$$E(\|\tilde{\Gamma}_\alpha\zeta - \xi\|^2) \xrightarrow[\alpha \to 0]{} E(\|\tilde{\Gamma}\zeta - \xi\|^2).$$

9. Erweiterungen der stochastischen Regularisierung auf nichtkonzentrierte, korrelierte sowie für nicht-Gaußsche zufällige Elemente

Die erhaltenen Resultate lassen sich durch Übergang zu den jeweiligen zentrierten Elementen sofort auf nichtzentrierte stochastisch unabhängige Gaußsche Elemente $\xi[\bar{x}, B] \in X$ und $\eta[\bar{y}, C] \in Y$ ausdehnen. Die stochastische Regularisierung nimmt dabei die Form

$$x_{\text{st}} = \bar{x} + \tilde{\Gamma}(z - A\bar{x} - \bar{y}) \tag{30}$$

an.

Auch auf korrelierte Gaußsche Elemente ξ und η läßt sich das Vorgehen der vorangegangenen Abschnitte leicht übertragen. Jedoch muß man dabei explizit die Existenz einer gemeinsamen Gauß-Verteilung für das Paar $\{\xi, \eta\}$ fordern, während im bisher betrachteten Fall diese gemeinsame Gauß-Verteilung wegen der stochastischen Unabhängigkeit von ξ und η stets existierte.

Es sei also $\{\xi, \eta\}\left[\{\bar{x}, \bar{y}\}, \begin{pmatrix} B & R \\ R^* & C \end{pmatrix}\right] \in X \times Y$, wobei R bzw. R^* die Kreuzkorrelationsoperatoren von ξ und η bezeichnen. An die Stelle von Γ tritt hier der Operator $\Gamma_{\text{kor}} = (BA^* + R)\ (ABA^* + AR + R^*A^* + C)^{-1}$. Entsprechend dem nichtkorrelierten Fall definiert man durch (16) mit

$$T_{\text{kor}} = \left(B^{\frac{1}{2}}A^* + B^{-\frac{1}{2}}R\right)(ABA^* + AR + R^*A^* + C)^{-\frac{1}{2}}$$

anstelle von T sowie γ_i und v_i als Eigenwerten und -elementen von $ABA^* + AR + R^*A^* + C$ die Erweiterung $\tilde{\Gamma}_{\text{kor}}$ von Γ_{kor}, deren Meßbarkeit bezüglich der Verteilung von $\zeta = A\xi + \eta$ genau wie für $\tilde{\Gamma}$ in Abschnitt 5 nachweisbar ist, wenn man berücksichtigt, daß $B^{-\frac{1}{2}}R$ auf ganz Y definiert und gemäß $\left\|B^{-\frac{1}{2}}Rv\right\| \leqq \left\|C^{\frac{1}{2}}v\right\|$ beschränkt ist. Wie in Abschnitt 6 stellt

$$x_{\text{st}} = \bar{x} + \tilde{\Gamma}_{\text{kor}}(z - A\bar{x} - \bar{y})$$

die Näherungslösung für (1) nach stochastischer Regularisierung dar.

Die in Satz 1 bis 4 formulierten Ergebnisse erweitern bekannte Aussagen insofern wesentlich, als für beliebige — nicht notwendig Gaußsche — zufällige Elemente ξ und η Franklin [5] keine Erweiterung von Γ betrachtet und somit i. allg. nur mit Wahrscheinlichkeit 0 eine Auswertung von Meßgrößen z vornehmen kann und Petrow [13] nur für Funktionale der speziellen Gestalt $f \in \text{im}(ABA^* + C)$ die stochastische Regularisierung begründet. Verzichtet man nun für die zufälligen Elemente ξ und η auf die Forderung nach einem Gaußschen Verteilungsgesetz, so führt die oben beschriebene Technik der Erweiterung von Γ nicht ohne zusätzliche Bedingungen zum Erfolg, da dann für diese Elemente die zufälligen Variablen ζ_i der Karhunendarstellung von ζ nur noch nichtkorreliert, im allgemeinen aber nicht mehr stochastisch unabhängig sind. Auf der Unabhängigkeit dieser Größen ζ_i basierte aber der Nachweis, daß alle Reihen (20) mit Wahrscheinlichkeit 1 konvergieren.

Existiert jedoch zu nichtkorrelierten ξ und η mit Mittelwerten $\bar{x}$ und $\bar{y}$ sowie nuklearen Korrelationsoperatoren B und C für Γ eine auf dem ganzen Raum Y definierte Abschließung $\bar{\Gamma}$, so stellt (28) auf Grund der Bemerkungen zu Satz 1 eine Näherung für x dar, die zugleich die beste lineare Schätzung für x nach dem Kriterium (7) ist, aber keine Interpretation als bedingten Mittelwert erlaubt.

Literatur

[1] Тихонов, А. Н., и В. Я. Арсенин, Методы решения некорректных задач, Наука, Москва 1974.

[2] Морозов, В. А., О регуляризующих семействах операторов, Вычисл. методы и программирование VIII, Изд-во Московского университета 1967, стр. 63—95.

[3] Hofmann, B., Über Quelldarstellungen bei einigen linearen Regularisierungsverfahren, Beitr. Numer. Math. 7 (1979), 75—81.

[4] Strand, O. N., and E. R. Westwater, Statistical estimation of the numerical solution of a Fredholm integral equation of the first kind, J. Assoc. Comp. Mach. 15 (1968), 100—114.

[5] Franklin, J. N., Well-posed stochastic extensions of ill-posed linear problems, J. Math. Anal. Appl. 31 (1970), 682—716.

[6] Турчин, В. Ф., М. С. Малкевич и И. А. Торчакова, Применение статистической регуляризации к определению вертикального профиля температуры атмосферы, Физика атмосферы и океана, т. V (1969), № 5.

[7] Albert, A., Regression and the Moore-Penrose Pseudoinverse, Academic Press, New York—London 1972.

[8] Гихман, И. И., и А. В. Скороход, Теория случайных процессов, том I, Наука, Москва 1971.

[9] Вахания, Н. Н., Вероятностные распределения в линейных пространствах, Мецниереба, Тбилиси 1971.

[10] Uhlig, A., Untersuchungen zur stochastischen Regularisierung für lineare Gleichungen in Hilberträumen, Dissertation, TH Karl-Marx-Stadt 1976.

[11] Loève, M., Probability theory, Van Nostrand, Princeton, N. J. — London 1960 (russ. Übers.: Moskau 1962).

[12] Uhlig, A., Numerische Vergleiche zwischen stochastischer Regularisierung und Projektionsverfahren am Beispiel der Rekonstruktion vertikaler Temperaturprofile der Erdatmosphäre auf der Grundlage von Satellitenmeßdaten, Beitr. Numer. Math. 7 (1979), 113—119.

[13] Петров, А. П., Оценки линейных функционалов для решения некоторых обратных задач, Ж. вычисл. мат. и мат. физ. 7 (1967), 648—654.

Manuskripteingang: 14. 2. 1977

VERFASSER:

Prof. Dr. Volkmar Friedrich und Dr. Andreas Uhlig, Sektion Mathematik der Technischen Hochschule Karl-Marx-Stadt

Beiträge zur Numerischen Mathematik
7 (1979), 49–64

Monotone Differenzenapproximationen für lineare elliptische Differentialgleichungen mit gemischten Randbedingungen

BERND HEINRICH

1. Einleitung

Es sollen hier Differenzenapproximationen für folgende Klasse von Randwertaufgaben $Au = F$ konstruiert und untersucht werden:

$$Lu \equiv -\sum_{i,j=1}^{2} a_{ij} u_{x_i x_j} - \sum_{i=1}^{2} b_i u_{x_i} + cu = f \qquad \text{in } \Omega, \tag{1}$$

$$lu \equiv \alpha u + \beta u_\mu = \varphi \qquad \text{auf } \Gamma, \tag{2}$$

kurz:

$$Au = F \qquad \text{mit} \qquad A = (L, l) \qquad \text{und} \qquad F = (f, \varphi). \tag{3}$$

$E(\Omega, L)$: Es sei Ω ein beschränktes, Gebiet der Ebene, Γ sein Rand. Die Koeffizienten a_{ij}, b_i, c seien stetig in $\bar{\Omega}$, $|b_i| \leqq b_0$ $(i = 1, 2)$ und $a_{12} = a_{21}$ in $\bar{\Omega}$; $\mathfrak{A} = (a_{ij})_{2,2}$ sei positiv definit: $a_0(z, z) \leqq (\mathfrak{A}z, z) \leqq a_1(z, z)$ für beliebige reelle Zahlentupel z mit Konstanten $a_0, a_1 > 0$ und $c \geqq 0$ in Ω. (4)

$E(l)$: Es seien α, β auf Γ definierte Funktionen mit $\alpha \geqq 0$, $\beta \geqq 0$, $\alpha + \beta > 0$ auf Γ. Der Rand Γ bestehe aus den Teilen

$$\Gamma_1 = \{P \in \Gamma : \alpha > 0, \beta = 0\}, \quad \Gamma_2 = \{P \in \Gamma : \alpha = 0, \beta > 0\},$$
$$\Gamma_3 = \{P \in \Gamma : \alpha > 0, \beta > 0\}.$$

Statt (2) wird auch geschrieben

$$\bar{l}u \equiv \begin{cases} u & \text{auf } \Gamma_1 \\ u_\mu & \text{auf } \Gamma_2, \\ \bar{\alpha}u + u_\mu & \text{auf } \Gamma_3 \end{cases} \qquad \bar{l}u = \bar{\varphi} \text{ auf } \Gamma. \tag{5}$$

Die Funktion $\bar{\alpha} = \alpha/\beta$ sei stückweise stetig mit einer endlichen Anzahl von Unstetigkeiten, stückweise differenzierbar, und auf Γ_3 gelte

$$\bar{\alpha} \geqq \bar{\alpha}_0 > 0, \qquad \bar{\alpha}_0 \text{ Konstante}, \qquad \bar{\alpha} \text{ sei beschränkt.} \tag{6}$$

Zusätzlich werde für c von (1), α von (2) vorausgesetzt

$$\alpha \not\equiv 0 \text{ auf } \Gamma \qquad \text{oder} \qquad c \not\equiv 0 \text{ in } \Omega. \tag{7}$$

$E(\mu)$: Es sei n die Außennormale an $\Gamma_2 + \Gamma_3$; für die auf $\Gamma_2 + \Gamma_3$ definierte Richtung μ gelte

$$(\mu, n) \geqq \mu_0 > 0, \qquad \mu_0 \text{ Konstante}, \qquad (\mu, \mu) = 1. \tag{8}$$

Die Funktionen f, φ bzw. $\bar{\varphi}$ seien stetig, hinreichend glatt, wobei jedoch für φ, $\bar{\varphi}$ diese Eigenschaften im allgemeinen nur stückweise zu gelten brauchen (man denke an Knickpunkte des Randes Γ). Unter gewissen weiteren Voraussetzungen $E(\Gamma)$ an den Rand Γ, die etwa in [12] formuliert sind, kann gezeigt werden, daß $Au = F$ eine *Randwertaufgabe von monotoner Art* ist (siehe [7]), d. h., es gilt für hinreichend glatte Funktionen w über $\bar{\Omega}$ und für den Operator A von (3):

$$\text{Aus } Aw \geqq 0 \text{ in } \bar{\Omega} \text{ folgt } w \geqq 0 \text{ in } \bar{\Omega}. \tag{9}$$

Aus (9) folgt die Eindeutigkeit der Lösung von (1), (2); außerdem können mit Hilfe von (9) und sogenannten Majorantenfunktionen Schranken für eine Lösung von (1), (2) gewonnen werden (siehe [7, 12]) sowie Apriori-Abschätzungen zum Nachweis der Korrektheit von (1), (2).

Differenzenschemata $A_h u_h = F_h$, die die Randwertaufgabe $Au = F$ approximieren und die *Eigenschaft* (9) *im Diskreten „konservieren"*, sollen hier *monotone Differenzenapproximationen* genannt werden, d. h., *der Differenzenoperator* A_h *ist von monotoner Art* (nach [8, S. 276, 296ff.]). Eine hinreichende Bedingung dafür, daß A_h von monotoner Art ist, findet sich bei verschiedenen Autoren, so etwa in [8, S. 296f.], in [6, S. 5] als Differenzenschema, Differenzenoperator bzw. Matrix *„vom positiven Typ"*, verschiedentlich auch *„vom nichtnegativen Typ"*, in [15] als *„monotone Differenzenapproximation"* oder *„monotones Differenzenschema"*. Hier wird in Anlehnung an [13, S. 63f.] folgende Bedingung formuliert. Es sei $A_h u_h = F_h$ über dem Gitter $\bar{\Omega}_h$ ein lineares Differenzenschema mit der kanonischen Form

$$A_h u_h \mid_{P_0} = \sum_{P \in S(P_0)} A(P, P_0)\, u_h(P) = F_h(P_0), \qquad P_0 \in \bar{\Omega}_h, \tag{10}$$

wobei $S(P_0) = \{P_0\} + N(P_0)$ der dem Punkt P_0 zugeordnete Differenzenstern mit dem Mittelpunkt P_0 und den dazugehörigen Nachbarpunkten $N(P_0)$ ist (vgl. auch [15]).

$E(A_h, \bar{\Omega}_h)$: *Der Differenzenoperator* A_h *von* (10) *besitze die Eigenschaften:*

a) *Die reellwertigen Koeffizienten* $A(P, P_0)$ *erfüllen die Bedingungen*

$$A(P, P_0) \begin{cases} > 0 & \text{für } P = P_0 \\ < 0 & \text{für } P \in S(P_0) \setminus \{P_0\} \end{cases}, \qquad P_0 \in \bar{\Omega}_h. \tag{11}$$

b) $$A_h(1)|_{P_0} = \sum_{P \in S(P_0)} A(P, P_0) \geqq 0 \qquad \text{für } P_0 \in \bar{\Omega}_h. \tag{12}$$

c) *In wenigstens einem Punkt* $P_0 \in \bar{\Omega}_h$ *gilt* $A_h(1)\,|_{P_0} > 0$.

d) *Es gilt eine Gitterzusammenhangsbedingung für* $\bar{\Omega}_h$ (vgl. [13, S. 63]).

Die Eigenschaft $E(A_h, \bar{\Omega}_h)$ ist hinreichend dafür, daß A_h von monotoner Art ist, d. h., es gilt:

$$\text{Aus } A_h w_h \geqq 0 \text{ in } \bar{\Omega}_h \text{ folgt } w_h \geqq 0 \text{ in } \bar{\Omega}_h. \tag{13}$$

Aus diesem Grund haben Differenzenschemata mit $E(A_h, \bar{\Omega}_h)$ auch weitere vorteilhafte Eigenschaften. *So z. B. existiert gewiß* A_h^{-1}, *andererseits werden Korrektheits- und Konvergenzuntersuchungen sowie Fehlerabschätzungen in der C-Norm möglich.* Außerdem ist $E(A_h, \bar{\Omega}_h)$ bei Konvergenzuntersuchungen von Iterationsverfahren zur Auflösung von $A_h u_h = F_h$ von Bedeutung.

Auf dem Gebiet der numerischen Analysis des Differenzenverfahrens sind daher unter anderem folgende Aufgaben zu lösen:

a) Differenzenoperatoren A_h mit $E(A_h, \bar{\Omega}_h)$ für die Aufgabe (1), (2) zu konstruieren,

b) Fehlerabschätzungen für die Näherungslösung u_h im Vergleich zur exakten Lösung u über Approximations-, Korrektheits- und Konvergenzuntersuchungen zu gewinnen.

Die Eigenschaft $E(A_h, \bar{\Omega}_h)$ kann in einfachen Sonderfällen von (1), (2) leicht realisiert werden, etwa für $Lu \equiv -\Delta u$, $lu \equiv u$. Jedoch entstehen bei der Konstruktion von Differenzenschemata $A_h u_h = F_h$ mit der gewünschten Eigenschaft $E(A_h, \bar{\Omega}_h)$ für allgemeinere Probleme (1), (2) Schwierigkeiten, die durch folgende Umstände bzw. Forderungen entstehen: Auftreten der Terme $2a_{12}u_{x_1x_2}$ in Lu und βu_μ in lu mit beliebiger Richtung μ, Berücksichtigung des krummlinigen Randes Γ und irregulärer Gitterpunkte, Erzielen möglichst kleiner Approximationsfehler sowie rascher Konvergenz $u_h \to u$ für $h \to 0$.

Für die relativ umfassende Aufgabenklasse (1), (2) liegen bezüglich der gestellten Aufgaben und entstehenden Schwierigkeiten nur für gewisse Spezialfälle Ergebnisse vor. Dabei überwiegen die Untersuchungen zum Dirichlet-Problem ($\beta \equiv 0$ bei (2)), meist verbunden mit starken quantitativen Beschränkungen des Koeffizienten a_{12} gegenüber a_{ii} von (1), etwa $|a_{12}| \leqq a_{ii}$ für $i = 1, 2$ (vgl. etwa [13, 14]). Für $\beta \equiv 0$ bei (2) wird von BRAMBLE/HUBBARD [4] konstruktiv der allgemeine Fall für einen gleichmäßig elliptischen Operator L von (1) behandelt, d. h., in [4] wird ein Differenzenschema mit $E(A_h, \bar{\Omega}_h)$ angegeben. Andererseits liegen für lineare gemischte Randbedingungen (2) mit $\beta \not\equiv 0$ meist nur Ergebnisse bei Anwesenheit des Operators L mit $a_{12} \equiv 0$ und $a_{11} \equiv a_{22}$ vor, etwa von ALEKSIDZE [1], BATSCHELET [3], BRAMBLE/HUBBARD [5, 6], VAN LINDE [11], THURAISAMY [17], VOLKOV [20, 21].

An dieser Stelle sollen für die Randwertaufgabe (1), (2) bzw. (3) Differenzenschemata $A_h u_h = F_h$ mit $E(A_h, \bar{\Omega}_h)$ unter Wegfall der vorerwähnten Restriktionen konstruiert und Korrektheits- sowie Konvergenzuntersuchungen durchgeführt werden. Insbesondere werden die Ergebnisse von [3, 5, 20] auf allgemeinere Klassen von Randwertaufgaben übertragen, wobei die weiter oben genannten Schwierigkeiten zum größten Teil behandelt werden.

2. Das Gitter

Im abgeschlossenen Gebiet $\bar{\Omega}$ sei für jedes h $(0 < h \leqq h_0)$ eine Punktmenge $\bar{\Omega}_h = \Omega_h + \Gamma_h$, das „*abgeschlossene Gitter*" gegeben. Es bestehe aus der Menge der Schnittpunkte $\Omega_h = G_{h1} \cap G_{h2} \cap \Omega$, die zwei Familien G_{h1}, G_{h2} achsenparalleler Geraden gleichen Abstandes $h > 0$ innerhalb Ω haben, sowie aus Γ_h, dem „*Gitter-*

rand". Jedem Gitterpunkt $P_0 = (x_1, x_2) \in \Omega_h$ werden vier Nachbarpunkte

$$\begin{aligned} &P_1 = (x_1 + h, x_2), \quad P_2 = (x_1, x_2 + h), \\ &P_3 = (x_1 - h, x_2), \quad P_4 = (x_1, x_2 - h) \end{aligned} \tag{14}$$

zugeordnet, wie in [4] für $a_{12}(P_0) \neq 0$ außerdem noch die Punkte

$$\begin{aligned} &P_5 = (x_1 + m_1 h, x_2 + m_2 h), \quad P_6 = (x_1 - m_1 h, x_2 - m_2 h) \quad \text{für} \quad a_{12}(P_0) > 0, \\ &P_5 = (x_1 + m_1 h, x_2 - m_2 h), \quad P_6 = (x_1 - m_1 h, x_2 + m_2 h) \quad \text{für} \quad a_{12}(P_0) < 0. \end{aligned} \tag{15}$$

Dabei sind die m_i $(i = 1, 2)$ geeignete positive ganze Zahlen, die später noch charakterisiert werden. Weiterhin werden Teilmengen $\mathring{\Omega}_h$, $\mathring{\mathring{\Omega}}_h$, $\Omega_h{}^*$, $\Omega_h{}^{**}$ von Ω_h erklärt. Ein Punkt $P_0 \in \Omega_h$ gehört zu $\mathring{\Omega}_h$, falls die Gitterarme $\overline{P_i P_0}$ für $i = 1, 2, 3, 4$ alle in Ω liegen, P_0 gehört zu $\mathring{\mathring{\Omega}}_h$, falls das zusätzlich auch für $\overline{P_i P_0}$ mit $i = 5, 6$ zutrifft. Ein Punkt $P_0 \in \Omega_h$ gehört zu $\Omega_h{}^*$, falls einer der Gitterarme $\overline{P_i P_0}$ für $i = 1, 2, 3, 4$ nicht Teilmenge von Ω ist; P_0 gehört zu $\Omega_h{}^{**}$, falls er nicht zu $\Omega_h{}^*$ gehört und einer der Gitterarme $\overline{P_i P_0}$ für $i = 5, 6$ nicht Teilmenge von Ω ist. Der Gitterrand Γ_h besteht aus den Schnittpunkten der Maschengeraden mit Γ und den Schnittpunkten der Strecken $\overline{P_i P_0}$ für $i = 5, 6$ mit Γ (falls $\overline{P_i P_0}$ den Rand mehrmals schneidet, wird der dem Punkt P_0 nächstgelegene Schnittpunkt ausgewählt). Dabei wird Γ_h nochmals je nach Art der in $P_0 \in \Gamma_h$ definierten Randbedingung in Γ_{h1}, Γ_{h2}, Γ_{h3} unterteilt. Die Koordinaten der Nachbarpunkte P_i, $i \in \{1, 2, \ldots, 6\}$, von $P_0 \in \Omega_h$ werden im Falle eines irregulären Differenzensternes beschrieben durch

$$P_1 = (x_1 + \lambda_1 h, x_2), \quad P_2 = (x_1, x_2 + \lambda_2 h), \quad \ldots, \quad P_6 = (x_1 - \lambda_6 m_1 h, x_2 \mp \lambda_6 m_2 h), \tag{16}$$

wobei $0 < \lambda_i \leqq 1$ $(i = 1, 2, \ldots, 6)$ gilt.

3. Approximation von L

Bei der Approximation des Operators L durch einen Differenzenoperator L_h über einem neunpunktigen Differenzenstern von Abb. 1 mit $\Theta = \pi/4$ $(m_1 = m_2 = 1)$ wird die Eigenschaft (11) für $h \leqq h_0$ nur bei starken betragsmäßigen Beschränkungen von a_{12} erreicht, wie bereits oben erwähnt. Die Autoren Bramble/Hubbard haben in [4] für L von (1) eine Möglichkeit zur expliziten Konstruktion von L_h mit den Eigen-

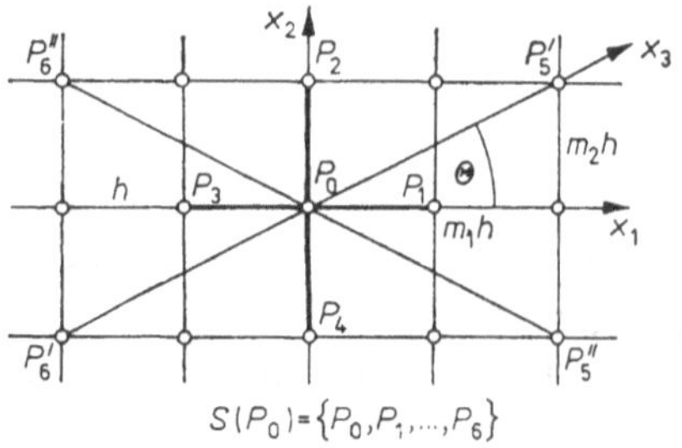

Abb. 1

schaften (11), (12) im Zusammenhang mit der Behandlung des Dirichlet-Problems für gleichmäßig elliptische Operatoren angegeben. Der Grundgedanke zur Konstruktion von L_h besteht darin, statt $m_1 = m_2 = 1$ bei (15), (16) in Abhängigkeit von $a_0, a_1, a_{11}, a_{12}, a_{22}$ (vgl. (4)) für $i = 1, 2$ Zahlen $m_i \geqq 1$ zu wählen. Über Ω kann nach [4] eine im allgemeinen unstetige Funktion $d = \tan\Theta$ (Θ von Abb. 1) angegeben werden, so daß gilt:

$$a_{12}(d + d^{-1}) \geqq 0, \quad a_{11} - a_{12}d^{-1} > \bar{a}_0 > 0, \quad a_{22} - a_{12}d > \bar{a}_0 > 0 \ \text{ in } \Omega,$$
$$|d| = \frac{m_2}{m_1} \quad \text{mit} \quad 1 \leqq m_i < K \qquad (i = 1, 2), \tag{17}$$

und K ist eine von $P \in \Omega$ unabhängige Konstante, die m_i sind positive ganze, teilerfremde Zahlen. In $P_0 \in \Omega$ kann bei Verwendung der Richtung x_3 (vgl. Abb. 1) die gemischte Ableitung $u_{x_1x_2}$ eliminiert werden; es gilt

$$Lu = -\sum_{i=1}^{2} \{(a_{ii} - d_i)\, u_{x_ix_i} + d_i u_{x_3x_3} + b_i u_{x_i}\} + cu \tag{18}$$

mit den Abkürzungen $d_1 = a_{12}d^{-1}$, $d_2 = a_{12}d$. Der Differenzenoperator L_h wird in $P_0 \in \Omega_h$ definiert durch

$$L_h u = -\sum_{i=1}^{2} \left\{(a_{ii} - d_i)\frac{\delta^2 u}{\delta x_i^2} + d_i \frac{\delta^2 u}{\delta x_3^2} + b_i \frac{\delta u}{\delta x_i}\right\} + cu, \tag{19}$$

wobei die Differenzenquotienten bei (19) erklärt sind durch

$$\begin{aligned}
\frac{\delta^2 u_0}{\delta x_i^2} &= 2\,\frac{h_{i+2}u_i - (h_i + h_{i+2})\,u_0 + h_i u_{i+2}}{h_i h_{i+2}(h_i + h_{i+2})} \qquad \text{für} \quad i = 1, 2,\\
\frac{\delta^2 u_0}{\delta x_3^2} &= 2\,\frac{k_6 u_5 - (k_5 + k_6)\,u_0 + k_5 u_6}{k_5 k_6(k_5 + k_6),},\\
\frac{\delta u_0}{\delta x_i} &= \frac{u_i - u_{i+2}}{h_i + h_{i+2}} \qquad \text{für} \quad i = 1, 2
\end{aligned} \tag{20}$$

mit $u_j = u(P_j)$ für Punkte P_j aus dem Differenzenstern $S(P_0)$ sowie mit $h_j = \lambda_j h$, $k_j = \lambda_j k$, $k = h\sqrt{m_1^2 + m_2^2}$. Für reguläre Gitterpunkte $P_0 \in \Omega_h$ gilt $\lambda_j = 1$ für $j = 1, 2, \ldots, 6$, d. h., $h_j = h$, $k_j = k$. Der Approximationsfehler ist im Fall von $u \in C^4(\bar{\Omega})$

$$\|L_h u - Lu\|_{C(X_h)} = \begin{cases} O(h^2) & \text{für} \quad X_h = \mathring{\mathring{\Omega}}_h, \\ O(h) & \text{für} \quad X_h = \Omega_h^* + \Omega_h^{**}, \end{cases} \tag{21}$$

wobei hier, wie auch für folgende Ausdrücke, $\|v\|_{C(X_h)} = \max\limits_{P \in X_h} |v(P)|$ vereinbart wird. Das diskrete Analogon von $Lu = f$ ist $L_h u_h = f_h$, wobei L_h durch (19) und f_h durch $f_h = f$ in $P_0 \in \Omega_h$ definiert ist. Für die Koeffizienten $A(P, P_0)$ der kanonischen Form $L_h u = \sum\limits_{P \in S(P_0)} A(P, P_0)\, u(P)$ gelten für $h \leqq h_0 = 2\bar{a}_0/b_0$, b_0 von (4), die Eigenschaften (11), (12) von $E(A_h, \bar{\Omega}_h)$.

4. Approximation von l

Die Schwierigkeiten bei der Konstruktion eines approximierenden Differenzenoperators l_h für l liegen in der Approximation der Richtungsableitung u_μ auf dem krummlinigen Rand Γ. Ziel ist es, u_μ durch $\frac{\delta u}{\delta \mu}$ möglichst gut so zu approximieren, daß l_h die Eigenschaften (11), (12) besitzt.

Mit der Approximation der Richtungsableitung beschäftigten sich unter anderem Aleksidze [1], Andreev [2], Batschelet [3], Bramble/Hubbard [5, 6], Kantorowitsch/Krylow [9], Lebedev [10], van Linde [11], Michlin/Smolizki [13], Samarskij/Andreev [16], Thuraisamy [17], Uhlmann [18], Viswanathan [19], Volkov [20, 21], wobei Batschelet einen grundlegenden Beitrag zur Methodik des Konvergenzbeweises bei Aufgaben mit gemischten Randbedingungen lieferte (Majorantenmethode). Die verwendeten Approximationen sind auch für $\mu = n$ vielfach nur von erster Ordnung bezüglich h (vgl. etwa [3, 13, 16]) oder aber von höherer Ordnung bezüglich h bei Ausbleiben der Eigenschaft (11) und des Konvergenzbeweises (vgl. etwa [18]). Fortschritte auf diesem Gebiet für die Poisson-Gleichung brachten vor allem die Arbeiten von Volkov [20, 21] und Bramble/Hubbard [5], die Differenzenoperatoren l_h mit einer Approximationsordnung größer als 1 bezüglich h und auch entsprechende Konvergenzbeweise für $u_h \to u$ vorstellten. In [5] wird die Aufgabe

$$-\Delta u = f \text{ in } \Omega, \quad u = \varphi_1 \text{ auf } \Gamma_1, \quad \frac{\partial u}{\partial n} + \alpha u = \varphi_2 \text{ auf } \Gamma \setminus \Gamma_1 \tag{22}$$

betrachtet, wobei α stückweise stetig und glatt sei und $\alpha = 0$ oder $\alpha \geqq \alpha_0 > 0$ auf $\Gamma \setminus \Gamma_1$ gelte. In [5] wird ein Gitterrand Γ_h mit $\Gamma_h \subset \Gamma$ benutzt, lu unter Verwendung von nur drei inneren Gitterpunkten bezüglich h so approximiert, daß ein Differenzenoperator $A_h = (-\Delta_h, l_h)$ von monotoner Art entsteht, wodurch auch ein $O(h^2)$-Konvergenzbeweis möglich wird.

Im folgenden wird dieses Ergebnis in [5] für (22) konstruktiv für die Aufgabe (1), (2) verallgemeinert; es wird für $\mu = n$ unter Verwendung von Parametern von L, l, Γ sowie von f, φ ein Differenzenoperator l_h konstruiert, der l bezüglich h mit der Ordnung 2 approximiert. Zusammen mit L_h von (19) entsteht ein Operator $A_h = (L_h, l_h)$ von monotoner Art, was sofort die eindeutige Auflösbarkeit von $A_h u_h = F_h$ nach sich zieht und später einen Konvergenzbeweis ermöglichen wird.

5. $O(h^2)$-Approximation für $\frac{\partial u}{\partial n}$

Es wird nun ein Differenzenoperator $\frac{\delta}{\delta n}$ mit folgenden Eigenschaften konstruiert:

$$\begin{aligned} &\text{a)} \quad \left| \left(\frac{\partial}{\partial n} - \frac{\delta}{\delta n} \right) u(P_0) \right| = O(h^2) \quad \text{für} \quad P_0 \in \Gamma_h, \quad u \in C^3(\bar{\Omega}), \\ &\text{b)} \quad \text{die Koeffizienten } A(P, P_0) \text{ von } \frac{\delta}{\delta n} \text{ erfüllen (11), (12).} \end{aligned} \tag{23}$$

1⁰ Hilfsbeziehungen. Wie in [5] wird ein beliebiger Punkt $\mathcal{O} \in \Gamma_h \subset \Gamma$ betrachtet, n welchem Γ stetig gekrümmt sei. Zugleich sei $\mathcal{O}$ Ursprung eines rechtwinkligen

$\bar{x}_1$-$\bar{x}_2$-Koordinatensystems, das so gedreht ist, daß die positive $\bar{x}_2$-Achse in die Richtung der inneren Normalen weist, die positive $\bar{x}_1$-Achse in Richtung wachsender

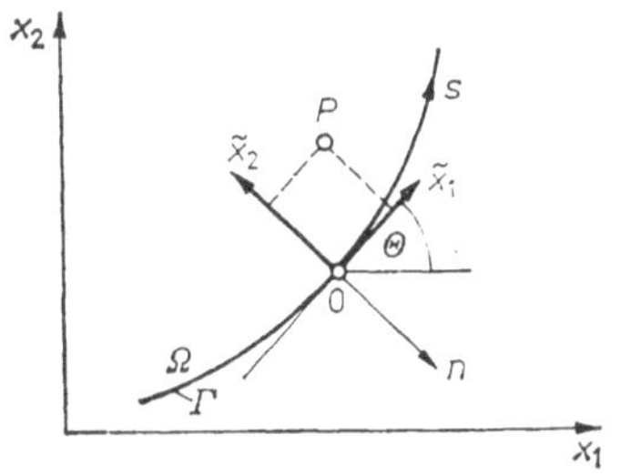

Abb. 2

Bogenlänge s (vgl. Abb. 2). Im $\bar{x}_1$-$\bar{x}_2$-System gilt für Lu, lu von (1), (2):

$$\left.\begin{aligned} Lu &= -\sum_{i,j=1}^{2} \bar{a}_{ij} u_{\bar{x}_i \bar{x}_j} - \sum_{i=1}^{2} \bar{b}_i u_{\bar{x}_i} + cu = f, \\ lu &= \alpha u - \beta u_{\bar{x}_2} = \varphi \end{aligned}\right\} \quad \text{in } \mathcal{O} \in \Gamma, \tag{24}$$

wobei die Koeffizienten $\bar{a}_{ij}$, $\bar{b}_i$ mit $\Theta = \sphericalangle(x_1, \bar{x}_1)$ erklärt sind durch

$$\begin{aligned} \bar{a}_{11} &= a_{11} \cos^2 \Theta + a_{12} \sin 2\Theta + a_{22} \sin^2 \Theta, \quad \bar{b}_1 = b_1 \cos \Theta + b_2 \sin \Theta, \\ \bar{a}_{22} &= a_{11} \sin^2 \Theta - a_{12} \sin 2\Theta + a_{22} \cos^2 \Theta, \quad \bar{b}_2 = -b_1 \sin \Theta + b_2 \cos \Theta, \\ \bar{a}_{12} &= \frac{1}{2} (a_{22} - a_{11}) \sin 2\Theta + a_{12} \cos 2\Theta = \bar{a}_{21}. \end{aligned} \tag{25}$$

2° *Approximation von* u_n. Es werden für jeden Gitterrandpunkt $\mathcal{O} \in \Gamma_{h2} + \Gamma_{h3} \subset \Gamma$ auf bestimmte Art drei Punkte $P_i = (\bar{x}_{1i}, \bar{x}_{2i}) \in \Omega$ $(i = 1, 2, 3)$ gewählt und reelle Zahlen c_i $(i = 1, 2, 3)$ als Lösung des Gleichungssystems

$$\begin{aligned} &\sum_{i=1}^{3} c_i \left(\bar{x}_{2i} - \bar{x}_{2i}^2 \frac{\bar{b}_2}{2\bar{a}_{22}}\right) &&= 1, \\ &\sum_{i=1}^{3} c_i \left(\bar{x}_{1i} + \bar{x}_{1i}\bar{x}_{2i} \left(\frac{\alpha}{\beta} + K\right) - \bar{x}_{2i}^2 \frac{\bar{a}_{12}}{\bar{a}_{22}} \left(\frac{\alpha}{\beta} + K\right) - \bar{x}_{2i}^2 \frac{\bar{b}_1}{2\bar{a}_{22}}\right) &&= 0, \\ &\sum_{i=1}^{3} c_i (\bar{a}_{22} \bar{x}_{1i}^2 - \bar{a}_{11} \bar{x}_{2i}^2) &&= 0 \end{aligned} \tag{26}$$

bestimmt (zur Motivierung vgl. [22]). In $\mathcal{O} \in \Gamma$ wird dann zur Approximation von $u_n(\mathcal{O})$ die Beziehung

$$\begin{aligned} &\sum_{i=1}^{3} c_i \left\{\left(1 + \bar{x}_{1i}\bar{x}_{2i} \left(\frac{\alpha}{\beta}\right)_s - \bar{x}_{2i}^2 \frac{\bar{a}_{12}}{\bar{a}_{22}} \left(\frac{\alpha}{\beta}\right)_s + \bar{x}_{2i}^2 \frac{c}{2\bar{a}_{22}}\right) u(\mathcal{O}) - u(P_i)\right\} \\ &= u_n(\mathcal{O}) + \sum_{i=1}^{3} c_i \left\{\bar{x}_{2i}^2 \frac{Lu}{2\bar{a}_{22}} + \left(\bar{x}_{1i}\bar{x}_{2i} - \bar{x}_{2i}^2 \frac{\bar{a}_{12}}{\bar{a}_{22}}\right) \left(\frac{lu}{\beta}\right)_s\right\} + O\left(\sum_{i=1}^{3} c_i (\bar{x}_{1i}^3 + \bar{x}_{2i}^3)\right) \end{aligned} \tag{27}$$

erhalten. Bei (26), (27) sind $\bar{a}_{ij}$, $\bar{b}_i$, c, K, α, β, $\left(\frac{\alpha}{\beta}\right)_s$, $\left(\frac{lu}{\beta}\right)_s$, Lu in $\mathcal{O}$ zu nehmen; $(\,.\,)_s$ symbolisiert $\partial/\partial s$.

3⁰ Lage der Punkte P_i. Es wird in [22] gezeigt, daß die Punkte $P_i \in \Omega$ $(i = 1, 2, 3)$ derart gewählt werden können, daß (26) lösbar wird mit

$$c_i \geqq 0 \quad (i = 1, 2, 3), \qquad \sum_{i=1}^{3} c_i \neq 0, \qquad c_i = O(h^{-1}), \tag{28}$$

falls nur K auf Γ_2, $\frac{\alpha}{\beta} + K$ auf Γ_3 beschränkt ist. Dazu werden für $\mathcal{O} \in \Gamma$ gewisse Teilmengen T_i $(i = 1, 2, 3)$ betrachtet:

$$\begin{aligned} T_1 &= \left\{(\tilde{x}_1, \tilde{x}_2) \colon 4\varepsilon > \sqrt{\tilde{a}_{22}}\tilde{x}_1 > \sqrt{\tilde{a}_{11}}\tilde{x}_2 + \varepsilon > 2\varepsilon\right\}, \\ T_2 &= \left\{(\tilde{x}_1, \tilde{x}_2) \colon 4\varepsilon > -\sqrt{\tilde{a}_{22}}\tilde{x}_1 > \sqrt{\tilde{a}_{11}}\tilde{x}_2 + \varepsilon > 2\varepsilon\right\}, \\ T_3 &= \left\{(\tilde{x}_1, \tilde{x}_2) \colon 6\varepsilon \geqq \sqrt{\tilde{a}_{11}}\tilde{x}_2 > \sqrt{\tilde{a}_{22}}\,|\tilde{x}_1| + 5\varepsilon\right\}, \end{aligned} \tag{29}$$

mit den bei $\mathcal{O} \in \Gamma$ genommenen Werten von $\tilde{a}_{11}$, $\tilde{a}_{22}$ und

$$\varepsilon = \frac{3}{2}\sqrt{a_1}\,h, \qquad \varepsilon < \frac{2a_0^2}{17\bar{K}\sqrt{a_1^3}} \qquad \big(a_0, a_1 \text{ von } (4)\big). \tag{30}$$

Die Punkte P_i werden nach der Vorschrift $P_i \in T_i$ $(i = 1, 2, 3)$ gewählt. Im lokalen $\tilde{x}_1$-$\tilde{x}_2$-System können T_1, T_2, T_3 wie in Abb. 3 dargestellt werden. Die Abb. 3 zeigt einen Fall für $\mathcal{O} \in \Gamma$, bei dem eine positive Krümmung K auftritt. Gleichzeitig

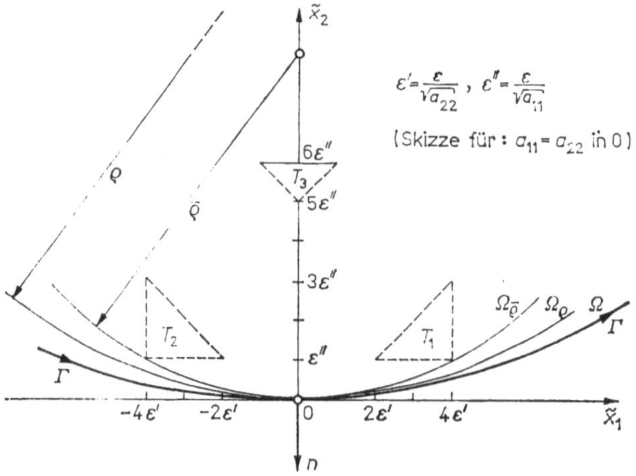

Abb. 3

sind, bei $\mathcal{O} \in \Gamma$ tangierend, die Krümmungskreisscheiben Ω_ϱ, $\Omega_{\bar{\varrho}}$ mit den Radien $\varrho = 1/K$, $\bar{\varrho} = 1/\bar{K}$ eingezeichnet ($\bar{K} = \max K^+$, K^+: positive Krümmung). Die Nichtnegativität der c_i bei (28) wird durch Analyse des Gleichungssystems (26) erhalten (vgl. [22]). Für h mit

$$h < \frac{a_0}{a_1} \min\{(23S_0 + 38S_1)^{-1}, (45S_0 + 17S_1)^{-1}\}, \quad h < \frac{\sqrt{2}}{9}\frac{a_0}{b_0}\sqrt{\frac{a_0}{a_1}} \tag{31}$$

und den Abkürzungen $S_0 = \max\limits_{\Gamma 2, \Gamma 3} \left| \frac{\alpha}{\beta} + K \right|$, $S_1 = \frac{1}{a_0} \left\{ (a_1 - a_0) S_0 + \frac{\sqrt{2}}{2} b_0 \right\}$ wird gewiß (28) erreicht.

4⁰ Existenz der Punkte P_i. Es wird in [22] durch vorwiegend geometrische Überlegungen gezeigt, daß die Bedingungen bei (30) für $h \leqq h_0$ folgendes gewährleisten:

a) Die Gebiete $T_i(\mathcal{O})$ $(i = 1, 2, 3)$ mit $\mathcal{O} \in \Gamma_{h2} + \Gamma_{h3}$ (vgl. (29)) liegen für $h \leqq h_0$ in Ω.

b) In jedem dieser T_i befindet sich mindestens ein Gitterpunkt $P_i \in \Omega_h$.

Die Punkte $P_i \in T_i$ liegen stets innerhalb eines Kreises um $\mathcal{O}$ mit dem Radius $r = 10 \sqrt{a_1 a_0^{-1}} h$. Falls Knickpunkte auf Γ auftreten, wird außer (30) eine weitere Voraussetzung $V(\Gamma_h, \bar{K})$ an die „Weite" des Gebietes in einer Umgebung von $\mathcal{O} \in \Gamma$ erhoben (für $V(\Gamma_h, \bar{K})$ siehe [22]), so daß die obigen Aussagen ebenfalls gültig bleiben.

5⁰ Zusammenfassung. Die Betrachtungen zur Konstruktion des Differenzenoperators $\frac{\delta}{\delta n}$ werden zusammengefaßt in

Satz 1. *Vorgelegt sei die Randwertaufgabe von Nr. 1, es sei $\mu = n$, $u \in C^3(\bar{\Omega})$ Lösung von (1), (2), $S_0 < \infty$, Γ stetig gekrümmt. Dann existiert für den Randoperator l von (2) in jedem Punkt $P_0 \in \Gamma_{h2} + \Gamma_{h3}$ für $h \leqq h_0$, h_0 geeignet gewählt, ein Differenzenoperator l_h mit $l_h u = \alpha u + \beta \frac{\delta u}{\delta n}$ und*

$$\frac{\delta u}{\delta n} = \sum_{i=1}^{3} c_i \left\{ \left(1 + \tilde{x}_{1i} \tilde{x}_{2i} \left(\frac{\alpha}{\beta} \right)_s - \tilde{x}_{2i}^2 \frac{\tilde{a}_{12}}{\tilde{a}_{22}} \left(\frac{\alpha}{\beta} \right)_s + \tilde{x}_{2i}^2 \frac{c}{2\tilde{a}_{22}} \right) u(P_0) - u(P_i) \right\}. \tag{32}$$

Es ist (c_1, c_2, c_3) Lösung von (26) für die Punkte $P_i = (\tilde{x}_{1i}, \tilde{x}_{2i}) \in T_i \cap \Omega_h$ $(i = 1, 2, 3)$, die übrigen Parameter sind wie bei (27) erklärt.

a) *Es gilt in $P_0 \in \Gamma_{h2} + \Gamma_{h3}$ für u von (1), (2):*

$$|l_h u - l^*(Lu, lu, h)| \leqq M h^2 \quad \text{für} \quad h \leqq h_0, \tag{33}$$

$$l^*(Lu, lu, h) = lu + \beta \sum_{i=1}^{3} c_i \left\{ \tilde{x}_{2i}^2 \frac{Lu}{2\tilde{a}_{22}} + \left(\tilde{x}_{1i} \tilde{x}_{2i} - \tilde{x}_{2i}^2 \frac{\tilde{a}_{12}}{\tilde{a}_{22}} \right) \left(\frac{lu}{\beta} \right)_s \right\},$$

wobei M nicht von h $(h \leqq h_0)$ und P_0 abhängt.

b) *Die Koeffizienten $A(P, P_0)$ von l_h erfüllen* (11), (12); *der Differenzenstern $S(P_0)$ hat die Gestalt $S(P_0) = \{P_0\} + N(P_0)$ mit $P_0 \in \Gamma_h \subset \Gamma$ und $N(P_0) \subseteqq \{P_1, P_2, P_3\} \subset \Omega_h$.*

Der Beweis von Satz 1 findet sich in [22].

Bemerkung 1. Für einen Rand mit Knickpunkten bleibt der Satz 1 gültig, falls die bei 4⁰ erwähnte Voraussetzung $V(\Gamma_h, \bar{K})$ hinzugenommen wird.

Bemerkung 2. Der Satz 1 beinhaltet eine konstruktive Existenzaussage für einen Differenzenoperator l_h, der eine $O(h^2)$-Approximation erlaubt und zusammen mit dem Operator L_h von Nr. 3 einen Differenzenoperator $A_h = (L_h, l_h)$ von monotoner

Art ergibt. Für h wurden relativ kleine Schranken h_0 angegeben, während M von (33) relativ groß ausfällt. Das wirkt jedoch auf die numerische Realisierung dieser $O(h^2)$-Approximation nicht einschränkend, denn die Wahl $P_i \in T_i \cap \Omega_h$ ist nur eine Möglichkeit unter im allgemeinen mehreren zur Erfüllung von (28). Bei der praktischen Realisierung werden die Punkte P_i aus Ω_h in kleinstmöglichem Abstand von $\mathcal{O} \in \Gamma_h$ auf spezielle Art ausgewählt (oft in der Menge der randnahen irregulären Gitterpunkte), und es wird a posteriori geprüft, ob die c_i die Bedingung $c_i \geqq 0$ $(i = 1, 2, 3)$, $\sum_{i=1}^{3} c_i \neq 0$ erfüllen.

Weitere Bemerkungen zu Satz 1, insbesondere zur Wahl der Punkte P_i, eine Schrittfolge (steps) zur numerischen Realisierung von $l_h u_h = \varphi_h$ sowie ein Beispiel sind in [22] dargelegt. Die Ermittlung aller zur Konstruktion von l_h erforderlichen Ausdrücke erfolgt auf dem Rechner. In $l_h u_h = \varphi_h$ wird φ_h durch $\varphi_h = \varphi^*$ in $P_0 \in \Gamma_h$ mit

$$\varphi^* = \varphi + \beta \sum_{i=1}^{3} c_i \left\{ \bar{x}_{2i}^2 \frac{f}{2\bar{a}_{22}} + \left(\bar{x}_{1i}\bar{x}_{2i} - \bar{x}_{2i}^2 \frac{\bar{a}_{12}}{\bar{a}_{22}} \right) \left(\frac{\varphi}{\beta} \right)_s \right\}$$

erklärt.

6. $O(h)$-Approximation für $\frac{\partial u}{\partial \mu}$

Approximationen für Randoperatoren l, die die Richtungsableitung u_μ bei krummlinigem Rand Γ enthalten, werden unter anderem in [3, 13] betrachtet. Dabei ist im allgemeinen nicht $\Gamma_h \subset \Gamma$ erfüllt. In [9, S. 201] wird ein Vorschlag zur Approximation der Normalenableitung mit $P_0 \in \Gamma_h \subset \Gamma$ und zwei Punkten aus Ω_h gegeben. Dieser wird in [22] in leicht modifizierter Form zur Konstruktion eines approximierenden Differenzenoperators l_h für l verwendet und bezüglich seiner Existenz und Eigenschaften näher untersucht.

Es soll $V(\Gamma_h, \mu)$ folgende Voraussetzung beinhalten.

$V(\Gamma_h, \mu)$: Für $h \leqq h_0$ und zu jedem Punkt $P_0 \in \Gamma_{h2} + \Gamma_{h3}$ existieren zwei Punkte $P_1, P_2 \in \Omega_h$ mit:

a) Die P_i $(i = 1, 2)$ liegen beiderseits (oder auf) der durch μ erzeugten Geraden g_μ innerhalb einer bestimmten maximalen Winkeldistanz zu g_μ und Entfernung zu P_0 (exakte Formulierung vgl. [22]);

b) es gilt $\overline{P_0 P_i} \setminus \{P_0\} \subset \Omega$ für $i = 1, 2$.

In [22] wird gezeigt, daß $V(\Gamma_h, \mu)$ erfüllt ist, wenn Γ stetig gekrümmt ist. Schwächere hinreichende Bedingungen sind dort ebenfalls gegeben.

Satz 2. *Vorgelegt sei die Randwertaufgabe von Nr. 1, es sei* $u \in C^2(\bar{\Omega})$ *und* $V(\Gamma_h, \mu)$ *erfüllt. Dann existiert für* $h \leqq h_0$, h_0 *geeignet gewählt, ein Differenzenoperator* l_h *mit*

$l_h u = \alpha u + \beta \dfrac{\delta u}{\delta \mu}$ *und* (vgl. Abb. 4)

$$\frac{\delta u}{\delta \mu} = \frac{-1}{\sin \varphi_0} \left\{ \sin \varphi_2 \frac{\delta u}{\delta \mu^{(1)}} + \sin \varphi_1 \frac{\delta u}{\delta \mu^{(2)}} \right\} \quad \textit{für} \quad P_1, P_2 \notin g_\mu,$$

$$\frac{\delta u}{\delta \mu} = -\frac{\delta u}{\delta \mu^{(i)}} \quad \textit{für} \quad P_i \in g_\mu, \qquad i \in \{1, 2\}, \tag{34}$$

$$\frac{\delta u_0}{\delta \mu^{(i)}} = \frac{u(P_i) - u(P_0)}{|P_0 P_i|} \quad (i = 1, 2), \qquad |P_0 P_i|: \text{ Länge der Strecke } \overline{P_0 P_i}.$$

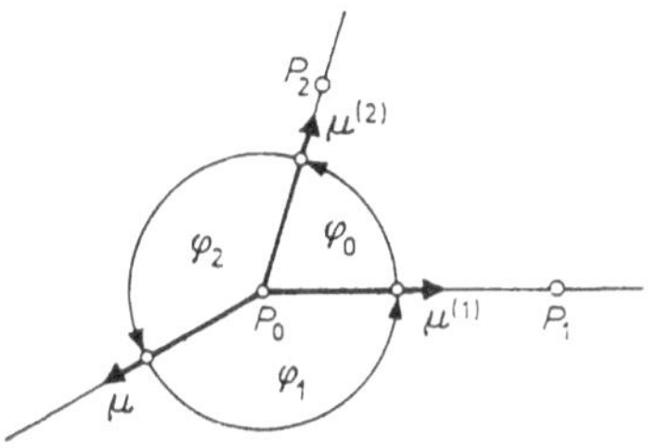

Abb. 4

a) *Es gilt in* $P_0 \in \Gamma_{h2} + \Gamma_{h3}$ *die Ungleichung* $|l_h u - lu| \leqq Mh$, *wobei* M *nicht von* h *und* P_0 *abhängt.*

b) *Die Koeffizienten* $A(P, P_0)$ *von* l_h *erfüllen* (11), (12); *der Differenzenstern* $S(P_0)$ *hat die Gestalt* $S(P_0) = \{P_0\} + N(P_0)$ *mit* $P_0 \in \Gamma_h \subset \Gamma$ *und* $N(P_0) \subseteqq \{P_1, P_2\} \subset \Omega_h$.

Der Beweis von Satz 2 findet sich zusammen mit weiteren Bemerkungen in [22]. Der Operator l_h von (34) ist einer rechentechnisch automatisierten Konstruktion gut zugänglich. Die rechte Seite φ_h von $l_h u_h = \varphi_h$ wird erklärt durch $\varphi_h = \varphi$ in $P_0 \in \Gamma_h \subset \Gamma$.

7. Das Differenzenschema $A_h u_h = F_h$

In Nr. 3 wird $L_h u_h = f_h$ für $Lu = f$, dann $l_h u_h = \varphi_h$ als diskretes Analogon von $lu = \varphi$ in Nr. 5, 6 bereitgestellt. Es gelten für L_h und l_h, also auch für $A_h = (L_h, l_h)$ die Eigenschaften (11), (12), insbesondere ist

$$A_h(1) = \sum_{P \in S(P_0)} A(P, P_0) = \begin{cases} c(P_0) & & \text{für } P_0 \in \Omega_h, \\ \alpha(P_0) & \text{für } l_h \text{ von Satz 1, 2} & \text{für } P_0 \in \Gamma_{h1}, \\ |O(h)| & \text{für } l_h \text{ von Satz 1} & \multirow{2}{*}{für $P_0 \in \Gamma_{h2}$,} \\ 0 & \text{für } l_h \text{ von Satz 2} & \\ \gamma(P_0) & \text{für } l_h \text{ von Satz 1} & \multirow{2}{*}{für $P_0 \in \Gamma_{h3}$,} \\ \alpha(P_0) & \text{für } l_h \text{ von Satz 2} & \end{cases} \tag{35}$$

wobei für $h \leqq h_0$ gilt: $c \geqq 0$, $\alpha \geqq \alpha_0 > 0$, $\gamma \geqq \gamma_0 > 0$, und α_0, γ_0 sind für $h \leqq h_0$ von h unabhängig. Es sei

$$\alpha \not\equiv 0 \text{ auf } \Gamma_h \text{ (d. h. } \Gamma_h \neq \Gamma_{h2}) \quad \text{oder} \quad c \not\equiv 0 \text{ in } \Omega_h, \tag{36}$$

dann gilt in wenigstens einem Punkt $P_0 \in \bar{\Omega}_h$ wegen (35), (36), $c \geqq 0$, $\alpha \geqq 0$ die Ungleichung $A_h(1) > 0$, und für hinreichend kleines h bzw. ein „genügend weites" Gebiet Ω ist auch die Zusammenhangsbedingung erfüllt. Somit ist insgesamt $E(A_h, \bar{\Omega}_h)$ erfüllt, und A_h ist von monotoner Art. Es wird weiterhin F_h erklärt durch $F_h = (f_h, \varphi_h)$.

In $\bar{\Omega}_h$ werden nun acht Teilmengen $\bar{\Omega}_{hi}$ $(i = 1, 2, \ldots, 8)$ definiert, dadurch auch ebensoviele Komponenten A_{hi} von A_h (die Komponenten L_h, l_h von A_h werden vorübergehend o. B. d. A. vertauscht); es gilt:

$$l_h v = \begin{cases} A_{h1}v & \text{für } P \in \Gamma_{h1} = \bar{\Omega}_{h1}, \\ A_{h2}v & \text{für } P \in \Gamma_{h2} = \bar{\Omega}_{h2}, \\ A_{h3}v & \text{für } P \in \Gamma_{h3} = \bar{\Omega}_{h3}, \end{cases}$$

$$L_h v = \begin{cases} A_{h4}v & \text{für } P \in \Omega_h \setminus (\Omega_h{}^* + \Omega_h{}^{**}) = \bar{\Omega}_{h4}, \\ A_{h5}v & \text{für } P \in \Omega_{h1}^* = \bar{\Omega}_{h5}, \\ A_{h6}v & \text{für } P \in \Omega_h{}^* \setminus \Omega_{h1}^* = \bar{\Omega}_{h6}, \\ A_{h7}v & \text{für } P \in \Omega_{h1}^{**} = \bar{\Omega}_{h7}, \\ A_{h8}v & \text{für } P \in \Omega_h{}^{**} \setminus \Omega_{h1}^{**} = \bar{\Omega}_{h8}. \end{cases} \tag{37}$$

Ein Punkt $P_0 \in \Omega_h{}^*$ bzw. $P_0 \in \Omega_h{}^{**}$ gehört zu Ω_{h1}^* bzw. Ω_{h1}^{**}, wenn $N(P_0) \cap \Gamma_{h1} \neq \emptyset$ gilt. Gemäß (37) wird für $A_h = (l_h, L_h)$ auch $A_h = (A_{h1}, A_{h2}, \ldots, A_{h8})$ geschrieben.

8. Korrektheit von $A_h u_h = F_h$

Zur Herleitung der Konvergenzaussagen von Nr. 9 werden zunächst Apriori-Abschätzungen aufgestellt, die die Korrektheit bzw. Stabilität des Differenzenschemas kennzeichnen. Es gilt

Satz 3. *Es sei $v \in C^3(\bar{\Omega})$ eine Funktion mit der Eigenschaft*

$$Lv \geqq 3/2 \text{ auf } \Omega, \qquad lv \geqq 3/2 \text{ auf } \Gamma_2 + \Gamma_3, \tag{38}$$

$A_h u_h = F_h$ Differenzenschema mit L_h von Nr. 3, l_h von Nr. 6. Dann gilt unter der Voraussetzung (36) *die Apriori-Abschätzung*

$$\|u_h\|_{C(\bar{\Omega}_h)} \leqq \sum_{i=1}^{8} N_{hi} \, \|A_{hi}u_h\|_{C(\bar{\Omega}_{hi})} \quad \text{für } h \leqq h_0 \tag{39}$$

mit

$$\begin{aligned} &N_{hi} = 1/\alpha_0 \quad (i = 1, 3), && N_{hi} = 2 \max_{\bar{\Omega}_h} |v| \quad (i = 2, 4, 7, 8) \\ &N_{h5} = f_5 h^2, && N_{h6} = 2 \max_{\bar{\Omega}_h} |v| \, f_6 h + f_5 h^2, \end{aligned} \tag{40}$$

α_0, v, f_5, f_6 unabhängig von h; es ist $f_5 = \dfrac{4}{3\bar{a}_0}$, $\bar{a}_0$ von (17), *$f_6 = f_5 h \max A(P_0, P_0)$ für $P_0 \in \Gamma_{h2} + \Gamma_{h3}$, und $A(P_0, P_0)$ ist der Koeffizient der kanonischen Form von l_h von Nr. 6.*

Der Beweis von Satz 3 findet sich in [22]. Es werden dort auf besondere Art Majorantenfunktionen w_i $(i = 1, 2, \ldots, 8)$ konstruiert, Ungleichungen $A_{hi}w_j \geqq \delta_{ij}$ (δ_{ij} Kronecker-Symbol) bewiesen; außerdem wird die Beweistechnik von [13, S. 73] einbezogen. Die N_{hi} von (40) entstehen durch $N_{hi} = \max w_i$ (bezüglich $P_0 \in \bar{\Omega}_h$). Eine Besonderheit bei (40) ist $N_{h5} = O(h^2)$, $N_{h6} = O(h)$, was für den Sonderfall $L = -\Delta$ in [5] dargelegt ist.

Außerdem wird in [22] für A_h mit l_h von Nr. 5 bewiesen:

Satz 4. *Es sei v die Funktion von* (38), *$A_h u_h = F_h$ Differenzenschema mit L_h von Nr. 3, l_h von Nr. 5. Dann gilt unter der Voraussetzung* (36) *die Apriori-Abschätzung* (39), *jedoch mit $\bar{N}_{hi}$ statt N_{hi} wie folgt:*

$$\begin{aligned} &\bar{N}_{hi} = N_{hi} \text{ für } i = 1, 2, 4, 5, 7, 8 \qquad (N_{hi} \text{ von } (40)),\\ &\bar{N}_{h3} = 1/\gamma_0, \qquad \bar{N}_{h6} = 2 \max_{\Omega_h} |v| \bar{f}_6 h + f_5 h^2, \end{aligned} \tag{41}$$

wobei α_0, γ_0, v, f_5, $\bar{f}_6$ unabhängig von h sind; es ist f_5 von (40), *$\bar{f}_6 = f_5 h \max A(P_0, P_0)$ für $P_0 \in \Gamma_{h2} + \Gamma_{h3}$, und $A(P_0, P_0)$ ist Koeffizient der kanonischen Form von l_h von Nr. 5.*

Der Beweis zu Satz 4, in [22] gegeben, verläuft ähnlich wie bei Satz 3.

Bemerkung 1. Die Menge Ω_h^{**} werde nochmals unterteilt in

$$\overset{(1)}{\Omega_h^{**}} = \{P \in \Omega_h^{**}: |d| = 1\}, \qquad \overset{(2)}{\Omega_h^{**}} = \{P \in \Omega_h^{**}: |d| \neq 1\}, \tag{42}$$

wobei d von (17) ist. Unter der Voraussetzung

$$|a_{12}| \geqq \varkappa_0 > 0 \text{ auf } \overset{(1)}{\Omega_h^{**}} \text{ für } h \leqq h_0 \tag{43}$$

oder

$$\overset{(1)}{\Omega_h^{**}} = \emptyset \quad \text{für } h \leqq h_0 \tag{44}$$

gilt

$$N_{h7}, \bar{N}_{h7} = O(h^2), \qquad N_{h8}, \bar{N}_{h8} = O(h). \tag{45}$$

Bemerkung 1 besagt, daß beispielsweise für Koeffizienten a_{12}, die innerhalb einer von h_0 abhängigen Umgebung von Γ verschwinden oder dort gerade nicht Null werden, die Konstanten N_{hi}, $\bar{N}_{hi}$ für $i = 7, 8$ (anders als bei (40), (41)) für $h \to 0$ mit der bei (45) angegebenen Ordnung verschwinden (Beweis in [22]).

Bemerkung 2 (Bramble/Hubbard [4]). Für $\Gamma_h = \Gamma_{h1}$, d. h. $\beta \equiv 0$ auf Γ_h, gilt ohne weitere Einschränkung an a_{12}

$$N_{h7}, \bar{N}_{h7} = O(h^2).$$

9. Konvergenzaussagen

Die in Nr. 8 erhaltenen Apriori-Abschätzungen ermöglichen für die dort untersuchten Differenzenschemata Konvergenzaussagen $u_h \to u$ in der Maximumnorm. Es gilt

Satz 5. *Es sei $u \in C^4(\bar{\Omega})$ Lösung der Randwertaufgabe $Au = F$ von Nr. 1, u_h Lösung des approximierenden Differenzenschemas $A_h u_h = F_h$, für welches zur Approximation von L stets L_h von Nr. 3, für l jedoch l_h von Nr. 5 oder Nr. 6 genommen wird. Außerdem* *seien die Voraussetzungen erfüllt, die zur Konstruktion des Differenzenoperators* $A_h = (L_h, l_h)$ *(vgl. Nr. 3, 5, 6) und zum Aufstellen der Apriori-Abschätzungen von Satz 3, 4 benutzt wurden. Es gelten dann folgende konvergenzverifizierende Ungleichungen:*

$$\text{a)} \qquad \|u_h - u\|_{C(\bar{\Omega}_h)} \leqq \sum_{i=2,3,7,8} K_i M_i h + \sum_{i=4,6} K_i M_i h^2 + K_5 M_5 h^3 \tag{46}$$

für l_h *von Nr. 6,*

$$\text{b)} \qquad \|u_h - u\|_{C(\bar{\Omega}_h)} \leqq \sum_{i=7,8} \bar{K}_i M_i h + \sum_{i=2,3,4,6} \bar{K}_i M_i h^2 + \bar{K}_5 M_5 h^3 \tag{47}$$

für l_h *von Nr. 5,*

$$\text{c)} \qquad \|u_h - u\|_{C(\bar{\Omega}_h)} \leqq \sum_{i=2,3,4,6,8} \bar{K}_i M_i h^2 + \sum_{i=5,7} \bar{K}_i M_i h^3 \tag{48}$$

für l_h *von Nr. 5, unter der Bedingung* (43) *oder* (44),

$$\text{d)} \qquad \|u_h - u\|_{C(\bar{\Omega}_h)} \leqq \sum_{i=2,3,4,6} \bar{K}_i M_i h^2 + \bar{K}_5 M_5 h^3 \tag{49}$$

für l_h *von Nr. 5, unter der Bedingung* $a_{12} \equiv 0$ *auf* Ω_h *oder* $\Omega_h^{**} = \emptyset$ *oder* $\lambda_5 = \lambda_6 = 1$ *für alle Punkte* $P_5, P_6 \in S(P_0)$ *mit* $P_0 \in \Omega_h^{**} \neq \emptyset$,

$$\text{e)} \qquad \|u_h - u\|_{C(\bar{\Omega}_h)} \leqq \tilde{K}_4 M_4 h^2 + \sum_{i=5,7} \tilde{K}_i M_i h^3 \tag{50}$$

für l_h *mit* $l_h u \equiv \alpha u$, $\alpha \geqq \alpha_0 \geqq 0$ *(Dirichlet-Problem).*

Dabei gilt für die in den Termen der Abschätzungen (46) *bis* (50) *auftretenden Faktoren:* $M_i, K_i, \bar{K}_i, \tilde{K}_i = O(1)$. *Die* M_i $(i = 2, 3, \ldots, 8)$ *sind die Konstanten, die aus der Abschätzung des Approximationsfehlers von* A_h *zu* A *auf* $u \in C^4(\bar{\Omega})$ *bezüglich* $\bar{\Omega}_{hi}$ *entstehen, also hier*

$$\|A_{hi}u - Au\|_{C(\bar{\Omega}_{hi})} \leqq M_i h^\delta, \qquad \delta \in \{1, 2\}$$

(im Detail sind die M_i *in* [22] *gegeben). Die* $K_i, \bar{K}_i, \tilde{K}_i$ *ergeben sich wie folgt:*

$$K_i = \bar{K}_i = 2 \max_{\bar{\Omega}} |v| \text{ für } i = 2, 4, 7, 8, \quad K_5 = \bar{K}_5 = \frac{4}{3\bar{a}_0}, \quad K_3 = 1/\alpha_0, \ \bar{K}_3 = 1/\gamma_0,$$

$$K_6 = 2 \max_{\bar{\Omega}} |v| f_6 + \frac{4}{3\bar{a}_0} h, \ \bar{K}_6 = 2 \max_{\bar{\Omega}} |v| \bar{f}_6 + \frac{4}{3\bar{a}_0} h, \quad \tilde{K}_4 = \frac{8a_1}{\bar{a}_0} \max_{\bar{\Omega}} |v|,$$

$$\tilde{K}_5 = \frac{8a_1}{\bar{a}_0} \max \left(\frac{2K^2}{a_0}, \frac{4}{3\bar{a}_0} \right), \ K \text{ von } (17), \quad \tilde{K}_7 = \frac{2a_1}{\bar{a}_0{}^2}.$$

Der Beweis der Abschätzungen a) bis e) ist in [22] gegeben. Dabei werden sehr wesentlich die in Satz 3, 4 erhaltenen Apriori-Abschätzungen benötigt. Aus (39) wird wegen der Linearität von A_h und der exakten Approximation der rechten Seiten sowie der Randbedingungen 1. Art leicht die Ungleichung

$$\|u_h - u\|_{C(\bar{\Omega}_h)} \leqq \sum_{i=2}^{8} N_{hi} \|A_{hi}u - Au\|_{C(\bar{\Omega}_{hi})}$$

erhalten, woraus (46) bis (50) durch Abschätzen der Approximationsfehler und der N_{hi} $(i = 2, 3, \ldots, 8)$ erhalten wird.

Bemerkung 1. Die Ungleichung (46) besagt, daß unter den genannten Voraussetzungen für die allgemeine Randwertaufgabe $Au = F$ von Nr. 1 mit einem beliebigen gleichmäßig elliptischen Operator L von (1) und einem Randoperator l von (2) mit der Richtung μ im Fall von $u \in C^3(\bar{\Omega})$ ein Differenzenschema $A_h u_h = F_h$ mit $\|u_h - u\|_{C(\bar{\Omega}_h)} = O(h)$ konstruiert werden kann.

Bemerkung 2. Offenbar stinmem die bei (48), (49) erhaltenen Ergebnisse bezüglich der Konvergenz $\|u_h - u\| = O(h^2)$ mit denen überein, die für den Spezialfall der Poisson-Gleichung mit gemischten Randbedingungen bekannt sind (vgl. [5]), so daß (48), (49) als entsprechende Verallgemeinerungen gewertet werden können. Die Aussage e) geht auf [4] zurück.

Bemerkung 3. Wesentlich für die Gültigkeit der Sätze 3, 4, 5 war die Voraussetzung (36). Für $c \equiv 0$ in Ω und gleichzeitig $\alpha \equiv 0$ auf Γ ist (36) jedoch nicht erfüllbar. Wie in [6, 11, 21] für (22) mit $\alpha \equiv 0$, $\Gamma_1 = \emptyset$ belegt wird, sinkt die Konvergenzgeschwindigkeit von $u_h \to u$ gegenüber Aufgabe (22) mit $\alpha \not\equiv 0$ oder $\Gamma_1 \neq \emptyset$ ab. Und zwar gilt für die Aufgabe (22) mit $A_h = (-\Delta_h, l_h)$ in der Maximumnorm, wie in [6] bewiesen, folgendes: $\|u_h - u\| = O(h^2 |\log h|)$ für $\alpha \equiv 0$ und $\Gamma_1 = \emptyset$; andererseits wird für $\alpha \not\equiv 0$ oder $\Gamma_1 \neq \emptyset$ erhalten: $\|u_h - u\| = O(h^2)$.

Für die hier konstruierten allgemeineren Operatoren $A_h = (L_h, l_h)$ sind im Fall $c \equiv 0$ und $\alpha \equiv 0$ keine besseren Resultate als $O(h^2 |\log h|)$ zu erwarten, da die Abschätzung mit $O(h^2 |\log h|)$ bezüglich h scharf ist (vgl. [6]).

Literatur

[1] Алексидзе, М. А., К решению методом сеток уравнений эллиптического типа с краевыми условиями, содержащими производные, АН ГССР, Труды вычисл. центра, т. I, 1960, стр. 201–210.

[2] Андреев, В. Б., О сходимости разностных схем, аппроксимирующих вторую и третью краевые задачи для эллиптических уравнений, Журн. выч. мат. и мат. физ. 8 (1968), 1218–1231.

[3] Batschelet, E., Über die numerische Auflösung von Randwertproblemen bei elliptischen partiellen Differentialgleichungen, ZAMP **3** (1952), 165–193.

[4] Bramble, J. H., and B. E. Hubbard, A theorem on error estimation for finite-difference analogues of the Dirichlet problem for elliptic equations, Contrib. Diff. Eq. **2** (1963), 319 to 340.

[5] Bramble, J. H., and B. E. Hubbard, Approximation of solutions of mixed boundary value problems for Poisson's equation by finite differences, J. Ass. Comp. Mach. **12** (1965), 114–123.

[6] Bramble, J. H., and B. E. Hubbard, A finite difference analogue of the Neumann problem for Poisson's equation, J. SIAM Numer. Anal., Ser. B, **2** (1964), 1–14.

[7] Collatz, L., Numerische Behandlung von Differentialgleichungen, 2. Aufl., Springer-Verlag, Berlin–Göttingen–Heidelberg 1955.

[8] Collatz, L., Funktionalanalysis und numerische Mathematik, Springer-Verlag, Berlin–Göttingen–Heidelberg 1964.

[9] Kantorowitsch, L. W., und W. I. Krylow, Näherungsmethoden der höheren Analysis, VEB Deutscher Verlag der Wissenschaften, Berlin 1956 (Übersetzung aus dem Russischen).

[10] Лебедев, В. И., Оценка погрешности метода сеток для двумерной задачи Неймана, Докл. АН СССР **132** (1960), 1016–1018.

[11] van Linde, H. J., High-order finite difference methods for Poisson's equation, Math. Comp. **28**, No. 126 (1974), 369—391.
[12] Meyer, A. G., Schranken für die Lösung von Randwertaufgaben mit elliptischer Differentialgleichung, Arch. Rat. Mech. Anal. **6** (1960), 277—298.
[13] Michlin, S. G., und Ch. L. Smolizki, Näherungsmethoden zur Lösung von Differential- und Integralgleichungen, B. G. Teubner Verlagsgesellschaft, Leipzig 1969 (Übersetzung aus dem Russischen).
[14] Sachs, A., Über Differenzenapproximationen des Dirichlet-Problems nichtlinearer elliptischer Operatoren in Divergenzform, Dissert. München 1971.
[15] Самарский, А. А., Введение в теорию разностных схем, Наука, Москва 1971.
[16] Самарский, А. А., и В. Б. Андреев, Разностные методы для эллиптических уравнений, Наука, Москва 1976.
[17] Thuraisamy, V., Approximate solutions for mixed boundary value problems by finite-difference methods, Math. Comp. **23**, No. 106 (1969), 373—386.
[18] Uhlmann, W., Differenzenverfahren für die 2. und 3. Randwertaufgabe mit krummlinigen Rändern bei $\Delta u(x, y) = r(x, y, u)$, ZAMM **38** (1958), 236—251.
[19] Viswanathan, R. V., Solution of Poisson's equation by relaxation method — Normal gradient specified on curved boundaries, MTAC **11** (1957), 67—78.
[20] Волков, Е. А., К решению методом сеток уравнений эллиптического типа с краевыми условиями, содержащими производные, Докл. АН СССР **102** (1955), 437—440.
[21] Волков, Е. А., О методе сеток для краевой задачи с косой и нормальной производной, Журн. выч. мат. и мат. физ., 1961, № 4, 607—621.
[22] Heinrich, B., Beiträge zum Differenzenverfahren für elliptische Differentialgleichungen mit gemischten Randbedingungen, Dissert. TH Karl-Marx-Stadt 1976.

Manuskripteingang: 14. 2. 1977

VERFASSER:

Dr. rer. nat. Bernd Heinrich, Sektion Mathematik der Technischen Hochschule Karl-Marx-Stadt

Beiträge zur Numerischen Mathematik
7 (1979), 65–74

Global konvergente Interpolationsmethoden zur Nullstelleneinschließung[1])

JÜRGEN HERZBERGER

Es werden Klassen von Iterationsverfahren angegeben, welche eine reelle Nullstelle α einer reellen Funktion f durch eine konvergente Intervallschachtelung berechnen. Dabei handelt es sich um modifizierte Hermite-Interpolationsverfahren. Diese Methoden sind stets durchführbar und konvergent, sobald in einem vorgegebenen Einschließungsintervall von α a-priori-Schranken für f' und eine bestimmte höhere Ableitung bekannt sind. Der zusätzlich erforderliche Rechenaufwand gegenüber den herkömmlichen Methoden ist, gemessen in Funktionswertberechnungen, zu vernachlässigen. Erfolgt die Durchführung der Verfahren mit einer Maschinenintervallarithmetik, dann werden alle auftretenden Rundungsfehler bei der Einschließung mit berücksichtigt. Anhand von einigen numerischen Beispielen werden rechnerische Vergleiche mit anderen Algorithmen gezogen.

0. Einleitung

Diese Arbeit befaßt sich mit Algorithmen, welche zu einer reellen Funktion f eine im vorgegebenen Intervall $X^{(0)} = [x_1^{(0)}, x_2^{(0)}]$ gelegene reelle Nullstelle α mittels einer monotonen Folge von Schranken

$$x_1^{(0)} \leqq x_1^{(1)} \leqq \cdots \leqq x_1^{(k)} \leqq \cdots \leqq \alpha \leqq \cdots \leqq x_2^{(k)} \leqq \cdots \leqq x_2^{(1)} \leqq x_2^{(0)}$$

fortwährend verbessert einschließen. Erfolgt die Durchführung der Verfahren mit Hilfe einer Maschinenintervallarithmetik, dann werden gleichzeitig alle auftretenden Rundungsfehler berücksichtigt. Wir nehmen an, daß die Funktion f im Intervall $X^{(0)}$ hinreichend oft stetig differenzierbar sei. Ferner sei α einfache Nullstelle von f, d. h., es gelte $f'(\alpha) \neq 0$. Damit ist in einer Umgebung von α die Bedingung

$$h_1 \leqq f'(x) \leqq h_2, \qquad h_1 \cdot h_2 > 0,$$

erfüllt. Darüber hinaus benötigen wir noch die Kenntnis von — wenn auch noch so groben — a-priori-Schranken für bestimmte höhere Ableitungen von f in $X^{(0)}$. In die Rechenvorschrift gehen aber nur, wenn überhaupt, Werte der Ableitungen relativ niedriger Ordnung von f ein.

[1]) Über Teile dieser Arbeit wurde auf dem ‚Symposium on Algorithms and Complexity: New Directions and Recent Results', Carnegie-Mellon University, Pittsburgh, April 7–9 kurz berichtet.

Bevor wir auf die Realisierung von Klassen solcher Lösungsverfahren kommen, sollen erst einige Methoden aus der Literatur dazu aufgezählt werden. Die wohl einfachsten und global konvergenten Einschließungsverfahren sind das Bisektionsverfahren und die damit verwandten Halbierungsmethoden der Intervallrechnung (vgl. [4]). Zur Erzielung einer vorgeschriebenen Genauigkeit der Einschließung von α werden jedoch dabei eine im allgemeinen sehr große Zahl von Funktionswerten benötigt. Wir wenden uns daher nur solchen Verfahren zu, die eine höhere Konvergenzordnung besitzen als diese linear konvergenten Methoden. Verfahren höherer Konvergenzordnung haben meist den Nachteil, daß sie ohne stärkere Voraussetzungen an f nur lokal, d. h. in einer hinreichend kleinen Umgebung von α, konvergieren. Diesen Nachteil versuchte man dadurch auszugleichen, daß man ein überlinear konvergentes Verfahren mit der Bisektionsmethode kombinierte. Relativ gering ist jedoch die Zahl der Methoden, welche auch im ungünstigsten Falle bessere Einschließungen liefern als das Bisektionsverfahren. Für konvexe Funktionen wurden von J. W. SCHMIDT [15] einige Regula-Falsi-Typ-Verfahren beschrieben. Andere Regula-Falsi-Modifikationen sind das Illinois-Verfahren [8], das Pegasus-Verfahren von M. DOWELL und P. JARRAT [9] sowie eine verbesserte Version des letzteren von R. F. KING [12] und der Algorithmus ‚A' von N. ANDERSON und A. BJÖRCK [3]. Ein Intervallschachtelungsverfahren mit Hilfe rationaler Interpolation bringt M. G. COX [7]. Schließlich seien die auf den Algorithmus von T. J. DEKKER zurückgehenden Verfahren noch erwähnt (vgl. [5, 6]). Von gänzlich anderer Herleitung ist das intervallmäßige Newton-Verfahren [2, 14]. Es verwendet intervallmäßige Auswertungen von Funktionen. Verallgemeinerungen zur Erzielung von höheren Konvergenzordnungen wurden von G. ALEFELD [1] angegeben. Interpolationsverfahren zur Einschließung sämtlicher Nullstellen einer Funktion wurden von C. A. MICCHELLI und W. L. MIRANKER in [13] untersucht, welche im Fall einer einfachen Nullstelle und bei ständiger Neuberechnung von Schranken für höhere Ableitung ebenfalls von höherer Ordnung konvergieren.

Nach dieser Aufzählung einer Auswahl von bekannten Verfahren wenden wir uns nun den angekündigten Verfahren zu. Dabei machen wir vorteilhaft von der reellen Intervallrechnung Gebrauch. Wir bezeichnen dabei reelle Intervalle mit $X, Y, Z, \ldots$ und verstehen unter einem Verknüpfungsergebnis bei $* \in \{+, -, \times, /\}$, sofern mindestens ein Operand ein Intervall ist, das Ergebnisintervall

$$X * Y = \{x * y \mid x \in X, y \in Y\}.$$

Wegen der weiteren im folgenden verwendeten Einzelheiten, insbesondere der Eigenschaften daraus gebildeter Funktionsausdrücke $f(X)$, sei auf die Bücher [2] und [14] verwiesen.

1. Beschreibung der Verfahren

Die reelle Funktion f sei im vorgegebenen Intervall $X^{(0)} = [x_1^{(0)}, x_2^{(0)}]$ hinreichend oft stetig differenzierbar und besitze dort eine einfache Nullstelle α. Es seien Schranken h_1, h_2 für die erste Ableitung f' in $X^{(0)}$ bekannt mit

$$h_1 \leqq f'(x) \leqq h_2, \qquad x \in X^{(0)}, \qquad h_1 \cdot h_2 > 0.$$

Auf Grund der Voraussetzung existieren in einer Umgebung von α stets derartige Schranken. Wir fassen diese zum Intervall $H = [h_1, h_2]$ zusammen. Läßt sich f' in $X^{(0)}$ intervallmäßig auswerten, dann kann man, falls $0 \notin f'(X^{(0)})$ ist, beispielsweise $H = f'(X^{(0)})$ setzen. Außerdem sei noch ein Intervall $K = [k_1, k_2]$ von Schranken für die r-te Ableitung $f^{(r)}$ im Intervall $X^{(0)}$, wobei r eine dem Verfahren charakteristische Zahl ist, bekannt, also

$$k_1 \leqq f^{(r)}(x) \leqq k_2, \qquad x \in X^{(0)}.$$

Dabei unterliegen k_1, k_2 keinen Vorzeichenbedingungen. Existiert die intervallmäßige Auswertung von $f^{(r)}$, so kann wiederum $K = f^{(r)}(X^{(0)})$ gesetzt werden. Die Zahl r ergibt sich als die Summe aus den $n + 1$ ganzzahligen, nichtnegativen Parametern

$$m_0, m_1, \ldots, m_n, \qquad r = \sum_{j=0}^{n} m_j,$$

welche das Verfahren bestimmen. Wir nehmen ferner an, daß trivialerweise $r > 0$ gelte.

Zur Beschreibung des allgemeinen Schrittes — hier des $(k + 1)$-ten Schrittes — setzen wir voraus, daß in $X^{(0)}$ bereits $n + 1$ Näherungen für α

$$x^{(k)}, x^{(k-1)}, \ldots, x^{(k-n)}$$

vorhanden sind und daß das zuletzt berechnete Einschließungsintervall $X^{(k)}$ die Gestalt

$$\alpha \in X^{(k)} = [x^{(k)} - \varepsilon^{(k)}, x^{(k)} + \varepsilon^{(k)}] \quad \text{mit} \quad \varepsilon^{(k)} > 0$$

hat. Durch Hintereinanderschaltung der folgenden Teilschritte (S 1) bis (S 5) wird daraus eine neue Näherung $x^{(k+1)}$ und ein verbessertes Einschließungsintervall $X^{(k+1)}$ bestimmt. Diese Schritte sind im einzelnen:

(S 1) Bestimmung des (eindeutigen) Hermite-Interpolationspolynoms

$$p_k(x) = p_{(m_0, m_1, \ldots, m_n)}(x; x^{(k)}, \ldots, x^{(k-n)}),$$

welches den Interpolationsbedingungen

$$p_k^{(j)}(x^{(k-i)}) = f^{(j)}(x^{(k-i)}), \qquad 0 \leqq i \leqq n, \; 0 \leqq j \leqq m_i - 1,$$

genügt. (Dabei setzen wir $f^{(0)} = f$, und im Fall $m_i = 0$ sei an der Stelle $x^{(k-i)}$ die entsprechende Bedingung leer.) Wir bestimmen ein Intervall $Z^{(k)} \subset X^{(k)}$ gemäß der Vorschrift

$$Z^{(k)} = \begin{cases} [x^{(k)} - \varepsilon^{(k)}, x^{(k)}], & \text{falls} \quad f(x^{(k)}) \cdot m_1 > 0, \\ [x^{(k)}, x^{(k)} + \varepsilon^{(k)}], & \text{falls} \quad f(x^{(k)}) \cdot m_1 < 0. \end{cases}$$

Bei $f(x^{(k)}) = 0$ erfolgt der Abbruch des Algorithmus mit $x^{(k)} = \alpha$.

(S 2) Bestimmung einer reellen Nullstelle $y^{(k)}$ des Polynoms $p_k(x)$ im Intervall $[x^{(k)} - 2\varepsilon^{(k)}, x^{(k)} + 2\varepsilon^{(k)}]$. Existiert eine solche nicht, so wird mit $X^{(k+1)} = Z^{(k)}$ direkt zu (S 5) übergegangen.

(S 3) Berechnung eines Einschließungsintervalles $F^{(k)}$ für den Funktionswert $f(y^{(k)})$ mit Hilfe des Ausdruckes

$$F^{(k)} = \frac{K}{r!} \prod_{j=0}^{n} (y^{(k)} - x^{(k-j)})^{m_j}.$$

(S 4) Berechnung des verbesserten Einschließungsintervalles gemäß

$$X^{(k+1)} = \left\{ y^{(k)} - \frac{F^{(k)}}{H} \right\} \cap Z^{(k)}.$$

(S 5) Ermittlung der neuen Näherung

$$x^{(k+1)} = (x_1{}^{(k+1)} + x_2{}^{(k+1)})/2$$

und des neuen Wertes

$$\varepsilon^{(k+1)} = (x_2{}^{(k+1)} - x_1{}^{(k+1)})/2. \ \square$$

Bevor wir die Eigenschaften der beschriebenen Iterationsvorschriften untersuchen, geben wir noch einige

Bemerkungen. Die Berechnung der Einschließungsintervalle $\{X^{(k)}\}$ macht keinen Gebrauch von einem Vorzeichenwechsel bei den berechneten Funktionswerten. So können etwa mehrere unmittelbar hintereinander berechnete Funktionswerte gleiches Vorzeichen besitzen, trotzdem wird das Einschließungsintervall jeweils an beiden Schranken neu berechnet. Es wird gezeigt, daß das Überspringen der Schritte (S 3) und (S 4) anfangs höchstens endlich oft eintreten kann. Es sei bemerkt, daß das Einschließungsintervall $X^{(i)}$ außer der Näherung $x^{(i)}$ keine der vorangegangenen Näherungen, die in den nächsten Schritt eingehen, enthalten muß.

Wir fassen nun die Eigenschaften der oben definierten Algorithmen in dem folgenden Satz zusammen.

Satz. *Vorgelegt seien $n + 1$ Näherungen $x^{(-n)}, x^{(-n+1)}, \ldots, x^{(0)}$ für die Nullstelle α sowie ein Einschließungsintervall $X^{(0)}$ mit*

$$\alpha \in X^{(0)} = \{x \mid |x^{(0)} - x| \leqq \varepsilon^{(0)}\}.$$

In dem durch die Punkte $x^{(-n)}, x^{(-n+1)}, \ldots, x^{(0)}, x^{(0)} \pm 2\varepsilon^{(0)}$ aufgespannten Intervall X gelten für Intervalle H, K die Schrankenbedingungen

$$h_1 \leqq f'(x) \leqq h_2, \qquad h_1 \cdot h_2 > 0 \qquad \textit{und} \qquad k_1 \leqq f^{(r)}(x) \leqq k_2,$$

wobei die $n + 1$ ganzzahligen, nichtnegativen Parameter $m_0, m_1, \ldots, m_n$ mit $r = \sum_{j=0}^{n} m_j$ vorgegeben seien. Dann gilt für das aus den Teilschritten (S 1), (S 2), (S 3), (S 4), (S 5) *gebildete Iterationsverfahren:*

$$X^{(0)} \supset X^{(1)} \supset X^{(2)} \supset \cdots, \tag{1}$$

$$\alpha \in X^{(k)}, \qquad k \geqq 0, \tag{2}$$

$$\lim_{k\to\infty} X^{(k)} = \alpha = \lim_{k\to\infty} x^{(k)}. \tag{3}$$

Für $m_n \neq 0$ ist die Ordnung des Verfahrens (vgl. [2], Anhang A) *mindestens gleich s; dabei ist s die eindeutige positive Wurzel der Gleichung* (4)

$$s^{n+1} - \sum_{j=0}^{n} m_j s^j = 0.$$

Beweis. Wir wollen hier den Beweis der vorangegangenen Aussagen in groben Zügen skizzieren. Nähere Einzelheiten finden sich in [11]. Die Eigenschaft (1) ist eine unmittelbare Folge von (S 1) und (S 5).

Zu (2): Zunächst ist nach (S 1) $\alpha \in Z^{(k)}$. Auf Grund der Restgliedformel bei der Hermite-Interpolation gilt ferner

$$f(x) = p_k(x) + \frac{f^{(r)}(\xi)}{r!} \prod_{j=0}^{n} (x - x^{(k-j)})^{m_j},$$

wobei ξ ein Wert aus dem durch die Punkte $x, x^{(k)}, \ldots, x^{(k-n)}$ erzeugten Intervall ist, also mit x auch in $X^{(k-n)}$ liegt. Für $x = y^{(k)}$ folgt dann wegen $p_k(y^{(k)}) = 0$ und wegen der Einschließungseigenschaft der Intervallrechnung

$$f(y^{(k)}) \in \frac{K}{r!} \prod_{j=0}^{n} (y^{(k)} - x^{(k-j)})^{m_j} = F^{(k)}.$$

Da (S 4) ein Schritt des vereinfachten intervallmäßigen Newton-Verfahrens ist, gilt damit auch $\alpha \in X^{(k+1)}$ (vgl. etwa [2]).

Zu (3): Diese Eigenschaft folgt unmittelbar aus (S 1) in Verbindung mit der eben bewiesenen Eigenschaft (2).

Zu (4): Zunächst läßt sich zeigen, daß stets ein Index i derart existiert, daß für alle Schritte $k \geqq i$ eine reelle Nullstelle $y^{(k)}$ in (S 2) vorhanden ist. Der Nachweis beruht auf einer Abschätzung, welche für hinreichend kleines $\varepsilon^{(k)}$ zeigt, daß $p_k(x^{(k)})$ und $p_k(\alpha \pm \varepsilon^{(k)})$ einen Vorzeichenwechsel haben. Die Durchführung verläuft ähnlich wie in [16], S. 68, und ist in [11] ausgeführt. Mithin können wir bei der Abschätzung der Konvergenzordnung davon ausgehen, daß die Schritte (S 3) und (S 4) immer ausgeführt werden. Aus (S 4) erhalten wir für den Durchmesser $d(X) = x_2 - x_1$ die Abschätzung

$$d(X^{(k+1)}) \leqq d\left(y^{(k)} - \frac{F^{(k)}}{H}\right) = d\left(\frac{F^{(k)}}{H}\right),$$

woraus mit Hilfe von (S 3) folgt

$$d(X^{(k+1)}) \leqq \frac{1}{r!} \prod_{j=0}^{n} |y^{(k)} - x^{(k-j)}|^{m_j}\, d\left(\frac{K}{H}\right).$$

Da aber $y^{(k)} \in [x^{(k-j)} - \varepsilon^{(k-j)}, x^{(k-j)} + \varepsilon^{(k-j)}]$, $0 \leqq j \leqq n$, gilt, folgt daraus schließlich

$$d(X^{(k+1)}) \leqq c \cdot \prod_{j=0}^{n} d(X^{(k-j)})^{m_j}.$$

Für die in [2] definierte Konvergenzordnung folgt damit die behauptete Beziehung. □

Bemerkungen. Die Hinzunahme der Punkte $x^{(0)} \pm 2\varepsilon^{(0)}$ zum Intervall X in der Voraussetzung erfolgt bei dieser allgemeinen Formulierung des Satzes aus beweistechnischen Gründen, da die Intervallschranken unabhängig von den Anfangsnäherungen eingeführt werden. So können diese Anfangsnäherungen etwa alle auf einer Seite von α liegen.

Wir erwähnen hier kurz die Möglichkeit, bei den gewöhnlichen Interpolationsverfahren globale und monotone Konvergenz zu erhalten. Es handelt sich hierbei um eine Verallgemeinerung der Fourier-Bedingungen (vgl. [16], Sec. 4.2). Wenn $x^{(-n)}, \ldots, x^{(0)}$ alle auf einer Seite der Nullstelle α liegen, so wird gefordert

$$\begin{aligned} &f(x^{(k)})\, f^{(r)}(x^{(k)}) > 0 \qquad \text{für } r \text{ gerade},\\ &f'(x^{(k)})\, f^{(r)}(x^{(k)}) < 0 \qquad \text{für } r \text{ ungerade}, \qquad k \geqq 0. \end{aligned}$$

Dann konvergiert die Folge der Nullstellen $y^{(k)}$ monoton gegen α. Bei unseren Verfahren wird indes weder für die Lage der Anfangsnäherungen bezüglich α noch für das Vorzeichenverhalten von $f^{(r)}$ eine derartige Einschränkung gemacht. Wir erhalten die Monotonie bezüglich der Schranken $x_1^{(k)}$, $x_2^{(k)}$ und nicht für die Folge der Näherungswerte $\{x^{(k)}\}$.

Es sei schließlich noch erwähnt, daß sich mit Hilfe der inversen Interpolation eine entsprechende Familie von Iterationsverfahren aufbauen läßt. Dies soll hier jedoch nicht ausgeführt werden.

Wir betrachten nun noch eine modifizierte Familie von Einschließungsverfahren. Die Modifikation bezieht sich dabei auf höchstens endlich oft eintretende Fälle, bei welchen in (S 2) eine geforderte Nullstelle $y^{(k)}$ nicht vorhanden ist. Um auch dann noch (S 4) ausführen zu können, muß eine andere Festlegung von $y^{(k)}$ getroffen werden. Dies geschieht durch:

(S 2′) Bestimmung einer reellen Nullstelle $y^{(k)}$ des Polynoms $p_k(x)$ im Intervall $[x^{(k)} - 2\varepsilon^{(k)}, x^{(k)} + 2\varepsilon^{(k)}]$. Existiert eine solche nicht, so setze man

$$y^{(k)} = \begin{cases} x^{(k)} - \varepsilon^{(k)}, & \text{falls} \quad f(x^{(k)}) \cdot h_1 > 0,\\ x^{(k)} + \varepsilon^{(k)}, & \text{falls} \quad f(x^{(k)}) \cdot h_1 < 0. \end{cases}$$

(S 3′) Berechnung eines Einschließungsintervalles $F^{(k)}$ für den Funktionswert $f(y^{(k)})$ mit Hilfe des Ausdruckes

$$F^{(k)} = \begin{cases} \dfrac{K}{r!} \displaystyle\prod_{j=0}^{n} (y^{(k)} - x^{(k-j)})^{m_j}, & \text{falls} \quad p_k(y^{(k)}) = 0,\\ p_k(y^{(k)}) + \dfrac{K}{r!} \displaystyle\prod_{j=0}^{n} (y^{(k)} - x^{(k-j)})^{m_j} & \text{sonst}. \end{cases}$$

Prinzipiell ist es durch eine entsprechende Änderung in (S 2′) möglich, stets die Eigenschaft $y^{(k)} \in Z^{(k)}$ zu erzwingen. Damit wäre dann auch die beweistechnische Voraussetzung im obigen Satz, nämlich $x^{(0)} \pm 2\varepsilon^{(0)} \in X$, eliminiert.

Es ist unmittelbar einzusehen, daß für die Iterationsverfahren (S 1), (S 2′), (S 3′), (S 4), (S 5) auch der vorstehend bewiesene Satz unverändert gilt.

Es läßt sich zeigen, daß eine weitere Modifikation, bei welcher jeweils die Berechnung von $H = f'(X^{(k)})$ und $K = f^{(r)}(X^{(k-n)})$ im $(k + 1)$-ten Schritt erfolgt, auf eine

Konvergenzordnung von mindestens s führt. Dabei ist s die eindeutige positive Wurzel der Gleichung

$$s^{n+1} - \sum_{j=0}^{n-1} m_j s^{n-j} - (m_n + 1) = 0.$$

Die Konvergenzordnung ist also größer als die der ursprünglichen Verfahren. Dies wird jedoch mit dem erheblichen Mehraufwand erkauft, so daß die Effizienz dieser Modifikation sich als geringer erweist.

Abschließend treffen wir noch einige

Bemerkungen. Die eingeführten Verfahren gehören nach [16] zur Klasse der „one-point iteration functions with memory" und sind Modifikationen der bekannten Hermite-Interpolations-Verfahren. Der rechnerische Mehraufwand gegenüber diesen allgemein nur lokal konvergenten Methoden drückt sich in den Teilschritten (S 3) und (S 4) aus und dient zur Berechnung der Schranken. Dieser Mehraufwand zählt aber zu dem arithmetischen Aufwand der Berechnung der Iterationsfunktion und ist damit unabhängig von Funktionswertberechnungen von f.

Zu den geschilderten Verfahren lassen sich auch entsprechende „multipoint iteration functions" bilden. Mit deren Eigenschaften und ihren Anwendungen bei der Konstruktion von Parallelmethoden beschäftigen wir uns in einer gesonderten Arbeit.

2. Durchführung und Beispiele

Bevor wir die Wirkungsweise einiger der voranstehenden Verfahren an numerischen Beispielen erläutern, sollen noch einige Bemerkungen zur praktischen Durchführung derartiger Algorithmen gemacht werden. Wie schon eingangs erwähnt, so sollen die berechneten Einschließungen $X^{(k)} \ni \alpha$ auch alle auftretenden Rundungsfehler berücksichtigen. Deshalb sind alle Rechnungen mit einer Maschinenintervallarithmetik auszuführen. Soweit theoretisch reelle Zahlen x als Argument auftreten, sind diese dabei durch entartete Intervalle $[x, x]$ zu ersetzen. Dabei kann ein theoretisch reellwertiges Ergebnis, wie z. B. der Polynomwert $p_k(x)$ in ein Maschinenzahlintervall $p_k([x, x])$ übergehen. In Teilschritt (S 1) ersetzen wir das Abbruchkriterium durch die Abfrage „$0 \in f[(x^{(k)}, x^{(k)}])$?". Ist diese erfüllt, dann ist in der vorhandenen Maschinengenauigkeit das Vorzeichen der Funktion f an der Stelle $x^{(k)}$ nicht mehr mit Sicherheit zu ermitteln. Die Ausführung der Rechnungen in Maschinenintervallarithmetik kann jedoch im Schritt (S 2) kritisch werden. Hier wird ein Einschließungsintervall $Y^{(k)} \ni y^{(k)}$ berechnet, das jedoch bei größerem r und damit zunehmender Komplexität der Rechnung einen relativ großen Durchmesser haben kann. Dieser pflanzt sich dann aber in (S 3) und (S 4) fort, so daß schließlich relativ große Resultatintervalldurchmesser auftreten. Dies verlangsamt aber die Konvergenz des Verfahrens. Hier bietet sich folgender Ausweg an. Man bestimmt $y^{(k)}$ mit Hilfe eines in gewöhnlicher Arithmetik geschriebenen Unterprogrammes, eventuell mit Hilfe eines vorhandenen Bibliotheksprogrammes, womit dann wegen Rundungsfehler allgemein $p_k(y^{(k)}) \neq 0$ gelten wird. In (S 3) wird dann stets

$$F^{(k)} = \frac{K}{r!} \prod_{j=0}^{n} ([y^{(k)}, y^{(k)}] - [x^{(k-j)}, x^{(k-j)}])^{m_j} + p_k([y^{(k)}, y^{(k)}])$$

berechnet. Dieses Vorgehen erzeugt dann praktisch entscheidend bessere Resultate für $X^{(k+1)}$. In Schritt (S 5) wird noch ein weiteres, für diese monotonen Verfahren natürliches Abbruchkriterium eingebaut. Es besteht aus der Abfrage „$X^{(k+1)} = X^{(k)}$?" und beendet den Algorithmus, wenn keine Verbesserung der Einschließung auf diese Weise mehr erzielt werden kann.

Wir betrachten noch folgende zwei spezielle Verfahren:

$n = 1;\quad m_0 = m_1 = 1,$ intervallmäßiges Sekantenverfahren (IS),

$n = 2;\quad m_0 = m_1 = m_2 = 1,$ intervallmäßiges Muller-Verfahren (IM).

Daneben nehmen wir noch zum Vergleich das intervallmäßige Newton-Verfahren, kurz als (IN) bezeichnet.

Die Rechnungen wurden mit einer optimal rundenden Maschinenintervallarithmetik durchgeführt. Die Mantissenlänge betrug dabei 40 bit.

Als erstes nehmen wir die in [8] angegebene Schar von Polynomen

$$p(x) = x^2 - (1 - x)^n$$

im Intervall $X^{(0)} = [0, 1]$ für verschiedene Werte von n. Die Startwerte für die Verfahren (IS) und (IM) werden als Randpunkte bzw. Mittelpunkt des Intervalles $X^{(0)}$ gewählt.

Zum Vergleich ziehen wir noch die Illinois-Modifikation der Regula-Falsi (vgl. [8]) heran. Auch hierfür benutzen wir zu Vergleichszwecken das Abbruchkriterium „$0 \in f([x^{(k)}, x^{(k)}])$?", obwohl das Verfahren selbst keine intervallmäßigen Auswertungen erfordert. Wir bezeichnen dieses Verfahren kurz mit (ILL).

Die folgenden beiden Tabellen enthalten jeweils aufgelistet die Durchmesser der sich ergebenden Einschließungsintervalle $X^{(k)}$ auf zwei Stellen gerundet. Außerdem ist der letztgültige Näherungswert $\hat{x}$ jeweils noch angegeben.

$n = 15$

k	(IN)	(IS)	(ILL)
0	1	1	1
1	0.48	0.44	0.50
2	$0.83_{10}-1$	$0.40_{10}-1$	0.33
3	$0.10_{10}-2$	$0.53_{10}-2$	0.23
4	$0.23_{10}-5$	$0.10_{10}-2$	$0.50_{10}-1$
5	$0.64_{10}-11$	$0.98_{10}-4$	$0.16_{10}-1$
6	$0.91_{10}-12$	$0.21_{10}-5$	$0.14_{10}-1$
7	—	$0.43_{10}-8$	$0.29_{10}-3$
8	—	$0.18_{10}-11$	$0.13_{10}-3$
9	—	—	$0.13_{10}-3$
10	—	—	$0.12_{10}-9$
$\hat{x}$	0.1955476235364	0.1955476235366	0.1955476235364

$n = 20$

k	(ILL)	(IM)
0	1	1
1	0.50	0.38
2	0.33	$0.56_{10} - 1$
3	0.23	$0.22_{10} - 2$
4	0.17	$0.95_{10} - 4$
5	$0.46_{10} - 2$	$0.17_{10} - 6$
6	$0.28_{10} - 2$	$0.95_{10} - 11$
7	$0.28_{10} - 2$	$0.27_{10} - 11$
8	$0.12_{10} - 5$	—
9	$0.61_{10} - 6$	—
$\hat{x}$	0.164920957276 4	0.164920957276 8

Ebenfalls aus [8] entnehmen wir noch die Funktionenschar

$$f(x) = 2xe^{-n} + 1 - 2e^{-nx}.$$

Wir setzen $n = 5$ und betrachten wiederum das Intervall $X^{(0)} = [0, 1]$.

(IS)

$[.0000000000000_{10}0,$	$.1000000000000_{10}1]$
$[.0000000000000_{10}0,$	$.2703167011351_{10}0]$
$[.1351583505675_{10}0,$	$.1417860581860_{10}0]$
$[.1380542457667_{10}0,$	$.1382588014849_{10}0]$
$[.1382505159257_{10}0,$	$.1382572086567_{10}0]$
$[.1382571542348_{10}0,$	$.1382572086567_{10}0]$
$[.1382571550288_{10}0,$	$.1382571550581_{10}0]$
$[.1382571550553_{10}0,$	$.1382571550581_{10}0]$

$\hat{x} = .1382571550568$

(ILL)

$[.0000000000000_{10}0,$	$.1000000000000_{10}1]$
$[.0000000000000_{10}0,$	$.4999999999991_{10}0]$
$[.0000000000000_{10}0,$	$.1862103143800_{10}0]$
$[.1002788457391_{10}0,$	$.1862103143800_{10}0]$
$[.1002788457391_{10}0,$	$.1428180703992_{10}0]$
$[.1002788457391_{10}0,$	$.1386769541796_{10}0]$
$[.1379218854213_{10}0,$	$.1386769541796_{10}0]$
$[.1379218854213_{10}0,$	$.1382575060021_{10}0]$
$[.1379218854213_{10}0,$	$.1382571553499_{10}0]$
$[.1382571547641_{10}0,$	$.1382571553499_{10}0]$

$\hat{x} = .1382571550567$

Literatur

[1] ALEFELD, G., Stets konvergente Verfahren höherer Ordnung zur Berechnung von reellen Nullstellen. Computing **13** (1975), 55–65.

[2] ALEFELD, G., und J. HERZBERGER, Einführung in die Intervallrechnung. Bibliographisches Institut, Mannheim–Wien–Zürich 1974.

[3] ANDERSON, N., and A. BJÖRCK, A new high order method of regula falsi type for computing a root of an equation. BIT **13** (1973), 253–264.

[4] APOSTOLATOS, N., U. KULISCH und K. NICKEL, Ein Einschließungsverfahren für Nullstellen. Computing **2** (1967), 195–201.

[5] BRENT, R. P., An algorithm with guaranteed convergence for finding a zero of a function. Comput. J. **14** (1971), 422–425.

[6] BUS, J. C. P., and T. J. DEKKER, Two efficient algorithms with guaranteed convergence for finding a zero of a function. ACM Trans. Math. Software **1** (1975), 330–345.

[7] COX, M. G., A bracketing technique for computing a zero of a function. Comput. J. **13** (1970), 101–102.

[8] DOWELL, M., and P. JARRAT, A modified regula falsi method for computing the root of an equation. BIT **11** (1971), 168–174.
[9] DOWELL, M., and P. JARRAT, The 'pegasus' method for computing the root of an equation. BIT **12** (1972), 503–508.
[10] HERZBERGER, J., Über Matrixdarstellungen für Iterationsverfahren bei nichtlinearen Gleichungen. Computing **12** (1974), 215–222.
[11] HERZBERGER, J., Einige Klassen von global konvergenten Iterationsverfahren zur Nullstelleneinschließung. Bericht, Inst. Angew. Math. Universität Karlsruhe 1975.
[12] KING, R. F., An improved Pegasus method for root finding. BIT **13** (1973), 423–427.
[13] MICCHELLI, C. A., and W. L. MIRANKER, High order search methods for root finding. J. ACM **22** (1975), 51–60.
[14] MOORE, R. E., Interval Analysis. Prentice-Hall, Englewood Cliffs 1966.
[15] SCHMIDT, J. W., Monotone Einschließung mit der regula falsi bei konvexen Funktionen. Z. Angew. Math. Mech. **50** (1970), 640–643.
[16] TRAUB, J. F., Iterative Methods for the Solution of Equations. Prentice-Hall, Englewood Cliffs 1964.

Manuskripteingang: 27. 8. 1976

VERFASSER:
Prof. Dr. JÜRGEN HERZBERGER, Fachbereich IV der Universität Oldenburg

Beiträge zur Numerischen Mathematik
7 (1979), 75–81

Über Quelldarstellungen bei einigen linearen Regularisierungsverfahren

BERND HOFMANN

Die numerische Behandlung von Operatorgleichungen 1. Art mittels Regularisierungsverfahren führt zu Näherungslösungen, bei denen der Fehlereinfluß durch die Störung der rechten Seite mit klein werdendem Regularisierungsparameter rasch anwächst. Um die Benutzung sehr kleiner Parameter umgehen zu können, strebt man bezüglich des Parameters eine hohe Konvergenzordnung des Verfahrensfehlers gegen Null bei exakter rechter Seite an.

Es erfolgt der Nachweis, daß im Hilbertraum eine solche Konvergenzordnung unabhängig vom Lösungselement nicht existiert. Für lineare Unterräume, die durch Quelldarstellungen der Lösung charakterisiert werden, ist dies jedoch möglich. Zur Regularisierung nach TICHONOW, der Methode der abgebrochenen Fourierreihen, der Quasiinversion und einem Iterationsverfahren werden spezielle Quelldarstellungen analysiert.

1. Regularisatoren im Hilbertraum

Wir betrachten im separablen Hilbertraum H die Operatorgleichung

$$Kx = f \tag{1}$$

mit dem linearen beschränkten Operator K, der positiv selbstadjungiert und vollstetig ist und einen in H dichten Bildraum besitzt. Das Spektrum $S(K)$ des Operators wird durch die reelle Zahlenfolge $\mu_1 \geqq \cdots \geqq \mu_i \geqq \cdots > 0$ $\left(\lim\limits_{i\to\infty} \mu_i = 0\right)$ charakterisiert, dem ein in H vollständiges Orthonormalsystem $\{u_i\}$ von Eigenelementen zugeordnet wird.

Es sollen parameterabhängige Regularisierungsverfahren zur näherungsweisen Lösung der Gleichung (1) untersucht werden, die in der Form

$$x_\varepsilon = R_\varepsilon f = \sum_{i=1}^{\infty} \frac{\varrho(\varepsilon, \mu_i)}{\mu_i} (f, u_i)\, u_i \tag{2}$$

darstellbar sind (Verallgemeinerung der Darstellung für kontinuierliches Spektrum in [2] und [3]). Die für positive ε und $\mu_i \in S(K)$ definierte reelle Funktion ϱ enthält die Spektrumsveränderung des Regularisators R_ε gegenüber dem unbeschränkten Operator K^{-1}. Dabei sind R_ε und K vertauschbare Operatoren. Die Bedingungen

$$0 \leqq \varrho(\varepsilon, \mu_i) \leqq 1, \tag{3.1}$$

$$\sup_i \frac{\varrho(\varepsilon, \mu_i)}{\mu_i} = N_\varepsilon < \infty, \tag{3.2}$$

$$\lim_{\varepsilon\to 0} \varrho(\varepsilon, \mu_i) = 1 \qquad \big(\mu_i \in S(K)\big) \tag{3.3}$$

sind hinreichend dafür, daß R_ε Regularisator im Sinne von Tichonow ist, d. h., es kann

$$\|R_\varepsilon\| = N_\varepsilon < \infty, \tag{4.1}$$

$$\lim_{\varepsilon\to 0} \|R_\varepsilon f - x\| = 0 \qquad (f = Kx) \tag{4.2}$$

nachgewiesen werden, wobei unter der Normierungsbedingung (3.1) die Beschränktheit des Regularisators aus (3.2) und die Konvergenz aus (3.3) folgen.

2. Eigenschaften des Regularisierungsfehlers

Im allgemeinen ist uns bei der numerischen Realisierung der Regularisierungsmethoden die rechte Seite $f = Kx$ nur über die fehlerbehaftete Näherung f_δ mit $\|f - f_\delta\| \leqq \delta$ zugängig. Es gilt dann folgende Abschätzung für den Regularisierungsfehler $\|R_\varepsilon f_\delta - x\|$ bei gestörter rechter Seite:

$$\|R_\varepsilon f_\delta - x\| \leqq \|R_\varepsilon f - x\| + \|R_\varepsilon \cdot (f - f_\delta)\| \leqq \|R_\varepsilon f - x\| + \|R_\varepsilon\| \cdot \delta. \tag{5}$$

Da $\|R_\varepsilon\|$ für kleine Parameter über alle Grenzen wächst, ist es wünschenswert, den Anteil $\|R_\varepsilon f - x\|$ klein zu halten, um so mit größerem $\varepsilon > 0$ regularisieren zu können. Auf Grund des folgenden Satzes 1 erweist es sich aber als unmöglich, bei exakter rechter Seite eine für alle Elemente x des Hilbertraumes gleichmäßige Abschätzung des Regularisierungsfehlers zu erhalten.

Satz 1. *Ist R_ε ein Regularisator des Typs (2), für den $\varrho(\varepsilon, \mu_i)$ die Bedingungen (3) befriedigt, dann gibt es keine positive Funktion $C(\varepsilon)$ mit $\lim_{\varepsilon\to 0} C(\varepsilon) = 0$, so daß für alle $x \in H$*

$$\|R_\varepsilon f - x\| \leqq C(\varepsilon) \cdot \|x\| \qquad (f = Kx) \tag{6}$$

gilt.

Beweis. Die Existenz einer Funktion $C(\varepsilon)$ mit den geforderten Eigenschaften bedeutet die Gültigkeit der Ungleichung

$$\sup_{x\in H} \frac{\|R_\varepsilon f - x\|}{\|x\|} = \|R_\varepsilon K - E\| = \sup_i \big(1 - \varrho(\varepsilon, \mu_i)\big) \leqq C(\varepsilon). \tag{7}$$

Aus der Bedingung (3.2) folgt aber für alle positiven ε die Grenzwerteigenschaft $\lim_{i\to\infty} \varrho(\varepsilon, \mu_i) = 0$, d. h., die Ungleichung (7) kann nicht gelten.

Auf Grund des obigen Satzes gibt es keine Konvergenzordnung des Regularisierungsfehlers bei exakter rechter Seite, die für alle Elemente des Hilbertraumes gültig ist.

3. Zusatzbedingungen an die Lösung

Ein Weg zur Erreichung günstiger Konvergenzgeschwindigkeiten des Fehlers $\|R_\varepsilon f - x\| \to 0$ kann deshalb nur in einer Einschränkung der Lösungsmenge durch zusätzliche Forderungen an die Lösung bestehen.

Definition 1. *Das Element x des Hilbertraumes H besitzt eine Quelldarstellung, wenn es einen in H vollstetigen Operator V und ein Element $y \in H$ gibt, so daß*

$$x = Vy \tag{8}$$

gilt.

Der folgende Satz 2 zeigt die Eignung von Quelldarstellungen der Lösung, um günstige Konvergenzordnungen des Fehlers $\|R_\varepsilon f - x\| \to 0$ herbeizuführen.

Satz 2. *Existiert zu jedem Punkt μ_i des Spektrums $S(K)$ eine reelle Zahl $v_i > 0$ und eine mit ε gegen Null strebende Funktion $C(\varepsilon) > 0$, so daß für alle $\varepsilon > 0$*

$$v_i\big(1 - \varrho(\varepsilon, \mu_i)\big) \leqq C(\varepsilon) \tag{9}$$

gilt, dann gilt auch die Abschätzung

$$\|R_\varepsilon f - x\| \leqq C(\varepsilon) \cdot \|y\| \qquad (y \in H), \tag{10}$$

wenn x die Quelldarstellung (8) *besitzt, wobei V ein mit K vertauschbarer Operator ist, für den das Spektrum $S(V)$ durch die Folge $\{v_i\}$ charakterisiert wird.*

Beweis. Mit $(x, u_i) = v_i(y, u_i)$ gilt

$$\|R_\varepsilon f - x\|^2 = \sum_{i=1}^{\infty} v_i^2\big(1 - \varrho(\varepsilon, \mu_i)\big)^2 (y, u_i)^2,$$

woraus wegen Ungleichung (9) die Abschätzung (10) folgt.

Im weiteren werden für konkrete Algorithmen, denen spezielle Funktionen ϱ entsprechen, solche Quelldarstellungen konstruiert, die günstige Abschätzungen des Fehlers erlauben.

Die physikalische Interpretation der Bedingungen an die Lösung bereitet vielfach Schwierigkeiten, ist jedoch bei einigen Aufgabenklassen möglich.

4. Die Regularisierungsmethode nach A. N. Tichonow

Bei der Behandlung von Integralgleichungen 1. Art und allgemein von Gleichungen des Typs

$$Bx = g \qquad (x \in H, g \in H_1)$$

mit vollstetigem Operator B in den Hilberträumen H und H_1 mittels der Methode der Regularisierung nach Tichonow [1] führt die Minimierung des Funktionals

$$F(x) = \|Bx - g\|^2 + \varepsilon\|x\|^2$$

bei Ersetzung von $K = B^*B$ und $f = B^*g$ auf die Eulergleichung

$$(K + \varepsilon \cdot E)\, x_\varepsilon = f \qquad (f \in H, \varepsilon > 0) \tag{11}$$

und den Regularisator $R_\varepsilon = (K + \varepsilon E)^{-1}$, der die Form (2) mit $\varrho(\varepsilon, \mu_i) = \dfrac{\mu_i}{\mu_i + \varepsilon}$ aufweist [2].

Besitzt für eine reelle Zahl r mit $0 < r \leqq 1$ die Lösung x eine Quelldarstellung

$$x = K^r y \qquad (y \in H), \tag{12}$$

so gilt (wie in [3] erwähnt wird)

$$\|R_\varepsilon f - x\| \leqq \varepsilon^r \cdot \|y\|, \tag{13}$$

denn wegen

$$\mu_i^r\big(1 - \varrho(\varepsilon, \mu_i)\big) = \frac{\varepsilon^r \cdot \mu_i^r}{(\mu_i + \varepsilon)^r} \cdot \frac{\varepsilon^{1-r}}{(\mu_i + \varepsilon)^{1-r}} \leqq \varepsilon^r \qquad (0 < r \leqq 1)$$

ist die Ungleichung (9) erfüllt, und es gilt Satz 2 mit $V = K^r$ und $C(\varepsilon) = \varepsilon^r$.

Mit wachsender Konvergenzordnung verschärft sich die Forderung an die Lösung. Eine überlineare Konvergenz in ε läßt sich auf diesem Wege jedoch nicht erreichen. Dies gelingt Dorofejew [4] mit dem Regularisator $R_\varepsilon^n = [R_\varepsilon] + \varepsilon \cdot [R_\varepsilon]^2 + \cdots + \varepsilon^{n-1} \cdot [R_\varepsilon]^n$, der auf eine Funktion $\varrho\,(\varepsilon, \mu_i) = 1 - \dfrac{\varepsilon^n}{(\varepsilon + \mu_i)^n}$ führt. Bei der Realisierung dieses Verfahrens werden n Eulergleichungen

$$(K + \varepsilon E) \cdot x_\varepsilon^j = x_\varepsilon^{j-1} \qquad (j = 1, \ldots, n)$$

mit $x_\varepsilon^0 = f$ gelöst. Für die Quelldarstellung $x = K^n y$ erhält man hier die Abschätzung

$$\|R_\varepsilon^n f - x\| \leqq \varepsilon^n\, \|y\|. \tag{14}$$

Im Fall der Auswertung indirekter Messungen, die auf Integralgleichungen 1. Art führt, ist die Interpretation von Quelldarstellungen der Art (12) problematisch, denn die Eigenschaften der zu rekonstruierenden Lösung hängen im allgemeinen nicht mit denen der Abbildungsvorschrift K auf die meßbare Größe zusammen.

5. Die Methode der abgebrochenen Fourierreihen

Eine andere Technik zur Lösung von Gleichung (1) besteht darin, die Näherungslösungen in einem endlichdimensionalen Unterraum von H zu suchen. Dabei eignet sich die Methode der abgebrochenen Fourierreihen, die sich mit

$$x_N = R_N f = \sum_{i=1}^{N} \frac{1}{\mu_i}\,(f, u_i)\, u_i \quad \left(N = \frac{1}{\varepsilon}\right) \quad \text{und} \quad \varrho(N, \mu_i) = \begin{cases} 1 & \text{für } i \leqq N, \\ 0 & \text{für } i > N, \end{cases}$$

in das betrachtete Schema einordnet. Auch hier läßt sich durch Zusatzbedingungen an die Lösung eine Konvergenzordnung des Fehlers nachweisen.

Satz 3. *Besitzt die Lösung x der Gleichung* (1) *eine Quelldarstellung*

$$x = Z^n y \qquad (y \in H), \tag{15}$$

wobei Z der mit K vertauschbare Operator ist, dessen Inverse die natürlichen Zahlen als Eigenwerte besitzt, d. h., gilt

$$(x, u_i) = i^{-n}(y, u_i) \qquad (i = 1, 2, \ldots), \tag{16}$$

so genügt der Fehler der Methode der abgebrochenen Fourierreihen der Ungleichung

$$\|R_N f - x\| \leqq N^{-n} \|y\| = \varepsilon^n \|y\|. \tag{17}$$

Beweis. Wegen $i^{-n}\big(1 - \varrho(N, \mu_i)\big) = 0 \leqq N^{-n}$ für $i \leqq N$ und $i^{-n}\big(1 - \varrho(N, \mu_i)\big) = i^{-n} \leqq N^{-n}$ für $i > N$ ist die Ungleichung (9) erfüllt. Es gilt somit der Satz 2 mit $V = Z^n$ und $C(\varepsilon) = \varepsilon^n$, womit die Behauptung bewiesen ist.

Der spezielle Vorteil einer hohen Konvergenzordnung bei diesem Verfahren besteht darin, daß bereits mit wenig Gliedern der Fourierreihe, d. h. geringem numerischen Aufwand, eine hinreichend gute Näherung erreicht wird.

6. Die Methode der Quasiinversion

Wir betrachten die Evolutionsgleichung

$$\frac{du(t)}{dt} + Au(t) = 0 \qquad (0 < t < T) \tag{18}$$

mit dem linearen positiv definiten symmetrischen Differentialoperator A, dessen Inverse vollstetig ist. Durch die Zahlenfolge $0 < \lambda_1 \leqq \lambda_2 \leqq \cdots \leqq \lambda_i \leqq \cdots \left(\lim\limits_{i\to\infty} \lambda_i = \infty\right)$ wird das Spektrum von A beschrieben, wobei $\{u_i\}$ dazu ein in H vollständiges Orthonormalsystem von Eigenelementen bildet.

Unter geeigneten Voraussetzungen über die quadratische Summierbarkeit bezüglich des Zeitintervalls an die Lösung $u(t) \in D(A) = \{h \in H \mid Ah \in H\}$ und deren zeitliche Ableitung erweist sich die direkte Aufgabe der Ermittlung von $u(T) = f \in H$ bei gegebenem Anfangswert $u(0) = x \in H$ als eindeutig lösbar. Der mittels $f = Kx$ definierte Operator K der direkten Aufgabe besitzt die Eigenschaften des Operators in Gleichung (1), wobei die Beziehungen $\mu_i = e^{-\lambda_i T}$ und $Ku_i = e^{-\lambda_i T} u_i$ gelten [6]. Die inverse Aufgabe, d. h., die Rekonstruktion von $u(0)$ aus $u(T)$ ist nichtkorrekt. Ein stabiler Algorithmus zur Lösung dieses Problems ist die Methode der Quasiinversion nach Lattès und Lions [5]. Die Näherungslösung $x_\varepsilon = u_\varepsilon(0)$ findet man dabei über das korrekte Ersatzproblem

$$\frac{du_\varepsilon(t)}{dt} + Au_\varepsilon(t) - \varepsilon \cdot A^2 u_\varepsilon(t) = 0 \qquad (0 < t < T), \tag{19.1}$$

$$u_\varepsilon(T) = f. \tag{19.2}$$

Der Operator der Quasiinversion ist ein vollstetiger Regularisator [6] mit

$$R_\varepsilon f = u_\varepsilon(0) = \sum_{i=1}^{\infty} e^{(-\varepsilon\lambda_i^2 + \lambda_i)T} (f, u_i)\, u_i \quad \text{und} \quad \varrho(\varepsilon, \mu_i) = \mu_i^{-\varepsilon \cdot \ln \mu_i \cdot T^{-1}} = e^{-\varepsilon\lambda_i^2 T}.$$

Für diese Methode gilt dementsprechend Satz 1. Eine für alle $x \in H$ einheitliche Abschätzung der Art (6) existiert nicht.

Auch für den Defekt läßt sich aus der Beziehung $\|KR_\varepsilon - E\| = 1$ analog zum Beweis von Satz 1 zeigen, daß eine Ungleichung $\|KR_\varepsilon f_\delta - f_\delta\| \leqq C(\varepsilon)\, \|f_\delta\|$ mit $\lim\limits_{\varepsilon \to 0} C(\varepsilon) = 0$ nicht gleichmäßig für beliebige rechte Seiten $f_\delta \in H$ gelten kann. In der Originalarbeit von Lattès und Lions [5] wird zwar eine solche gleichmäßige Abschätzung mit $C(\varepsilon) = 1 - e^{-\varepsilon\lambda_1^2 T}$ angegeben, diese beruht jedoch auf einem Relationszeichenfehler und ist daher nicht gültig.

Auch bei der Quasiinversion führt die Anwendung von Satz 2 zum Erfolg.

Satz 4. *Genügt die Lösung $x = u(0)$ des inversen Problems zur Differentialgleichung* (18) *der Beziehung*

$$y = A^{2r} x \in H \tag{20}$$

für eine reelle Zahl r mit $0 < r \leqq 1$, so gilt die Fehlerabschätzung

$$\|R_\varepsilon f - x\| \leqq \|y\| \cdot T^r \cdot \varepsilon^r. \tag{21}$$

Beweis. Die Behauptung folgt aus Satz 2 mit $V = A^{-2r}$ und $C(\varepsilon) = \varepsilon^r \cdot T^r$ mit Hilfe der Ungleichung

$$1 - e^{-a} < a^r \qquad (0 < r \leqq 1, a > 0).$$

Es gilt nämlich

$$v_i\big(1 - \varrho(\varepsilon, \mu_i)\big) = \frac{1}{\lambda_i^{2r}} (1 - e^{-\varepsilon\lambda_i^2 T}) \leqq \left(\frac{\varepsilon}{\lambda_i^2}\right)^r \cdot T^r \cdot \lambda_i^{2r} = \varepsilon^r T^r$$

und somit die Ungleichung (9). Damit ist der Satz bewiesen.

7. Iterationsverfahren

Für $\|K\| < 1$ lassen sich auch Iterationsverfahren der Art

$$x_n = (E - K)\, x_{n-1} + f \qquad (x_0 = 0),$$

die nach N Schritten abgebrochen werden, in unser Regularisierungsschema einordnen. Man erhält einen Regularisator [3] mit

$$x_N = R_N f = \sum_{i=1}^{\infty} \frac{1 - (1 - \mu_i)^N}{\mu_i} (f, u_i)\, u_i \ \left(N = \frac{1}{\varepsilon}\right) \quad \text{und} \quad \varrho(N, \mu_i) = 1 - (1 - \mu_i)^N.$$

ANTOCHIN zeigt mittels Benutzung der Ungleichung

$$(1 - r)^N \leqq \left(\frac{n}{N}\right)^n \cdot r^{-n} \qquad (0 < r < 1),$$

daß die Quelldarstellung $x = K^n y$ eine Abschätzung $\|R_N f - x\| \leqq n^n \|y\| \cdot \varepsilon^n$ gestattet.

Bei der Lösung inverser Differentialgleichungsprobleme kommen neben der Quasiinversion auch Iterationsverfahren in Betracht. Dann läßt sich die obige Quelldarstellung einfach physikalisch interpretieren. Der durch $u(t)$ charakterisierte Vorgang (z. B. Temperaturverlauf) muß dabei bereits über einen Zeitraum der Länge nT entsprechend der Gleichung (18) abgelaufen sein, wobei der Anfangszustand $u(-nT)$ selbst zum Hilbertraum H gehört. Es zeigt sich, daß durch geeignete Zusatzbedingungen an die Lösung bei sehr unterschiedlichen Regularisierungsverfahren eine Verbesserung der Konvergenzgeschwindigkeit erreicht wird. Die Frage nach dem physikalischen Sinn dieser Bedingungen muß für die verschiedenen Typen nichtkorrekter Aufgaben jedoch stets speziell untersucht werden.

Für die wertvollen Anregungen und Hinweise bei der Entstehung der Arbeit dankt der Verfasser recht herzlich Herrn Prof. Dr. V. FRIEDRICH.

Literatur

[1] Тихонов, А. Н., О решении некорректно поставленных задач и методе регуляризации, Докл. АН СССР **151** (1963), 501–504.

[2] Антохин, Ю. Т., Некорректные задачи в гильбертовом пространстве и устойчивые методы их решения, Дифференц. уравнения **3** (1967), 1135–1156.

[3] Бакушинский, А. Б., Один общий прием построения регуляризирующих алгоритмов для линейного некорректного уравнения в гильбертовом пространстве, Ж. вычисл. матем. и матем. физ. **7** (1967), 672–677.

[4] Дорофеев, И. Ф., О погрешности некоторых регуляризующих алгоритмов, Ж. вычисл. матем. и матем. физ. **16** (1976), 232–237.

[5] LATTÈS, R., et J.-L. LIONS, Méthode de quasi-réversibilité et applications, Dunod, Paris 1967.

[6] HOFMANN, B., Untersuchungen zum Vergleich von Regularisierungsverfahren und zu Strategien bei der Wahl des Regularisierungsparameters, Diplomarbeit, TH Karl-Marx-Stadt 1976

Manuskripteingang: 15. 1. 1977

VERFASSER:

Dipl.-Math. BERND HOFMANN, Sektion Mathematik der Technischen Hochschule Karl-Marx-Stadt

Beiträge zur Numerischen Mathematik
7 (1979), 83–96

Das Tschebyscheffsche Iterationsverfahren für lineare Volterrasche Integralgleichungen zweiter Art

GÜNTER PORATH und ECKHARD TABBERT

1. Einleitung

Die lineare Volterrasche Integralgleichung zweiter Art

$$y(x) = g(x) + \int_{-1}^{x} k(x, u)\, y(u)\, du, \qquad x \in [-1, +1], \tag{1.1}$$

mit stetigem Kern $k(x, u)$ und stetiger rechter Seite $g(x)$ besitzt eine eindeutig bestimmte stetige Lösung $y(x)$. Die Funktionenfolge $\big(y_n(x)\big)$ des Iterationsverfahrens

$$y_{n+1}(x) = g(x) + \int_{-1}^{x} k(x, u)\, y_n(u)\, du$$

mit stetigem Startelement $y_0(x)$ konvergiert gleichmäßig gegen die Lösung $y(x)$. In der vorliegenden Arbeit wird ein Iterationsverfahren mit einem Näherungskern $h(x, u)$ und abgeänderter rechter Seite $g_0(x)$ aufgestellt. Der Näherungskern $h(x, u)$ und die Näherungsfunktion $g_0(x)$ besitzen die Form

$$h(x, u) = \sum_{s=0}^{N} \sum_{r=0}^{N} a_{sr} T_s(x)\, T_r(u),$$

$$g_0(x) = \frac{1}{2} d_0 + \sum_{i=1}^{m} d_i T_i(x).$$

Die Näherungsfunktionen enthalten die Tschebyscheffschen Polynome $T_0(x), T_1(x), \ldots$ Die Näherungsgleichung zu (1) ist dann

$$f(x) = g_0(x) + \int_{-1}^{x} h(x, u)\, f(u)\, du, \tag{1.2}$$

und das abgeänderte Iterationsverfahren besitzt die Form

$$f_{n+1}(x) = g_0(x) + \int_{-1}^{x} h(x, u)\, f_n(u)\, du.$$

Das Startelement $f_0(x)$ ist ein T-Polynom

$$f_0(x) = \frac{1}{2} c_0 + \sum_{i=1}^{q} c_i T_i(x).$$

Die Funktionen $f_n(x)$ sind dann T-Polynome der Form

$$f_n(x) = \frac{1}{2} c_{n0} + \sum_{i=1}^{k(n)} c_{ni} T_i(x).$$

Aus dem Koeffizientensystem

$$\mathfrak{S}(f_n) = (c_{n0}, c_{n1}, \ldots, c_{n,k(n)}, 0, \ldots)$$

der Funktion $f_n(x)$ läßt sich das Koeffizientensystem

$$\mathfrak{S}(f_{n+1}) = (c_{n+1,0}, c_{n+1,1}, \ldots, c_{n+1,k(n+1)}, 0, \ldots)$$

der Funktion $f_{n+1}(x)$ nach bestimmten numerischen Algorithmen berechnen. Die Folge $(f_n(x))$ konvergiert gleichmäßig gegen die Lösung $f(x)$ von (2). Das Iterationsverfahren wird unter Verwendung eines Abbruchkriteriums beendet, und die Funktion $f_n(x)$ ist dann eine Näherungslösung für die Lösung $y(x)$. Die rechentechnische Realisierung des T-Iterationsverfahrens verwendet die Algorithmen für die Koeffizientensysteme. Die Funktionswerte der T-Polynome lassen sich unmittelbar nach einem Rekursionsverfahren von Clenshaw berechnen.

Für Näherungskerne $g(x, u)$ der Form

$$g(x, u) = \sum_{\nu=0}^{m} \sum_{\mu=0}^{m} b_{\nu\mu} x^\nu u^\mu$$

läßt sich ebenfalls ein T-Iterationsverfahren aufstellen. Eine lineare Volterrasche Integralgleichung zweiter Art für Funktionen auf dem Intervall $[a, b]$ kann durch eine lineare Substitution in den Typ (1) übergeführt werden.

Eine T-Iterationsmethode für lineare Fredholmsche Integralgleichungen zweiter Art hat Sag [11] entwickelt. Die T-Reihenmethoden für lineare Fredholmsche Integralgleichungen zweiter Art und verwandte Gleichungen von Elliott [2] und El-Gendi [1] führen auf lineare Gleichungssysteme.

In der Arbeit werden die folgenden Bezeichnungen verwendet:

- C Banach-Raum der stetigen reellen Funktionen auf dem Intervall $[-1, +1]$ mit der Norm $\|f\| = \max_{x\in[-1,+1]} |f(x)|$,
- $(C \to C)$ Banach-Raum der beschränkten linearen Operatoren in C,
- C_D Raum der stetigen reellen Funktionen von zwei Veränderlichen mit dem Definitionsbereich $D = \{(x, u)\colon -1 \leqq x \leqq 1, -1 \leqq u \leqq x\}$
- C_Q Raum der stetigen reellen Funktionen von zwei Veränderlichen mit dem Definitionsbereich $Q = \{(x, u)\colon -1 \leqq x \leqq 1, -1 \leqq u \leqq 1\}$

Für Integralgleichungen, Iterationsverfahren usw. wird die Operatorenschreibweise (vgl. [6] bzw. [8]) benutzt.

2. Fourierkoeffizienten bezüglich des Systems der T-Polynome

Die Grundeigenschaften der Tschebyscheffschen Polynome $T_0(x), T_1(x), \ldots$ werden in der Theorie der orthogonalen Polynome [7, 12] und in der numerischen Analysis [3, 4] behandelt. Die Definitionsgleichung

$$T_n(x) = \cos n\varphi, \qquad x = \cos\varphi, \quad n \in \mathbf{N},$$

liefert die Formeln

$$2xT_n(x) = T_{n+1}(x) + T_{|n-1|}(x), \qquad n \in \mathbf{N}, \tag{2.1}$$

$$2T_n(x)\, T_m(x) = T_{n+m}(x) + T_{|n-m|}(x), \qquad n, m \in \mathbf{N}, \tag{2.2}$$

$$x^{2m} = 2^{-2m}\left[\binom{2m}{m} + 2\sum_{i=1}^{m}\binom{2m}{m-i} T_{2i}(x)\right], \qquad m \in \mathbf{N}^*, \tag{2.3}$$

$$x^{2m+1} = 2^{-2m}\left[\sum_{i=0}^{m}\binom{2m+1}{m-i} T_{2i+1}(x)\right], \qquad m \in \mathbf{N}, \tag{2.4}$$

$$T_n(1) = 1, \qquad n \in \mathbf{N},$$

$$T_n(-1) = (-1)^n, \qquad n \in \mathbf{N}^*.$$

Für jede Funktion $f \in C$ besteht die T-Reihenentwicklung

$$f(x) = \frac{1}{2}\, c_0(f) + \sum_{n=1}^{\infty} c_n(f)\, T_n(x) \tag{2.5}$$

(Konvergenz im Mittel mit der Gewichtsfunktion $(1 - x^2)^{-\frac{1}{2}}$) mit den Fourierkoeffizienten

$$c_n(f) = \frac{2}{\pi}\int_{-1}^{+1} f(x)\, T_n(x)(1 - x^2)^{-\frac{1}{2}}\, dx = \frac{2}{\pi}\int_{0}^{\pi} f(\cos\varphi)\cos n\varphi\, d\varphi, \quad n \in \mathbf{N}. \tag{2.6}$$

Durch die Substitution $x = \cos\varphi$ entsteht aus der T-Reihe (5) die cos-Reihe

$$f(\cos\varphi) = \frac{1}{2}\, c_0(f) + \sum_{n=1}^{\infty} c_n(f)\cos n\varphi.$$

Ist die Funktion f stetig differenzierbar auf $[-1, +1]$, dann konvergiert die T-Reihe (5) absolut und gleichmäßig auf $[-1, +1]$ gegen f. Dies ist eine unmittelbare Folge aus den Konvergenzeigenschaften der cos-Reihen für glatte Funktionen.

Für das System der Fourierkoeffizienten für die Funktion $f \in C$ wird die Bezeichnung

$$\mathfrak{S}(f) = (c_0, c_1, \ldots)$$

verwendet. Ist $p(x)$ ein Polynom vom Grade N, dann ist

$$c_n(p) = 0 \quad \text{für } n > N.$$

Die Fourierkoeffizienten $c_n(f)$, $n \in \mathbf{N}$, sind beschränkte lineare Funktionale auf dem Raum C. Für den Operator $A \in (C \to C)$ ist dann

$$c_n(Af) = \frac{2}{\pi}\int_{-1}^{+1} (Af)(x)\, T_n(x)\,(1 - x^2)^{-\frac{1}{2}}\, dx \tag{2.7}$$

für $f \in C$ und $n \in \mathbf{N}$. Für die folgenden Operatoren werden diese Funktionale aufgestellt:

1. Multiplikationsoperator mit der Funktion x:

$$(Mf)(x) = xf(x). \tag{2.8}$$

2. Integrationsoperator:

$$(Vf)(x) = \int_{-1}^{x} f(t)\,dt. \tag{2.9}$$

3. Multiplikationsoperator mit dem Polynom $T_r(x)$:

$$(L_r f)(x) = T_r(x)\,f(x). \tag{2.10}$$

Die Formel (1) liefert die Identität

$$c_n(Mf) = \frac{1}{2}\left[c_{n+1}(f) + c_{|n-1|}(f)\right], \qquad n \in \mathbf{N}. \tag{2.11}$$

Die Beziehungen (2), (3) und (4) liefern die Formeln

$$c_n(M^{2m}f) = 2^{-2m}\left\{\binom{2m}{m} c_n(f) + \sum_{i=1}^{m} \binom{2m}{m-i}\left[c_{n+2i}(f) + c_{|n-2i|}(f)\right]\right\}$$

für $n \in \mathbf{N}$, $m \in \mathbf{N}^*$,

$$c_n(M^{2m+1}f) = 2^{-2m-1} \sum_{i=1}^{m} \binom{2m+1}{m-i}\left[c_{n+2i+1}(f) + c_{|n-2i+1|}(f)\right]$$

für $n, m \in \mathbf{N}$.

Die Berechnung der Fourierkoeffizienten für die Funktion Vf benötigt die Dirichletsche Umkehrformel für Integrale. Es ist für $n \in \mathbf{N}^*$

$$c_n(Vf) = \frac{2}{\pi}\int_0^{\pi}\left(\int_{-1}^{\cos\varphi} f(t)\,dt\right)\cos n\varphi\,d\varphi = \frac{2}{\pi}\int_0^{\pi}\left(\int_{\varphi}^{\pi} f(\cos\alpha)\sin\alpha\,d\alpha\right)\cos n\varphi\,d\varphi$$

$$= \frac{2}{\pi}\int_0^{\pi}\left(\int_0^{\alpha} f(\cos\alpha)\sin\alpha\cos n\varphi\,d\varphi\right)d\alpha = \frac{2}{\pi n}\int_0^{\pi} f(\cos\alpha)\sin\alpha\sin n\alpha\,d\alpha$$

$$= \frac{1}{\pi n}\int_0^{\pi} f(\cos\alpha)\left[\cos(n-1)\alpha - \cos(n+1)\alpha\right]d\alpha,$$

und es ergibt sich die Formel

$$c_n(Vf) = \frac{1}{2n}\left[c_{n-1}(f) - c_{n+1}(f)\right], \qquad n \in \mathbf{N}^*. \tag{2.12}$$

Die Funktion $g = Vf$ ist auf $[-1, +1]$ stetig differenzierbar, und es besteht daher die gleichmäßig konvergente T-Reihenentwicklung

$$g(x) = \frac{1}{2} c_0(Vf) + \sum_{n=1}^{\infty} c_n(Vf)\, T_n(x).$$

Für $x = -1$ ist dann

$$0 = \frac{1}{2} c_0(Vf) + \sum_{n=1}^{\infty} (-1)^n\, c_n(Vf),$$

und hieraus folgt

$$\frac{1}{2} c_0(Vf) = \sum_{n=1}^{\infty} (-1)^{n-1}\, c_n(Vf). \tag{2.13}$$

Für den Multiplikationsoperator L_r ist wegen (2)

$$c_n(L_r f) = \frac{1}{2} [c_{r+n}(f) + c_{|r-n|}(f)] \tag{2.14}$$

für $r, n \in \mathbf{N}$.

Unter Verwendung der aufgestellten Formeln lassen sich für jedes $f \in C$ aus dem Koeffizientensystem $\mathfrak{S}(f)$ die Koeffizientensysteme $\mathfrak{S}(Mf)$, $\mathfrak{S}(Vf)$ und $\mathfrak{S}(L_r f)$ berechnen. Für ein Polynom $p(x)$ vom Grade N können unmittelbar die Polynome Mp, Vp und $L_r p$ aufgestellt werden. Es gelten die Formeln

$$p(x) = \frac{1}{2} c_0(p) + \sum_{n=1}^{N} c_n(p)\, T_n(x),$$

$$(Mp)(x) = \frac{1}{2} c_0(Mp) + \sum_{n=1}^{N+1} c_n(Mp)\, T_n(x),$$

$$(Vp)(x) = \frac{1}{2} c_0(Vp) + \sum_{n=1}^{N+1} c_n(Vp)\, T_n(x),$$

$$(L_r p)(x) = \frac{1}{2} c_0(L_r p) + \sum_{n=1}^{N+r} c_n(L_r p)\, T_n(x).$$

Für die Berechnung der Funktionswerte von T-Polynomen hat C. W. CLENSHAW (vgl. [4]) ein leistungsfähiges Verfahren angegeben. Es sei

$$q(x) = \sum_{i=0}^{n} a_i T_i(x).$$

Unter Verwendung der Anfangswerte $b_{n+1} = b_{n+2} = 0$ werden nach der Rekursionsformel

$$b_r - 2x b_{r+1} - b_{r+2} = a_r$$

$(r = n, n-1, \ldots, 0)$ die Werte $b_n, b_{n-1}, \ldots, b_0$ berechnet. Dann ist

$$q(x) = b_0 - x b_1.$$

Die bekannte Abschätzung

$$|T_n(x)| \leqq 1 \quad \text{für} \quad x \in [-1, +1]$$

liefert die Ungleichung

$$|q(x)| \leqq \sum_{i=0}^{n} |a_i| \quad \text{für} \quad x \in [-1, +1].$$

3. Approximationen durch das System der *T*-Polynome

Das T-Iterationsverfahren benötigt Approximationen für Funktionen aus C und C_Q durch T-Polynome. Es werden dazu spezielle Interpolationspolynome verwendet (vgl. dazu [3] und [5]). Das System der Stützstellen $\{x_0, x_1, \ldots, x_N\}$ im Intervall $[-1, +1]$ wird definiert durch

$$x_k = \cos k \frac{\pi}{N}, \qquad k = 0, \ldots, N. \tag{3.1}$$

Weiter sei

$$\lambda_\nu = \begin{cases} \dfrac{1}{2} & \text{für} \quad \nu = 0, N, \\ 1 & \text{für} \quad \nu = 1, 2, \ldots, N-1. \end{cases}$$

Das Interpolationspolynom $p_N(x)$ für die Funktion $f \in C$ besitzt dann die Form

$$p_N(x) = \sum_{\nu=0}^{N} \lambda_\nu c_\nu T_\nu(x) \tag{3.2}$$

mit den Koeffizienten

$$\begin{aligned} c_\nu &= \frac{2}{N} \sum_{k=0}^{N} \lambda_k f(x_k)\, T_\nu(x_k) \\ &= \frac{2}{N} \sum_{k=0}^{N} \lambda_k f\left(\cos k \frac{\pi}{N}\right) \cos \nu k \frac{\pi}{N}, \qquad \nu = 0, 1, \ldots, N. \end{aligned} \tag{3.3}$$

Für den Koeffizienten c_N entsteht die Formel

$$c_N = \frac{2}{N} \sum_{k=0}^{N} \lambda_k (-1)^k f\left(\cos k \frac{\pi}{N}\right).$$

Die praktische Beurteilung der Approximation erfolgt über die Größe

$$\varepsilon_{1N} = |c_N| + |c_{N-1}|. \tag{3.4}$$

Für die zweidimensionale Interpolation einer Kernfunktion $k(x, u)$ aus C_Q werden im Intervall $[-1, +1] \times [-1, +1]$ die Stützstellen

$$(x_k, u_j) = \left(\cos k \frac{\pi}{N}, \cos j \frac{\pi}{N}\right),$$

$k, j = 0, 1, \ldots, N$, verwendet. Das Interpolationspolynom $h_N(x, u)$ für den Kern $k(x, u)$ mit den Interpolationsbedingungen

$$h_N(x_k, u_j) = k(x_k, u_j), \qquad k, j = 0, 1, \ldots, N, \tag{3.5}$$

besitzt dann die Form

$$h_N(x, u) = \sum_{s=0}^{N} \sum_{r=0}^{N} \lambda_s \lambda_r c_{sr} T_s(x)\, T_r(u). \tag{3.6}$$

Die Koeffizienten c_{sr} lassen sich aus der Formel

$$\begin{aligned} c_{sr} &= \left(\frac{2}{N}\right)^2 \sum_{k=0}^{N} \sum_{j=0}^{N} \lambda_k \lambda_j k(x_k, u_j)\, T_s(x_k)\, T_r(u_j) \\ &= \left(\frac{2}{N}\right)^2 \sum_{k=0}^{N} \sum_{j=0}^{N} \lambda_k \lambda_j k(x_k, u_j) \cos\left(sk \frac{\pi}{N}\right) \cos\left(rj \frac{\pi}{N}\right), \end{aligned} \tag{3.7}$$

$s, r = 0, 1, \ldots, N$, bestimmen. Die Interpolationsbedingung (5) folgt aus den Interpolationseigenschaften der eindimensionalen Interpolation mit den Stützstellen (1). Die praktische Beurteilung der Approximationsgenauigkeit erfolgt jetzt über die Größe

$$\varepsilon_{2N} = \max\left\{\frac{1}{2} \sum_{s=0}^{N-1} \lambda_s |c_{sN}|, \frac{1}{2} \sum_{r=0}^{N} \lambda_r |c_{Nr}|\right\}. \tag{3.8}$$

Die Fehlergrößen ε_{1N} und ε_{2N} werden zur Konstruktion einer automatischen Approximation verwendet: Es sei $\varepsilon > 0$ eine vorgegebene Toleranz und $\overline{N}$ eine obere Schranke für die Summationsgrenze der Interpolationspolynome. Gilt

$$\varepsilon_{iN} \leqq \varepsilon, \qquad i = 1, 2, \tag{3.9}$$

für ein $N \leqq \overline{N}$, dann wird das Interpolationspolynom $p_N(x)$ bzw. $h_N(x, u)$ als Approximation verwendet. Wird die Bedingung (9) nicht erfüllt, dann wird $p_{\overline{N}}(x)$ bzw. $h_{\overline{N}}(x, u)$ als Approximationspolynom gewählt.

4. Das T-Iterationsverfahren

Die Grundeigenschaften der Volterraschen Integraloperatoren sind in der Arbeit [8] zusammengestellt. Der Volterrasche Integraloperator A besitze den Kern $a(x, u)$ aus dem Raum C_D, und es gelte

$$|a(x, u)| \leqq \alpha \quad \text{für} \quad (x, u) \in D.$$

Für den inversen Operator $(I - A)^{-1}$ bestehen dann die Ungleichungen

$$\|(I - A)^{-1}\| \leqq \exp 2\alpha, \tag{4.1}$$

$$\|(I - A)^{-1} A\| \leqq \exp 2\alpha - 1. \tag{4.2}$$

Es gilt der folgende Konvergenzsatz für das Iterationsverfahren.

Satz 1. *Die Volterrasche Integralgleichung*

$$y = g + Ay \tag{4.3}$$

besitze die Näherungslösung $y_0 \in C$. *Die Folge* (y_n) *des Iterationsverfahrens*

$$y_{n+1} = g + Ay_n, \qquad n \in \mathbf{N},$$

konvergiert im Raum C gegen die eindeutig bestimmte Lösung

$$y = (I - A)^{-1} g.$$

Es sei d_n *der Defekt der n-ten Näherungsfunktion* y_n *mit der Definitionsgleichung*

$$d_n = (g + Ay_n) - y_n = y_{n+1} - y_n.$$

Dann bestehen die Abschätzungen

$$\|y - y_n\| \leqq \exp 2\alpha \, \|d_n\|, \tag{4.4}$$

$$\|y - y_{n+1}\| \leqq [\exp 2\alpha - 1] \, \|d_n\|. \tag{4.5}$$

Beweis. Die Näherungsfunktion y_n besitzt die Darstellung

$$y_n = A^n y_0 + \left(I + \sum_{\nu=1}^{n-1} A^\nu\right) g.$$

Die bekannten Beziehungen

$$(I - A)^{-1} = I + \sum_{n=1}^{\infty} A^n, \qquad \lim_{n\to\infty} A^n = 0$$

liefern die Gleichung

$$\lim_{n\to\infty} y_n = (I - A)^{-1} g = y.$$

Aus der Gleichung

$$y - y_n = (g + Ay) + d_n - (g + Ay_n) = d_n + A(y - y_n)$$

folgt

$$y - y_n = (I - A)^{-1} d_n.$$

Weiterhin ist

$$y - y_{n+1} = y - y_n - d_n = [(I - A)^{-1} - I] \, d_n = (I - A)^{-1} A d_n.$$

Wegen (1) und (2) gelten die behaupteten Abschätzungen (4) und (5).

Der Kern $k(x, u)$ aus dem Raum C_Q besitze die Näherungsfunktionen

$$g(x, u) = \sum_{\nu=0}^{m} \sum_{\mu=0}^{m} b_{\nu\mu} x^\nu u^\mu, \tag{4.6}$$

$$h(x, u) = \sum_{s=0}^{N} \sum_{r=0}^{N} \lambda_s \lambda_r c_{sr} T_s(x) \, T_r(u). \tag{4.7}$$

Die Volterraschen Integraloperatoren

$$Gf = \int_{-1}^{x} \sum_{\nu=0}^{m} \sum_{\mu=0}^{m} b_{\nu\mu} x^{\nu} u^{\mu} f(u)\, du, \tag{4.8}$$

$$Hf = \int_{-1}^{x} \sum_{s=0}^{N} \sum_{r=0}^{N} \lambda_s \lambda_r c_{sr} T_s(x)\, T_r(u)\, f(u)\, du \tag{4.9}$$

sind dann Näherungsoperatoren für den Operator K. Die Operatoren G und H erhalten nach Definition der Operatoren M, V und L_r die Form

$$G = \sum_{\nu=0}^{m} \sum_{\mu=0}^{m} b_{\nu\mu} M^{\nu} V M^{\mu}, \tag{4.10}$$

$$H = \sum_{s=0}^{N} \sum_{r=0}^{N} \lambda_s \lambda_r c_{sr} L_s V L_r. \tag{4.11}$$

Die Näherungsoperatoren G und H liefern für die Volterrasche Integralgleichung (1.1)

$$y = g + Ky$$

zwei T-Iterationsverfahren. Es sei $f_0 \in C$ eine Näherungslösung für die Lösung y der Form

$$f_0(x) = \frac{1}{2} c_0 + \sum_{\nu=1}^{q} c_\nu T_\nu(x)$$

mit dem Koeffizientensystem

$$\mathfrak{S}(f_0) = (c_0, c_1, \ldots, c_q, 0, \ldots).$$

Derartige Näherungslösungen können über spezielle Anlaufverfahren aufgestellt werden (Abschnitt 6). Es sei $g_0 \in C$ eine Näherungsfunktion für g von der Form

$$g_0(x) = \frac{1}{2} d_0 + \sum_{\nu=1}^{m} d_\nu T_\nu(x) \tag{4.12}$$

mit dem Koeffizientensystem

$$\mathfrak{S}(g_0) = (d_0, d_1, \ldots, d_m, 0, \ldots).$$

Ist g ein Polynom, dann ist $g = g_0$, und die spezielle Darstellung (12) folgt unmittelbar aus Abschnitt 2.

Verfahren 1. *Für die Näherungsgleichung*

$$f = g_0 + Gf = g_0 + \sum_{\nu=0}^{m} \sum_{\mu=0}^{m} b_{\nu\mu} M^{\nu} V M^{\mu} f \tag{4.13}$$

wird das Iterationsverfahren

$$f_{n+1} = g_0 + Gf_n, \qquad n \in \mathbf{N}, \tag{4.14}$$

nach Satz 1 *durchgeführt. Die T-Polynomfolge* (f_n) *konvergiert gleichmäßig gegen die Lösung f von* (13). *Ist*

$$\mathfrak{S}(f_n) = (c_{n0}, c_{n1}, \ldots, c_{n,k(n)}, 0, \ldots),$$

dann läßt sich auf Grund der speziellen Form (8) *des Operators G nach den Rechenregeln aus Abschnitt* 2 *das Koeffizientensystem*

$$\mathfrak{S}(f_{n+1}) = (c_{n+1,0}, c_{n+1,1}, \ldots, c_{n+1,k(n+1)}, 0, \ldots)$$

für das T-Polynom f_{n+1} berechnen. Dabei bezeichnet $k(n)$ den Grad des T-Polynoms f_n. Für den Defekt $d_n = f_{n+1} - f_n$ besteht die Gleichung

$$d_n(x) = \sum_{\nu=0}^{k(n)} (c_{n+1,\nu} - c_{n\nu})\, T_\nu(x) + \sum_{\nu=k(n)+1}^{k(n+1)} c_{n+1,\nu} T_\nu(x),$$

und es ist

$$\|d_n\| \leqq \sum_{\nu=0}^{k(n)} |c_{n+1,\nu} - c_{n\nu}| + \sum_{\nu=k(n)+1}^{k(n)+1} |c_{n+1,\nu}|. \tag{4.15}$$

Die Majorante für $\|d_n\|$ auf der rechten Seite der Ungleichung (15) fällt zu groß aus. Für die praktische Beurteilung des Defektes berechnet man daher für ein äquidistantes Stützstellensystem $\{x_0, x_1, \ldots, x_\sigma\}$ aus dem Intervall $[-1, +1]$ die Funktionswerte $d_n(x_\nu)$, $\nu = 0, 1, \ldots, \sigma$, und bildet die Größe

$$\max_{\nu=0,\ldots,\sigma} |d_n(x_\nu)|. \tag{4.16}$$

Nach Vorgabe einer Schranke $\delta > 0$ für den Defekt und einer Schranke $\overline{N}$ für die Anzahl der Iterationen läßt sich ein Abbruchkriterium aufstellen. Das T-Polynom $f_n(x)$, $n \leqq \overline{N}$, mit der Eigenschaft

$$\max_{\nu=0,\ldots,\sigma} |d_n(x_\nu)| \leqq \delta$$

ist eine Näherungsfunktion für die Lösung y. Ist diese Bedingung für ein $n \leqq \overline{N}$ nicht erfüllt, dann wird $f_{\overline{N}}(x)$ als Näherung verwendet.

Verfahren 2. *Für die Näherungsgleichung*

$$f = g_0 + Hf \tag{4.17}$$

wird die Funktionenfolge (f_n) *mit der Definitionsgleichung*

$$f_{n+1} = g_0 + Hf_n, \qquad n \in \mathbf{N}, \tag{4.18}$$

gebildet. Die einzelnen Ausführungen zum Verfahren 1 *gelten ebenfalls für dieses Iterationsverfahren. Dabei tritt anstelle des Operators G der Operator H.*

Bei vielen praktischen Aufgaben hat der Kern der Integralgleichung schon die Form (6), und dann ist $K = G$.

5. Fehlerbetrachtungen

Das T-Iterationsverfahren (etwa Verfahren 2) liefert für die Volterrasche Integralgleichung (1.1) eine Näherungslösung f_n aus C in der Form eines T-Polynoms. Die entsprechende Defektfunktion $d(x)$ wird aus der Näherungsgleichung bestimmt. Es ist

$$d = (g_0 + Hf_n) - f_n = f_{n+1} - f_n.$$

Für die Fehlerfunktion $e(x) = y(x) - f_n(x)$ besteht wegen $y = e + f_n$ die Gleichung

$$\begin{aligned} e + f_n &= g + K(e + f_n) = g + Ke + Kf_n \\ &= (g - g_0) + (g_0 + Hf_n) + (K - H) f_n + Ke. \end{aligned}$$

Hieraus folgt die Beziehung

$$e = (g - g_0) + d + (K - H) f_n + Ke, \tag{5.1}$$

und daher ist

$$e = (I - K)^{-1} [(g - g_0) + d + (K - H) f_n]. \tag{5.2}$$

Für den Fehler $y(x) - f_{n+1}(x)$ erhält man

$$y - f_{n+1} = e - d,$$

und es ergibt sich

$$y - f_{n+1} = (I - K)^{-1} [(g - g_0) + (K - H) f_n] + (I - K)^{-1} Kd. \tag{5.3}$$

Unter der Voraussetzung

$$|k(x, u)| \leqq \beta \quad \text{für} \quad (x, u) \in D$$

gelten die Ungleichungen

$$\begin{aligned} &\|(I - K)^{-1}\| \leqq \exp 2\beta, \\ &\|(I - K)^{-1} K\| \leqq \exp 2\beta - 1. \end{aligned}$$

Aus den Formeln (2) und (3) folgen dann die Fehlerabschätzungen

$$\|y - f_n\| \leqq \exp 2\beta[\|g - g_0\| + \|d\| + \|K - H\| \cdot \|f_n\|], \tag{5.4}$$

$$\begin{aligned} \|y - f_{n+1}\| \leqq \exp 2\beta[\|g - g_0\| + \|K - H\| \cdot \|f_n\|] \\ + [\exp 2\beta - 1] \|d\|. \end{aligned} \tag{5.5}$$

Der Verfahrensfehler für das T-Iterationsverfahren wird also durch

den Approximationsfehler	$\|g - g_0\|$,
die Defektgröße	$\|d\|$
und den Approximationsfehler	$\|K - H\|$

bestimmt. Eine Näherung für die Defektgröße $\|d\|$ ist die Defektgröße (4.16). Es gilt die Abschätzung

$$\|K - H\| \leqq 2 \max_{(x,u) \in D} |k(x, u) - h(x, u)|. \tag{5.6}$$

Ist $\{x_0, x_1, \dots, x_\sigma\}$ ein System äquidistanter Stützstellen im Intervall $[-1, +1]$, dann ist die Größe

$$2 \max_{\substack{i,k=0,\dots,\sigma \\ k \leqq i}} |k(x_i, x_k) - h(x_i, x_k)|$$

eine Näherung für die rechte Seite der Ungleichung (6). Eine effektive Beurteilung des Fehlers entsteht, wenn die Integralgleichung (1) für die Fehlerfunktion $e(x)$,

$$e(x) = g(x) - g_0(x) + d(x) + \int_{-1}^{x} [k(x, u) - h(x, u)] f_n(u)\, du + \int_{-1}^{x} k(x, u)\, e(u)\, du,$$

numerisch nach der Quadraturformelmethode mit einem äquidistanten Stützstellensystem im Intervall $[-1, +1]$ ausgewertet wird. Dabei werden ein spezielles Anlaufverfahren und zusammengesetzte Quadraturformeln der Newton-Cotesschen Quadraturformeln mit 5 bzw. 6 Stützstellen verwendet (vgl. [10]).

6. Ein Anlaufverfahren

Das T-Iterationsverfahren benötigt als Startelement f_0 eine Näherungslösung der Volterraschen Integralgleichung (1.1) in der Form eines T-Polynoms. Eine derartige Näherungslösung läßt sich nach der Quadraturformelmethode aufstellen. Für die ungleichabständigen Stützstellen

$$\bar{x}_n = x_{N-n} = \cos\,(N - n)\frac{\pi}{N} = -\cos n\frac{\pi}{N},$$

$n = 0, 1, \ldots, N$, gilt

$$-1 = \bar{x}_0 < \bar{x}_1 < \cdots < \bar{x}_N = 1.$$

Die Teilintervalle $[\bar{x}_{n-1}, \bar{x}_n]$, $n = 1, \ldots, N$, besitzen die Schrittweiten

$$h_n = \bar{x}_n - \bar{x}_{n-1} = 2 \sin\left(\frac{2n-1}{2}\right)\frac{\pi}{N} \cdot \sin\frac{\pi}{2N}.$$

Für die Funktionswerte $y(\bar{x}_0)$, $y(\bar{x}_1)$, $\ldots$, $y(\bar{x}_N)$ erhält man aus der Integralgleichung (1.1) die Beziehungen

$$y(\bar{x}_0) = g(-1),$$

$$y(\bar{x}_n) = g(\bar{x}_n) + \int_{-1}^{\bar{x}_n} k(\bar{x}_n, u)\, y(u)\, du, \qquad n = 1, \ldots, N.$$

Durch die Anwendung der zusammengesetzten Trapezregel mit den Teilintervallen $[\bar{x}_{n-1}, \bar{x}_n]$, $n = 1, \ldots, N$, entsteht das folgende Gleichungssystem für die Näherungswerte $f_1, \ldots, f_N$ der Funktionswerte $y(\bar{x}_1), \ldots, y(\bar{x}_N)$:

$$f_n = g(\bar{x}_n) + \frac{1}{2} h_1 k(\bar{x}_n, \bar{x}_0)\, g(-1) + \sum_{i=1}^{n-1} \frac{1}{2}(h_i + h_{i+1})\, k(\bar{x}_n, \bar{x}_i)\, f_i + \frac{1}{2} h_n k(\bar{x}_n, \bar{x}_n)\, f_n,$$

$n = 1, \ldots, N$. Dieses Gleichungssystem besitzt unter der Bedingung

$$\beta \sin \frac{\pi}{2N} \leqq \frac{1}{2}$$

eine eindeutig bestimmte Lösung. Weiter sei $f_0 = g(-1)$ gesetzt. Das T-Polynom der Interpolationsaufgabe aus Abschnitt 3,

$$f_0(x) = \sum_{\nu=0}^{N} \lambda_\nu \bar{c}_\nu T_\nu(x),$$

mit den Koeffizienten

$$\bar{c}_\nu = \frac{2}{N} \sum_{k=0}^{N} \lambda_k f_{N-k} \cos \nu k \frac{\pi}{N}$$

wird dann als Startelement des T-Iterationsverfahrens verwendet.

7. Ergebnisse

Es wurde ein Applikationsprogrammsystem für das Anlaufverfahren, für die Approximation durch T-Polynome, für das T-Iterationsverfahren und für die skizzierte Fehlererfassungsmethode aufgestellt und auf den EDVA R 21 und ES 1020 des Bezirksdatenverarbeitungszentrum Schwerin realisiert (Programme in FORTRAN-DOS/ES-OS/ES).

Auf die Volterrasche Integralgleichung

$$f(x) = \frac{1}{2} + \int_{-1}^{x} (u - x) f(u)\, du$$

mit der Lösung $f(x) = \frac{1}{2} \cos (1 + x)$ kann unmittelbar das T-Iterationsverfahren mit dem Startelement $f_0(x) = \frac{1}{2}\, T_0(x)$ angewendet werden. Die Toleranz $\delta = 10^{-8}$ für den Defekt und die Schranke $\bar{N} = 12$ für die Höchstzahl der Iterationen liefern eine Näherungslösung mit der Genauigkeit 10^{-10}. Nach Anwendung der Fehlererfassungsmethode (201 Stützstellen) wird eine Genauigkeit von 10^{-12} erreicht. Die Quadraturformelmethode mit einer speziellen Anlaufrechnung (101 Stützstellen), vgl. dazu Methode 2 in [9], ergibt diskrete Näherungswerte mit der Genauigkeit 10^{-6}.

In einer weiteren Arbeit [10] wird die Leistungsfähigkeit des T-Iterationsverfahrens und der Quadraturformelmethode im Zusammenhang mit der Fehlererfassung für Näherungslösungen untersucht.

Literatur

[1] EL-GENDI, S. E., Chebyshev solution of differential, integral and integro-differential equations, Comput. J. **12** (1969/70), 282–287.

[2] ELLIOTT, D., A Chebyshev series method for the numerical solution of Fredholm integral equations, Comput. J. **6** (1963/64), 102–111.

[3] FOX, L., and I. B. PARKER, Chebyshev Polynomials in Numerical Analysis, Oxford University Press, London 1968.

[4] LANCE, G. N., Numerical Methods for High Speed Computers, Iliffe and Sons, London 1960.

[5] LUDWIG, R., Methoden der Fehler- und Ausgleichsrechnung, Friedr. Vieweg + Sohn Verlagsgesellschaft, Braunschweig/VEB Deutscher Verlag der Wissenschaften, Berlin 1969.

[6] MICHLIN, S. G., Vorlesungen über lineare Integralgleichungen, VEB Deutscher Verlag der Wissenschaften, Berlin 1962 (Übersetzung aus dem Russischen).

[7] OBRESCHKOFF, N., Verteilung und Berechnung der Nullstellen reeller Polynome, VEB Deutscher Verlag der Wissenschaften, Berlin 1963.

[8] PORATH, G., Störungsrechnung für lineare Volterrasche Integralgleichungen, Math. Nachr. **37** (1968), 83–93.

[9] PORATH, G., Das Ersatzoperatorenverfahren für lineare Volterrasche Integralgleichungen zweiter Art, Beitr. Numer. Math. **3** (1975), 115–130.

[10] PORATH, G., und E. TABBERT, Fehlererfassung für Näherungslösungen von linearen Volterraschen Integralgleichungen zweiter Art, Wiss. Z. PH Güstrow (1977).

[11] SAG, T. W., Chebyshev iteration methods for integral equations of the second kind, Math. Comp. **24** (1970), 341–355.

[12] TRICOMI, F. G., Vorlesungen über Orthogonalreihen, Springer-Verlag, Berlin–Göttingen–Heidelberg 1955.

Manuskripteingang: 9. 2. 1977

VERFASSER:

Prof. Dr. GÜNTER PORATH, Sektion Mathematik/Physik der Pädagogischen Hochschule Güstrow

Dipl.-Math. ECKHARD TABBERT, VEB Datenverarbeitungszentrum Schwerin

Beiträge zur Numerischen Mathematik
7 (1979), 97–111

Eine Klasse A-stabiler Mehrschrittverfahren für Anfangswertaufgaben gewöhnlicher Differentialgleichungen

KARL STREHMEL

Herrn Prof. Dr. sc. nat. ERICH SCHINCKE zum 60. Geburtstag am 23. Dezember 1977 gewidmet

1. Vorbemerkungen

Gegeben sei das Anfangswertproblem

$$y' = f(x, y), \tag{1.1}$$

$$y(a) = y_0, \qquad a \leqq x \leqq b \quad (|a|, |b| < \infty). \tag{1.2}$$

$f = (f_1, f_2, \ldots, f_n)$ und $y = (y_1, y_2, \ldots, y_n)$ seien vektorwertige Funktionen. f möge auf dem Streifen $S := \{(x, y) \mid a \leqq x \leqq b,\ y \in \mathbf{R}^n\}$[1]) stetig sein und für alle Paare $(x, y), (x, y^*) \in S$ einer Lipschitz-Bedingung

$$\|f(x, y) - f(x, y^*)\| \leqq K\,\|y - y^*\|$$

genügen, die bekanntlich die eindeutige Lösung der Anfangswertaufgabe (1.1), (1.2) auf $I := [a, b]$ impliziert.

Für die numerische Behandlung des Anfangswertproblems (1.1), (1.2) mittels k-Schrittverfahren wird in I ein Punktgitter

$$I_h := \{x_\nu \in I \mid x_\nu = a + \nu h,\ \nu = 0, 1, \ldots, N_h\}$$

mit der eindeutig bestimmten natürlichen Zahl N_h aus dem Intervall

$$\frac{b-a}{h} - 1 < N_h \leqq \frac{b-a}{h}$$

definiert und vorausgesetzt, daß an den k Gitterpunkten $x_l = a + lh$, $l = 0, 1, \ldots, k-1$, bereits Näherungsvektoren

$$\eta_h(x_0), \eta_h(x_1), \ldots, \eta_h(x_{k-1}) \tag{1.3}$$

für die Lösung $y(x_l)$ zur Verfügung stehen. Ferner wird mit der Schrittzahl k des Verfahrens für Schrittweiten h in $0 < h \leqq (b-a)/k$ die Teilmenge

$$I_h' := \{x_\nu \in I_h \mid x_\nu = a + \nu h,\ \nu = 0, 1, \ldots, N_h - k\}$$

von Gitterpunkten erklärt, so daß zu jedem Punkt $x_\nu \in I_h'$ auch noch die Gitterpunkte $x_\nu + h$, $x_\nu + 2h$, ..., $x_\nu + kh$ in I_h liegen. Zusätzlich wird vorausgesetzt, daß die partiellen Ableitungen

$$\frac{\partial f_i}{\partial y_i}, \qquad i = 1, 2, \ldots, n,$$

auf dem Streifen S existieren, dort stetig und beschränkt sind.

---

[1]) $\mathbf{R}^n$ bezeichnet den n-dimensionalen Vektorraum über dem Körper der reellen Zahlen.

Ziel der vorliegenden Arbeit ist, eine Klasse von k-Schrittverfahren der Konsistenzordnung $s \leqq k + 1$, $s \in \mathbf{N}$[1]), zu konstruieren, deren absolutes Stabilitätsgebiet identisch mit der linken komplexen Halbebene ist (A-Stabilität). Bei den klassischen linearen k-Schrittverfahren werden bekanntlich durch die Forderung der A-Stabilität bereits sehr viele Verfahren ausgeschlossen; denn G. DAHLQUIST [1] beweist: Explizite konvergente lineare Mehrschrittverfahren können nicht A-stabil sein und implizite nur, wenn ihre Konsistenzordnung $s \leqq 2$ ist. Die hier dargelegten k-Schrittverfahren werden einheitlich hergeleitet, so wie es bereits in den neuen Monographien [9, 14] für die klassischen linearen Mehrschrittverfahren durchgeführt worden ist. Auf Grund ihrer A-Stabilität eignet sich diese Klasse auch vorteilhaft zur numerischen Integration von „stiff"-Systemen. Gute Ergebnisse sind vor allem dann zu erwarten, wenn die Eigenwerte der Jacobi-Matrix des Systems (1.1) im wesentlichen durch ihre Diagonalelemente bestimmt sind. Die klassischen Standard-Mehrschrittverfahren nach ADAMS-BASHFORTH, ADAMS-MOULTON, NYSTRÖM sind dagegen für die Lösung von „stiff"-Systemen kaum geeignet.

Unsere Klasse von k-Schrittverfahren enthält als Spezialfall die Mehrschrittverfahren von E. F. SARKANY und W. LINIGER [7, 8] sowie von K. G. GUDERLEY und C. C. HSU [4]. Sie liefert für skalare Differentialgleichungen die exakte Lösung, wenn $f(x, y)$ die Gestalt

$$f(x, y) = ay + P(x)$$

hat, wobei a eine beliebige reelle Konstante und $P(x)$ ein Polynom von höchstens k-ten Grades in x ist. Bei den klassischen linearen Mehrschrittverfahren erhält man nur für

$$f(x, y) = P(x)$$

die exakte Lösung.

2. Herleitung der k-Schrittverfahren

In Analogie zu einem Einschrittverfahren (vgl. K. STREHMEL und V. HOFFMANN [10]) definieren wir ein k-Schrittverfahren folgendermaßen:

Definition. Gegeben sei für jede Schrittweite h mit $0 < h \leqq (b - a)/k$ eine Folge von „Anfangsvektoren" $\alpha_h(x_l)$, $l = 0, 1, \ldots, k - 1$, mit

$$\eta_h(x_l) = \alpha_h(x_l) \tag{2.1}$$

sowie eine Lipschitz-stetige Funktion $F(x, Y)$ der Veränderlichen $(x, Y) \in [x_p, x_{p+r}] \times \mathbf{R}^n$ mit $x_p \in I_h'$, $x_{p+r} \in I_h$, die den Beziehungen

$$F\big(x_l, \eta_h(x_l)\big) = f\big(x_l, \eta_h(x_l)\big), \qquad l = p, p + 1, \ldots, p + k - 1, \tag{2.2}$$

genüge. Gesucht ist eine analytische Lösung des Differentialgleichungssystems

$$\eta_h'(x) = F\big(x, \eta_h(x)\big), \tag{2.3}$$

---

1) $\mathbf{N}$ bezeichnet die Menge der natürlichen Zahlen.

die im Intervall $[x_{p+r-j}, x_{p+r}]$ mit $x_{p+r-j} \in I_h'$, $j \leqq r$, eine Näherung $\eta_h(x)$ für die Lösung $y(x)$ des Anfangswertproblems (1.1), (1.2) liefert.

Die Vektorfunktion $F(x, Y)$ setzen wir jetzt in der Form

$$F(x, Y) = A(x)\, Y + \tilde{s}(x, Y) \tag{2.4}$$

an, wobei $A(x)$ eine nur von x abhängige stetige n-reihige Diagonalmatrix ist. Diese Methode wird bekanntlich auch als Methode der exponentiellen Diagonalanpassung bezeichnet (vgl. G. MEISTER [6]).

Im folgenden entwickeln wir nun einen Formalismus, der es ermöglicht, die Konstruktion einer Klasse diagonal angepaßter Mehrschrittformen in leicht überschaubarer Weise darzustellen. Aus (2.3) erhält man mit (2.4) zunächst durch Integration

$$\eta_h(x) = \exp\left(\int\limits_{x_{p+r-j}}^{x} A(\xi)\, d\xi\right)\left[\eta_h(x_{p+r-j}) + \int\limits_{x_{p+r-j}}^{x} \tilde{s}\big(\tau, \eta_h(\tau)\big) \exp\left(-\int\limits_{x_{p+r-j}}^{\tau} A(\xi)\, d\xi\right) d\tau\right]. \tag{2.5}$$

Die Gleichung (2.5) stellt jedoch nur eine formale Lösung von

$$\eta_h'(x) = A(x)\, \eta_h(x) + \tilde{s}\big(x, \eta_h(x)\big)$$

dar, da der Lösungsvektor $\eta_h(x)$ noch im Integranden erscheint. Ausgehend von (2.5) kann man aber eine Klasse von k-Schrittverfahren herleiten, die auf der Formel

$$\eta_{p+r} = \exp \int\limits_{x_{p+r-j}}^{x_{p+r}} A(x)\, dx \left[\eta_{p+r-j} + \int\limits_{x_{p+r-j}}^{x_{p+r}} s_h(x) \exp\left(-\int\limits_{x_{p+r-j}}^{x} A(\xi)\, d\xi\right) dx\right] \tag{2.6}$$

basieren, in der nunmehr $s_h(x)$ eine Näherung für den Vektor $\tilde{s}\big(x, \eta_h(x)\big)$ in Formel (2.5) ist. Dabei haben wir anstelle von $\eta_h(x_{p+r})$ und $\eta_h(x_{p+r-j})$ abkürzend η_{p+r} und η_{p+r-j} geschrieben. Es erweist sich nun als zweckmäßig, in der Formel (2.6) die unabhängige Veränderliche x durch die Variable

$$t = \frac{1}{h}\,(x - x_{p+r-j}) \tag{2.7}$$

zu substituieren. Außerdem wird im Intervall $[x_{p+r-j}, x_{p+r}]$ die Diagonalmatrix $A(x)$ durch die Diagonalelemente der Jacobi-Matrix des Systems (1.1) an der Stelle x_{p+r-j} festgelegt, so daß in $[x_{p+r-j}, x_{p+r}]$

$$A(x) \equiv A_{p+r-j} = \left(\frac{\partial f_i\big(x_{p+r-j}, \eta_h(x_{p+r-j})\big)}{\partial y_i}\right), \qquad i = 1, 2, \ldots, n,$$

gilt. Damit ergibt sich aus (2.6)

$$\eta_{p+r} = \exp\,(hjA_{p+r-j})\left[\eta_{p+r-j} + h\int\limits_0^j s_h(t) \exp\,(-hjA_{p+r-j}t)\, dt\right]. \tag{2.8}$$

Der Vektor $s_h(x)$ im Integranden von (2.8) wird jetzt durch ein interpolierendes Vektorpolynom $P_q(x)$ mit

1. Grad $P_q(x) \leqq q$,
2. $P_q(x_i) = s_h(x_i) = f\big(x_i, \eta_h(x_i)\big) - A_{p+r-j}\eta_h(x_i)$ (2.9)
   für $i = p, p+1, \ldots, p+q$, $\quad x_i \in I_h$

ersetzt. Das Polynom $P_q(x)$ hat dann — in aufsteigenden Differenzen geschrieben — die folgende Form:

$$P_q(x) = P_q(x_{p+q} + \bar{t}h) = \sum_{m=0}^{q} \binom{\bar{t} + m - 1}{m} \nabla^m s_{p+q}. \tag{2.10}$$

Dabei ist

$$\bar{t} = \frac{1}{h}\,(x - x_{p+q}),$$

und die Differenzen sind durch

$$\nabla^0 s_{p+q} = s_h(x_{p+q}), \quad \nabla^l s_{p+q} = \nabla^{l-1} s_{p+q} - \nabla^{l-1} s_{p+q-1}, \qquad l = 1, 2, \ldots, q,$$

definiert. Gleichung (2.8) liefert mit (2.7) und (2.10) für den Näherungsvektor η_h an der Stelle x_{p+r} die Beziehung

$$\eta_{p+r} = \exp(hjA_{p+r-j}) \left[\eta_{p+r-j} + h \int_0^j \exp(-hA_{p+r-j}t) \right.$$
$$\left. \times \sum_{m=0}^{q} \binom{t + r - j - q + m - 1}{m} \nabla^m s_{p+q} dt \right]. \tag{2.11}$$

Zur Auswertung des Integrals in (2.11) wird $P_q(x)$ nach Potenzen von t geordnet:

$$P_q(t) = \sum_{m=0}^{q} b_m t^m. \tag{2.12}$$

Bemerkung. Zur Bestimmung der Koeffizienten b_m kann man sich des folgenden Algorithmus bedienen, dessen schematische Darstellung der Einfachheit hier für $q = 3$ angegeben wird. Man setze zunächst

$$b_{m,m+1} := \frac{\nabla^m s_{p+q}}{m!}, \qquad m = 0, 1, \ldots, q,$$

und baut das Schema in folgender Weise auf:

$$\begin{array}{llll}
\dfrac{\nabla^3 s_{p+q}}{3!} = b_{3,4} & \dfrac{\nabla^2 s_{p+q}}{2!} = b_{2,3} & \dfrac{\nabla s_{p+q}}{1!} = b_{1,2} & s_{p+q} = b_{0,1} \\
 & + & + & + \\
 & (r-j-1)\,b_{3,3} & (r-j-2)\,b_{2,2} & (r-j-3)\,b_{1,1} \\
\hline
b_{3,3} & b_{2,2} & b_{1,1} & \boxed{b_{0,0} = b_0} \\
 & + & + & \\
 & (r-j-2)\,b_{3,2} & (r-j-3)\,b_{2,1} & \\
\hline
b_{3,2} & b_{2,1} & \boxed{b_{1,0} = b_1} & \\
 & + & & \\
 & (r-j-3)\,b_{3,1} & & \\
\hline
b_{3,1} & \boxed{b_{2,0} = b_2} & & \\
\boxed{b_{3,0} = b_3} & & &
\end{array}$$

Die erste Zeile des Rechenschemas enthält die Koeffizienten $b_{m,m+1} = \frac{\nabla^m s_{p+q}}{m!}$, $m = q, q-1, \ldots, 0$. Der Höchstkoeffizient wird dann unverändert in die 3. Zeile übertragen und mit $b_{q,q}$ bezeichnet. Er wird mit $r - j - 1$ multipliziert, und das Produkt wird nach rechts oben in die 2. Zeile geschrieben. Durch Addition in der 2. Spalte erhält man $b_{q-1,q-1}$. Das Ergebnis wird jetzt mit $r - j - 2$ multipliziert, nach rechts verschoben und wieder in die 2. Zeile geschrieben. Die Addition der 3. Spalte liefert $b_{q-2,q-2}$. Dies wird nun so lange durchgeführt, bis man $b_{0,0} = b_0$ erhält. Analog werden dann die weiteren Koeffizienten $b_{m,0} = b_m$, $m = 1, 2, \ldots, q$, ermittelt (vgl. Rechenschema).

Mit (2.12) bekommt man aus (2.11) für $\eta_h(x_{p+r})$ die Darstellung

$$\eta_{p+r} = \exp(hjA_{p+r-j}) \left[\eta_{p+r-j} + h \int_0^j \exp(-hA_{p+r-j}t) \sum_{m=0}^{q} b_m t^m dt \right]. \tag{2.13}$$

Für $\det(A_{p+r-j}) \neq 0$ definiert man nun rekursiv

$$\begin{aligned} e_0(hjA_{p+r-j}) &= \exp(hjA_{p+r-j}), \\ e_1(hjA_{p+r-j}) &= \frac{1}{j} e_0(hjA_{p+r-j}) \int_0^j e_0(-hA_{p+r-j}t)\, dt \\ &= \frac{1}{hj} [e_0(hjA_{p+r-j}) - I] A_{p+r-j}^{-1}, \\ e_{m+1}(hjA_{p+r-j}) &= \frac{1}{j^{m+1}} e_0(hjA_{p+r-j}) \int_0^j e_0(-hA_{p+r-j}t)\, t^m dt; \qquad m = 1, 2, \ldots, q \\ &= \frac{1}{hj} [m e_m(hjA_{p+r-j}) - I] A_{p+r-j}^{-1}, \end{aligned} \tag{2.14}$$

wobei I die n-reihige Einheitsmatrix bezeichnet.

Falls $\det(A_{p+r-j}) = 0$ ist, liegt für $e_m(hjA_{p+r-j})$, $m = 1, 2, \ldots, q+1$, eine hebbare Singularität vor. In diesem Fall und zweckmäßigerweise auch bei Werten mit

$$\left| hj \frac{\partial f_i(x_{p+r-j}, \eta_{p+r-j})}{\partial y_i} \right| \ll 1, \qquad i = 1, 2, \ldots, n,$$

wird zunächst die Matrix $e_{q+1}(hjA_{p+r-j})$ mittels der aus (2.14) folgenden beständig konvergenten Potenzreihe

$$e_{q+1}(hjA_{p+r-j}) = q! \sum_{\mu=0}^{\infty} \frac{(jh)^\mu}{(q+1+\mu)!} A_{p+r-j}^{\mu}$$

definiert. Die Matrizen $e_m(hjA_{p+r-j})$ für $m = q, q-1, \ldots, 1$ bestimmt man dann aus der nach (2.14) folgenden Rekursionsformel

$$e_m(hjA_{p+r-j}) = \frac{1}{m} [hjA_{p+r-j} e_{m+1}(hjA_{p+r-j}) + I].$$

Mit den Funktionen $e_m(hjA_{p+r-j})$, $m = 0, 1, \ldots, q+1$, erhält man nach (2.13) eine Näherungslösung des Anfangswertproblems (1.1), (1.2) an der Stelle x_{p+r} in der Form

$$\eta_{p+r} = e_0(hjA_{p+r-j})\,\eta_{p+r-j} + h\sum_{m=0}^{q} e_{m+1}(hjA_{p+r-j})\,b_m j^{m+1}. \tag{2.15}$$

Dabei sind nach (2.10) und (2.12) die Koeffizienten b_m abhängig von den Funktionswerten s_i, $i = p, p+1, \ldots, p+q$. Im Fall $q = r$ tritt somit in der Gleichung (2.15) der Funktionswert η_{p+r} sowohl links als auch rechts vom Gleichheitszeichen auf. Formel (2.15) stellt damit bei gegebenen $\eta_p, \eta_{p+1}, \ldots, \eta_{p+q-1}$ ein im allgemeinen nichtlineares Gleichungssystem für η_{p+r} dar, das durch Iteration zu lösen ist. Diese Iteration hat die Form $\eta_{p+r}^{(l+1)} = \Psi(\eta_{p+r}^{(l)})$, $l = 0, 1, \ldots$ Auf Grund der Lipschitz-Stetigkeit von $f(x, y)$ ist für genügend kleines h die Abbildung $z \to \Psi(z)$ kontrahierend und besitzt daher einen Fixpunkt $\eta_{p+r}, \eta_{p+r} = \Psi(\eta_{p+r})$ (vgl. K. STREHMEL [11]). Da bei Vorliegen eines Näherungsvektors $\eta_{p+r}^{(0)}$ für η_{p+r} dieser durch die Iterationsvorschrift (2.15) korrigiert wird, bezeichnen wir im Fall $q = r$ die Formel (2.15) als Korrektor mit exponentieller Diagonalanpassung. Gilt dagegen $0 \leqq q < r$, so kann η_{p+r} aus (2.15) direkt berechnet werden. Wir sprechen dann von einem Prediktor mit exponentieller Diagonalanpassung.

3. Beispiele von *k*-Schrittverfahren mit Diagonalanpassung

Je nach Wahl von j und q bekommt man aus (2.15) verschiedene Mehrschrittverfahren mit Diagonalanpassung. Im folgenden sollen einige spezielle Verfahren angegeben werden. Zu diesem Zweck schreiben wir zunächst (2.15) in der Form

$$\eta_{p+r} = e_0(hjA_{p+r-j})\,\eta_{p+r-j} + h\sum_{m=0}^{q} c_m{}^q s_{p+q-m}. \tag{3.1}$$

Die $c_m{}^q$ sind dabei Linearkombinationen von $e_\nu(hjA_{p+r-j})$ mit $\nu = 1, 2, \ldots, q+1$. Im weiteren setzen wir abkürzend $e_\nu(hjA_{p+r-j}) = e_\nu$ und betrachten die Fälle:

I. $j = 1$, $q = r - 1$. Damit erhält man aus (3.1)

$$\eta_{p+r} = e_0(hA_{p+r-1})\,\eta_{p+r-1} + h[c_0{}^{r-1}s_{p+r-1} + c_1{}^{r-1}s_{p+r-2} + \cdots + c_{r-1}^{r-1}s_p] \tag{3.2}$$

(vgl. K. STREHMEL [11, 12]). Ein Vergleich mit (1.3) zeigt, daß hier $k = r = q + 1$ ist. Einige Werte für die in (3.2) auftretenden Koeffizienten sind in Tabelle 1 angegeben.

Tabelle 1

$m \to$ / $c_m{}^{r-1} \downarrow$	0	1	2	3
$c_m{}^0$	e_1			
$c_m{}^1$	$e_1 + e_2$	$-e_2$		
$c_m{}^2$	$\frac{1}{2}(2e_1 + 3e_2 + e_3)$	$-\frac{1}{2}(4e_2 + 2e_3)$	$\frac{1}{2}(e_2 + e_3)$	
$c_m{}^3$	$\frac{1}{6}(6e_1 + 11e_2 + 6e_3 + e_4)$	$-\frac{1}{6}(18e_2 + 15e_3 + 3e_4)$	$\frac{1}{6}(9e_2 + 12e_3 + 3e_4)$	$-\frac{1}{6}(2e_2 + 3e_3 + e_4)$

Setzt man $A_{p+r-1} = 0$, so erhält man wegen

$$e_0(0) = I,$$

$$e_\nu(0) = \frac{1}{\nu} I, \qquad \nu = 1, 2, \ldots,$$

die klassischen Adams-Bashforth-Verfahren (vgl. J. Stoer, R. Bulirsch [9]).

II. $j = 1$, $q = r$. Nach (3.1) folgt

$$\eta_{p+r} = e_0(hA_{p+r-1})\,\eta_{p+r-1} + h[c_0{}^r s_{p+r} + c_1{}^r s_{p+r-1} + \cdots + c_r{}^r s_p]. \tag{3.3}$$

Einige Werte für die Koeffizienten $c_m{}^r$ sind in Tabelle 2 zu finden.

Tabelle 2

$m \rightarrow$ / $c_m{}^r \downarrow$	0	1	2	3
$c_m{}^0$	e_1			
$c_m{}^1$	e_2	$e_1 - e_2$		
$c_m{}^2$	$\frac{1}{2}(e_2 + e_3)$	$e_1 - e_3$	$\frac{1}{2}(e_3 - e_2)$	
$c_m{}^3$	$\frac{1}{6}(2e_2 + 3e_3 + e_4)$	$\frac{1}{6}(6e_1 + 3e_2 - 6e_3 - 3e_4)$	$\frac{1}{6}(-6e_2 + 3e_3 + 3e_4)$	$\frac{1}{6}(e_2 - e_4)$

Bemerkungen. 1. Gleichung (3.3) wird durch Iteration gelöst. Einen guten Startvektor verschafft man sich mit Hilfe von (3.2).

2. Für $A_{p+r-1} = 0$ erhält man die klassischen Adams-Moulton-Verfahren (vgl. J. Stoer, R. Bulirsch [9]).

3. Der Spezialfall $r = 0$ ergibt — unter Beachtung von (2.9) — das implizite Einschrittverfahren

$$\eta_p = e_0(hA_{p-1})\,\eta_{p-1} + he_1(hA_{p-1})\,[f(x_p, \eta_p) - A_{p-1}\eta_{p-1}]$$

Ersetzung von p durch $p + 1$ liefert:

$$\eta_{p+1} = e_0(hA_p)\,\eta_p + he_1(hA_p)\,[f(x_{p+1}, \eta_{p+1}) - A_p\eta_p]. \tag{3.4}$$

Für $A_p = 0$ geht (3.4) in die bekannte rückwärts genommene Euler-Formel über (vgl. C. W. Gear [2]).

4. Für $r = 1$ erhält man das implizite Einschrittverfahren

$$\begin{aligned}\eta_{p+1} = e_0(hA_p)\,\eta_p + h\big[&e_2(hA_p)\big(f(x_{p+1}, \eta_{p+1}) - A_p\eta_{p+1}\big)\\ &+ \big(e_1(hA_p) - e_2(hA_p)\big)\big(f(x_p, \eta_p) - A_p\eta_p\big)\big],\end{aligned} \tag{3.5}$$

das für $A_p = 0$ in die Trapezregel übergeht.

5. Ein Vergleich mit (1.3) zeigt, daß $k = 1$ für $q = 0$ und $k = q$ für $q \geqq 1$ gilt.

III. $j = 2$, $q = r - 1$. Damit liefert (3.1) die Beziehung

$$\eta_{p+r} = e_0(2hA_{p+r-2})\,\eta_{p+r-2} + h[c_0^{r-1}s_{p+r-1} + c_1^{r-1}s_{p+r-2} + \cdots + c_{r-1}^{r-1}s_p], \quad (3.6)$$

die einen Prediktor darstellt, bei dem

$$k = 2 \text{ für } q = 0 \quad \text{und} \quad k = q + 1 \text{ für } q \geqq 1$$

gilt. Einige Werte für c_m^{r-1} von (3.6) sind in Tabelle 3 notiert.

Tabelle 3

$m \rightarrow$ / $c_m^{r-1} \downarrow$	0	1	2	3
c_m^0	$2e_1$			
c_m^1	$4e_2$	$2(e_1 - 2e_2)$		
c_m^2	$2(e_2 + 2e_3)$	$2(e_1 - 4e_3)$	$-2(e_2 - 2e_3)$	
c_m^3	$\frac{1}{3}(4e_2 + 12e_3 + 8e_4)$	$\frac{1}{3}(6e_1 + 6e_2 - 24e_3 - 24e_4)$	$\frac{1}{3}(-12e_2 + 12e_3 + 24e_4)$	$\frac{1}{3}(2e_2 - 8e_4)$

Bemerkungen. 1. Im Fall $A_{p+r-2} = 0$ bekommt man die klassischen Nyström-Verfahren (Extrapolationsverfahren mit zentralen Differenzen). Vgl. dazu J. STOER, R. BULIRSCH [9].

2. Der Spezialfall $q = 0$ liefert das explizite Zweischrittverfahren

$$\eta_{p+1} = e_0(2hA_{p-1})\,\eta_{p-1} + 2he_1(2hA_{p-1})\,[f(x_p, \eta_p) - A_{p-1}\eta_p], \quad (3.7)$$

das als Prediktor für das implizite Einschrittverfahren (3.5) verwendet werden kann. Für $A_{p-1} = 0$ geht (3.7) in die sogenannte „midpoint-rule“ (vgl. P. HENRICI [5]) über.

Schließlich betrachten wir noch:

IV. $j = 2$, $q = r$. Damit ist nach (3.1)

$$\eta_{p+r} = e_0(2hA_{p+r-2})\,\eta_{p+r-2} + h[c_0^r s_{p+r} + c_1^r s_{p+r-1} + \cdots + c_r^r s_p]. \quad (3.8)$$

Diese Verfahren sind wieder Korrektorverfahren. Analog zu (3.3) löst man auch (3.8) iterativ. Einige Zahlenwerte für die Koeffizienten c_m^r liefert die Tabelle 4.

Tabelle 4

$m \rightarrow$ / $c_m^r \downarrow$	0	1	2	3
c_m^0	$2e_1$			
c_m^1	$-2(e_1 - 2e_2)$	$2(2e_1 - 2e_2)$		
c_m^2	$-2(e_2 - 2e_3)$	$2(4e_2 - 4e_3)$	$2(e_1 - 3e_2 + 2e_3)$	
c_m^3	$\frac{1}{3}(-2e_2 + 8e_4)$	$\frac{1}{3}(12e_2 + 12e_3 - 24e_4)$	$\frac{1}{3}(6e_1 - 6e_2 - 24e_3 + 24e_4)$	$\frac{1}{3}(-4e_2 + 12e_3 - 8e_4)$

Bemerkungen. 1. Ist $A_{p+r-2} = 0$, so bekommt man die klassischen Milne-Simpson-Verfahren (Interpolationsverfahren mit zentralen Differenzen). Vgl. dazu J. STOER, R. BULIRSCH [9].

2. Ein Vergleich mit (1.3) zeigt, daß für die Schrittzahl k des Verfahrens $k = 2$ für $q = 0, 1$ und $k = q$ für $q \geqq 2$ gilt.

4. Konsistenz und Stabilität

Der lokale Diskretisierungsfehler $\tau(x_p, y_p; h)$ an der Stelle x_p, y_p eines Mehrschrittverfahrens der Gestalt (2.15) ist durch

$$\tau(x_p, y_p; h) = \frac{1}{h}\left[y_{p+r} - e_0(hj\bar{A}_{p+r-j})\, y_{p+r-j} - h\sum_{m=0}^{q} e_{m+1}(hj\bar{A}_{p+r-j})\,\bar{b}_m j^{m+1}\right] \tag{4.1}$$

gegeben. Dabei bezeichnet $\bar{A}_{p+r-j}$ die Diagonalmatrix

$$\bar{A}_{p+r-j} = \left(\frac{\partial f_i(x_{p+r-j}, y_{p+r-j})}{\partial y_i}\right), \qquad i = 1(1)n,$$

und die Koeffizienten $\bar{b}_m$ können analog dem angegebenen Rechenschema für b_m ermittelt werden, wenn man

$$\bar{b}_{m,m+1} := \frac{\nabla^m s(x_{p+q}, y_{p+q})}{m!}$$

setzt. Die Verfahren (2.15) besitzen die Konsistenzordnung s, falls eine positive Konstante M existiert, so daß für $h \to 0$ die Beziehungen

$$\max_{l=0(1)k-1} \|\alpha_h(x_l) - y_l\| \leqq Mh^s,$$

$$\max_{x_p \in I'_h} \|\tau(x_p, y_p; h)\| \leqq Mh^s$$

bestehen. Es gilt nun der

Satz 1. *Wenn die Anfangswertaufgabe* (1.1), (1.2) *eine Lösung* $y(x) \in C^{k+1}(I)$[1]) *besitzt, dann haben die Differenzengleichungen* (3.2) *mit der Schrittzahl k die Konsistenzordnung* $s = k$, *und der lokale Diskretisierungsfehler* $\tau(x_p, y_p; h)$ *gestattet die Abschätzung*

$$\max_{x_p \in I'_h} \|\tau(x_p, y_p; h)\| \leqq \gamma_k h^k \max_{x \in I} \left\|\bar{s}^{(k)}(x, y(x))\right\|$$

mit

$$\gamma_k = \frac{1}{k!}\int_0^1 e_0[h\bar{A}_{p+k-1}(1-t)] \prod_{m=0}^{k-1} (t+m)\, dt, \qquad 0 < h \leqq \frac{b-a}{k}.$$

Beweis. Auf Grund der nach (2.14) mit $j = 1$ geltenden Beziehung

$$e_{m+1}(h\bar{A}_{p+k-1}) = e_0(h\bar{A}_{p+k-1}) \int_0^1 e_0(-h\bar{A}_{p+k-1}t)\, t^m dt, \qquad m = 0, 1, \ldots, q,$$

[1]) $C^{k+1}(I)$ ist der Raum der $(k+1)$mal stetig differenzierbaren Funktionen auf I.

erhält man zunächst für $\tau(x_p, y_p; h)$ aus (4.1) die Darstellung

$$\tau(x_p, y_p; h) = \frac{1}{h}\left[y_{p+k} - e_0(h\bar{A}_{p+k-1})\, y_{p+k-1} - he_0(h\bar{A}_{p+k-1}) \sum_{m=0}^{q} \bar{b}_m \int_0^1 e_0(-h\bar{A}_{p+k-1}t)\, t^m dt\right].$$

Ist $\bar{P}_{k-1}(x)$ das Interpolationspolynom mit

1. Grad $\bar{P}_{k-1}(x) \leqq k-1$,
2. $\bar{P}_{k-1}(x_l) = \bar{s}(x_l, y_l) = f(x_l, y_l) - \bar{A}_{p+k-1} y_l$
   für $l = p, p+1, \ldots, p+k-1, \qquad x_l \in I_h'$,

so ist

$$\tau(x_p, y_p; h) = \frac{1}{h}\left[y_{p+k} - e_0(h\bar{A}_{p+k-1})\, y_{p+k-1} - he_0(h\bar{A}_{p+k-1}) \int_0^1 e_0(-h\bar{A}_{p+k-1}t)\, \bar{P}_{k-1}(t)\, dt\right]. \tag{4.2}$$

Für den Interpolationsfehler $R_{k-1}(x)$, der sich beim Ersetzen von $\bar{s}(x, y(x))$ durch das Interpolationspolynom $\bar{P}_{k-1}(x)$ ergibt, gilt bekanntlich

$$R_{k-1}(x) = \bar{s}(x, y(x)) - \bar{P}_{k-1}(x) = \frac{1}{k!}\, s^{(k)}(\xi, y(\xi)) \prod_{m=0}^{k-1} (x - x_{p+m})$$

mit

$$\min(x_p, x_{p+1}, \ldots, x_{p+k-1}, x) < \xi < \max(x_p, x_{p+1}, \ldots, x_{p+k-1}, x),$$

und mit (2.7) folgt

$$R_{k-1}(t) = \bar{s}(t, y(t)) - \bar{P}_{k-1}(t) = \frac{1}{k!}\, h^k s^{(k)}(\xi, y(\xi)) \prod_{m=0}^{k-1} (t+m).$$

Damit ergibt sich aus (4.2)

$$\tau(x_p, y_p; h) = \frac{1}{h}\left[y_{p+k} - e_0(h\bar{A}_{p+k-1})\, y_{p+k-1} - he_0(h\bar{A}_{p+k-1})\, \sigma\right]$$

mit

$$\sigma = \int_0^1 e_0(-h\bar{A}_{p+k-1}t)\left[\bar{s}(t, y(t)) - \frac{1}{k!}\, h^k s^{(k)}(\xi, y(\xi)) \prod_{m=0}^{k-1} (t+m)\right] dt.$$

Auf Grund von

$$y_{p+k} = e_0(h\bar{A}_{p+k-1})\, y_{p+k-1} + he_0(h\bar{A}_{p+k-1}) \int_0^1 e_0(-h\bar{A}_{p+k-1}t)\, \bar{s}(t, y(t))\, dt$$

erhält man schließlich für den lokalen Diskretisierungsfehler

$$\tau(x_p, y_p; h) = \frac{1}{k!}\, h^k \bar{s}^{(k)}(\xi, y(\xi)) \int_0^1 e_0[h\bar{A}_{p+k-1}(1-t)] \prod_{m=0}^{k-1} (t+m)\, dt, \tag{4.3}$$

woraus sich unmittelbar die Behauptung ergibt.

Bemerkung. Für $\bar{A}_{p+k-1} = 0$ erhält man aus (4.3) den lokalen Diskretisierungsfehler des klassischen Adams-Bashforth-Verfahrens

$$\tau(x_p, y_p; h) = \frac{1}{k!} h^k y^{(k+1)}(\xi) \int_0^1 \prod_{m=0}^{k-1} (t + m)\, dt$$

(vgl. F. STUMMEL und K. HAINER [13]).

Analog beweist man die folgenden Aussagen:

Satz 2. *Wenn die Anfangswertaufgabe* (1.1), (1.2) *eine Lösung* $y(x) \in C^{k+2}(I)$ *besitzt, dann haben die Differenzengleichungen* (3.3) *mit der Schrittzahl* k *die Konsistenzordnung* $s = k + 1$, *und der lokale Diskretisierungsfehler gestattet die Abschätzung*

$$\max_{x_p \in I_h'} \|\tau(x_p, y_p; h)\| = |\gamma'_{k+1}|\, h^{k+1} \max_{x \in I} \left\|\bar{s}^{(k+2)}\big(x, y(x)\big)\right\|$$

mit

$$\gamma'_{k+1} = \frac{1}{(k+1)!} \int_0^1 e_0[h\bar{A}_{p+k-1}(1-t)] \prod_{m=-1}^{k-1} (t + m)\, dt, \qquad 0 < h \leqq \frac{b-a}{k}.$$

Satz 3. *Wenn die Lösung* $y(x)$ *der Anfangswertaufgabe* (1.1), (1.2) *aus* $C^{k+1}(I)$ *ist, dann haben die Mehrschrittverfahren* (3.6) *für die Schrittzahl* k *die Konsistenzordnung* $s = k$.

Satz 4. *Hat die Anfangswertaufgabe* (1.1), (1.2) *eine Lösung* $y(x) \in C^{k+2}(I)$, *dann besitzen die Differenzengleichungen* (3.8) *für die Schrittzahl* k *die Konsistenzordnung* $s = k + 1$.

Wird nun die Klasse der Mehrschrittverfahren in der Gestalt (3.1) auf eine skalare Differentialgleichung der Form

$$y' = \lambda y$$

mit komplexem λ und $\operatorname{Re} \lambda < 0$ angewendet, so ist wegen

$$\bar{s}\big(x, \eta_h(x)\big) \equiv 0 \quad \text{und} \quad A(x) \equiv \lambda$$

nach (2.6)

$$\eta_h(x_{p+r}) = \eta_h(x_{p+r-j})\, e_0(hj\lambda).$$

Daraus folgt

$$\eta_h(x_{p+r+n}) = \eta_h(x_{p+r-j})\, e_0\big(h(j+n)\,\lambda\big),$$

so daß für jedes feste $h > 0$

$$\lim_{n \to \infty} \eta_h(x_{p+r+n}) = 0$$

ist. Damit gilt der

Satz 5. *Die exponentiell diagonal angepaßten Mehrschrittverfahren in der Gestalt* (3.1) *sind A-stabil.*

5. Numerische Resultate

Im folgenden seien nun drei Beispiele nach einigen der im Abschnitt 3 hergeleiteten Mehrschrittformeln integriert. Eine umfangreiche numerische Auswertung der beschriebenen exponentiell diagonal angepaßten Mehrschrittverfahren — insbesondere bei der numerischen Behandlung von „stiff"-Differentialgleichungssystemen — soll jedoch einer weiteren Arbeit vorbehalten bleiben.

Die betrachteten Beispiele sind alle nach dem gleichen Schema aufgebaut. Zugrunde gelegt wird ein Testdifferentialgleichungssystem mit explizit bekannter Lösung. Ausgehend von $x_0 = 0$ werden Näherungen für die exakte Lösung an einer Stelle $x = xE$ ermittelt. Dabei ist das Interpolationspolynom $P_q(x)$ für die Funktion $\bar{s}(x, \eta_h(x))$ stets vom 3. Grade. Für die in den zusätzlichen äquidistanten Stützstellen $x_1 = x_0 + h,\ \ x_2 = x_0 + 2h,\ \ x_3 = x_0 + 3h$ benötigten Funktionswerte $\eta_h(x_1)$, $\eta_h(x_2)$, $\eta_h(x_3)$ werden die Werte der exakten Lösung zugrunde gelegt.

Die erforderlichen Rechnungen wurden an einer EDVA R 300 ausgeführt. Sie sind in der beim R 300 üblichen Form angegeben, d. h. mit einer Mantissenlänge von acht Dezimalstellen. Die Ergebnisse werden jeweils denen, die sich nach dem zugeordneten klassischen linearen Mehrschrittverfahren ($A = 0$) ergeben, gegenübergestellt.

Beispiel 1 (vgl. R. D. GRIGORIEFF [3]):

$$y_1' = -\frac{101}{2} y_1 + \frac{99}{2} y_2,$$

$$y_2' = \frac{99}{2} y_1 - \frac{101}{2} y_2,$$

$$y_1(0) = 3, \qquad y_2(0) = 1.$$

Dies ist ein typisches „stiff"-Differentialgleichungssystem mit den Eigenwerten der Jacobi-Matrix $\lambda_1 = -1$, $\lambda_2 = -100$. Die exakte Lösung lautet

$$y_1(x) = 2 \exp(-x) + \exp(-100x),$$

$$y_2(x) = 2 \exp(-x) - \exp(-100x).$$

Mittels der im Abschnitt 3 angegebenen Mehrschrittverfahren mit Exponentialanpassung (MVEA) ergeben sich bei einer Schrittweite $h = 0{,}02$ an der Stelle $x = 0{,}2$ die Werte in Tabelle 5. Als Prediktorwerte für das Korrektorverfahren 2 bzw. 4 ($j = 1$, $r = 3$ bzw. $j = 2$, $r = 3$) sind die Ergebnisse des Verfahrens 1 bzw. 3 ($j = 1$, $r = 4$ bzw. $j = 2$, $r = 4$) genommen worden. Während das Prediktorverfahren 3 bei der zugrunde gelegten Schrittweite $h = 0{,}02$ keine brauchbaren Näherungen liefert, ergibt das zugehörige Korrektorverfahren Näherungswerte, die in sieben Ziffern mit den exakten Lösungswerten übereinstimmen. Das zugehörige klassische Korrektorverfahren liefert dagegen nur eine Übereinstimmung in zwei Ziffern. Bei einer Schrittweite $h = 0{,}005$ erhält man z. B. nach dem ersten Verfahren (Prediktor) sowie dem zugehörigen klassischen Verfahren an der Stelle $x = 0{,}5$ die Ergebnisse der Tabelle 6.

Tabelle 5

$h = 0{,}02$	$\eta_h(0{,}2)$	MVEA	klassisches Verfahren	exakte Lösung
$j = 1,\quad r = 4$	η_{1h}	+.163746615+01	+.163746619+01	+.163746615+01
	η_{2h}	+.163746615+01	+.163746619+01	+.163746615+01
$j = 1,\quad r = 3$	η_{1h}	+.163746615+01	+.163746619+01	
	η_{2h}	+.163746615+01	+.163746619+01	
$j = 2,\quad r = 4$	η_{1h}	+.203599938+03	+.182515561+14	
	η_{2h}	−.200032446+03	+.182515561+14	
$j = 2,\quad r = 3$	η_{1h}	+.163746616+01	+.161393397+01	
	η_{2h}	+.163746616+01	+.166098835+01	

Tabelle 6

$h = 0{,}005$	$\eta_h(0{,}5)$	MVEA	klassisches Verfahren	exakte Lösung
$j = 1,\quad r = 4$	η_{1h}	+.121306613+01	+.178387717+13	+.121306613+01
	η_{2h}	+.121306612+01	−.178387717+13	+.121306613+01

Das neue Prediktorverfahren stimmt in sieben Ziffern mit der exakten Lösung überein. Das zugehörige klassische Verfahren dagegen ergibt überhaupt keine brauchbare Näherung.

Beispiel 2 (vgl. G. Meister [6]):

$$y_1' = -10y_1 + y_2,$$
$$y_2' = y_1 - y_2,$$
$$y_1(0) = 1, \qquad y_2(0) = 1.$$

Die Eigenwerte der Jacobi-Matrix

$$A = \begin{pmatrix} -10 & 1 \\ 1 & -1 \end{pmatrix}$$

sind $\lambda_1 = -10{,}109773$, $\lambda_2 = -0{,}89022775$. Das Besondere dieses „stiff"-Differentialgleichungssystems ist, daß die Eigenwerte von A im wesentlichen durch die Diagonalelemente bestimmt sind. Die exakte Lösung ist

$$y_1(x) = 0{,}12 \exp(-0{,}89022775x) + 0{,}88 \exp(-10{,}109773x),$$
$$y_2(x) = 1{,}09 \exp(-0{,}89022775x) - 0{,}09 \exp(-10{,}109773x).$$

Mit dem Prediktorverfahren 1 ($j = 1$, $r = 4$) erhält man bei einer Schrittweite $h = 0{,}1$ an der Stelle $xE = 10$ die Werte in Tabelle 7. Das neue Prediktorverfahren liefert schon bei $h = 0{,}1$ zwei gültige Ziffern, während für das klassische Adams-Verfahren eine Näherungslösung wegen „Bereichsüberschreitung" (in der Tabelle durch Ü gekennzeichnet) nicht ermittelt werden konnte. Mit dem Adams-Verfahren erhält man zwei gültige Ziffern erst bei $h = 0{,}03$. Für die Schrittweite $h = 0{,}001$ liefern beide Verfahren annähernd gleiche Werte (sechs gültige Ziffern).

Tabelle 7

$\eta_h(10)$	MVEA	klassisches Verfahren	exakte Lösung
η_{1h}	+.16202189 −04	Ü	+.16329231 −04
η_{2h}	+.14760271 −03	Ü	+.14832566 −03

Beispiel 3:

$$y_1' = y_2,$$
$$y_2' = -2y_1 - 2xy_2,$$
$$y_1(0) = 0, \qquad y_2(0) = 1.$$

Die exakte Lösung lautet

$$y_1(x) = \exp(-x^2) \int_0^x \exp(t^2)\, dt,$$

$$y_2(x) = 1 - 2x \exp(-x^2) \int_0^x \exp(t^2)\, dt.$$

Das Prediktorverfahren 1 ($j = 1, r = 4$) liefert an der Stelle $xE = 10$ mit der Schrittweite $h = 0{,}1$ und $h = 0{,}05$ die Ergebnisse der Tabelle 8. Die Ergebnisse nach dem klassischen Verfahren sind bei beiden Schrittweiten „katastrophal" schlecht, während das neue Verfahren bei $h = 0{,}05$ bereits drei gültige Ziffern liefert.

Tabelle 8

h	$\eta_h(10)$	MVEA	klassisches Verfahren	exakte Lösung
0,1	η_{1h}	+.50336684 −01	−.63514345 +26	+.50253847 −01
	η_{2h}	+.50853070 −02	+.12503101 +28	−.5076942 −02
0,05	η_{1h}	+.50259074 −01	+.19421447 +22	
	η_{2h}	+.50774718 −02	−.38421699 +23	

Literatur

[1] DAHLQUIST, G. G., A special stability problem for linear multistep methods, BIT **3** (1963), 27–43.

[2] GEAR, C. W., Numerical initial value problems in ordinary differential equations, Prentice-Hall, Englewood Cliffs 1971.

[3] GRIGORIEFF, R. D., Numerik gewöhnlicher Differentialgleichungen, B. G. Teubner, Leipzig 1972.

[4] GUDERLEY, K. G., and C. C. HSU, A predictor-corrector method for a certain class of stiff differential equations, Math. Comp. **26** (1972), 51–69.

[5] HENRICI, P., Discrete Variable Methods in Ordinary Differential Equations, John Wiley, New York—London—Sydney 1962.
[6] MEISTER, G., Über die Integration von Differentialgleichungssystemen 1. Ordnung mit exponentiell angepaßten numerischen Methoden, Computing **13** (1974), 327—352.
[7] SARKANY, E. F., and W. LINIGER, Exponential fitting of matricial multistep methods for ordinary differential equations, IBM Report RC 4149, 1972.
[8] SARKANY, E. F., and W. LINIGER, Exponential fitting of matricial multistep methods for ordinary differential equations, Math. Comp. **28** (1974), 1036—1052.
[9] STOER, J., und R. BULIRSCH, Einführung in die Numerische Mathematik II, Springer-Verlag, Berlin—Heidelberg—New York 1973.
[10] STREHMEL, K., und V. HOFFMANN, Numerische Lösung von Anfangswertaufgaben gewöhnlicher Differentialgleichungen n-ter Ordnung, Computing **14** (1975), 225—234.
[11] STREHMEL, K., Mehrschrittverfahren mit Exponentialanpassung für Differentialgleichungssysteme 1. Ordnung, Computing **17** (1976), 247—260.
[12] STREHMEL, K., A new class of multistep methods for systems of first order differential equations with exponential adaptation, Signum Newsletter, Vol. 11, Number 1 (1976).
[13] STUMMEL, F., und K. HAINER, Praktische Mathematik, Teubner Studienbücherei, Stuttgart 1971.
[14] WERNER, H., und R. SCHABACK, Praktische Mathematik II, Springer-Verlag, Berlin—Heidelberg—New York 1972.

Manuskripteingang: 18. 2. 1977

VERFASSER:
Doz. Dr. KARL STREHMEL, Sektion Mathematik der Martin-Luther-Universität Halle—Wittenberg

Beiträge zur Numerischen Mathematik
7 (1979), 113–119

Numerische Vergleiche zwischen stochastischer Regularisierung und Projektionsverfahren am Beispiel der Rekonstruktion vertikaler Temperaturprofile der Erdatmosphäre auf der Grundlage von Satellitenmeßdaten

ANDREAS UHLIG

Die Aufgabe der thermischen Sondierung der Atmosphäre wird durch Linearisierung und Diskretisierung auf ein unterbestimmtes Gleichungssystem reduziert. Beim Vergleich der stochastischen Regularisierung und eines speziellen Projektionsverfahrens anhand ihrer mittleren quadratischen Schätzfehler für lineare Funktionale erweist sich die stochastische Regularisierung bezüglich der Genauigkeit deutlich überlegen.

1. Problemstellung

Mit künstlichen Erdsatelliten gemessene Intensitäten von Wärmestrahlung verschiedener Frequenz lassen sich ausnutzen zur Bestimmung vertikaler Temperaturprofile der Atmosphäre. Unter bestimmten idealisierten Voraussetzungen (vgl. [1, 2]) wird der physikalische Zusammenhang zwischen der Temperatur T als Funktion des Druckes p und der Intensität $I(\nu)$ der den Satelliten erreichenden Strahlung der Frequenz ν beschrieben durch die Gleichung

$$I(\nu) = \int_{p_E}^{p_S} B_\nu[T(p)] \frac{\partial \tau(\nu, p)}{\partial p} dp + B_\nu[T(p_E)] \tau(\nu, p_E). \tag{1}$$

Dabei bezeichnen p_E den Luftdruck am Erdboden und p_S denjenigen in Höhe der Satellitenbahn, $\tau(\nu, p)$ die sogenannte Transmissionsfunktion, welche die Durchlässigkeit der Atmosphäre beim Druck p für Strahlung der Frequenz ν charakterisiert, und $B_\nu[T(p)]$ die Plancksche Funktion der Strahlung des schwarzen Körpers:

$$B_\nu[T(p)] = \frac{\alpha \nu^3}{e^{\frac{\beta \nu}{T(p)}} - 1},$$

α und β sind dabei bekannte Konstanten. Der Term $B_\nu[T(p_E)] \tau(\nu, p_E)$ charakterisiert den die Satellitenbahn erreichenden Anteil der vom Erdboden ausgehenden Strahlung, der entweder auf Grund von Messungen am Erdboden als bekannt vorausgesetzt oder bei Berücksichtigung von „Fensterfrequenzen" (d. h. $\tau(\nu, p_E) \gg 0$) zur Bestimmung der Erdoberflächentemperatur herangezogen werden kann. Die Beziehung (1) stellt eine Fredholmsche Integralgleichung erster Art dar, die neben der Nichtkorrektheit (vgl. [3]) die zusätzliche Schwierigkeit der Nichtlinearität in sich birgt.

Die spektrometrischen Messungen mit Hilfe eines Mehrkanalradiometers erlauben lediglich für eine geringe Anzahl fest gewählter Frequenzen ν_i $(i = 1, \ldots, m)$, Intensitätswerte $I(\nu_i)$ zu messen. (Das beschränkte spektrale Auflösungsvermögen sei hierbei vernachlässigt.) Betrachtet man den Temperaturverlauf in der Atmosphäre als zufällige Funktion mit dem bekannten Mittel $\overline{T}(p)$, so läßt sich die Plancksche Funktion gemäß

$$B_\nu[T(p)] \approx B_\nu[\overline{T}(p)] + \frac{\partial}{\partial T} B_\nu[\overline{T}(p)] \big(T(p) - \overline{T}(p)\big)$$

bezüglich der Temperatur linearisieren. Einsetzen der linearisierten Ausdrücke für $B_{\nu_i}[T(p)]$ in die Gleichungen

$$I(\nu_i) = \int\limits_{p_E}^{p_S} B_{\nu_i}[T(p)] \frac{\partial \tau(\nu_i, p)}{\partial p} dp + B_{\nu_i}[T(p_E)] \, \tau(\nu_i, p_E), \qquad i = 1, \ldots, m, \tag{2}$$

und Approximation der Integrale mit Hilfe von Quadraturformeln bezüglich einer Zerlegung des Integrationsintervalls $[p_E, p_S]$ durch gewisse Quadraturstützstellen $p_1, \ldots, p_n$ führen zu einem linearen Gleichungssystem der Form

$$Ax = f, \tag{3}$$

wobei A eine $m \cdot n$-Matrix, $x = \{T(p_j) - \overline{T}(p_j)\}_{j=1}^n$ den Vektor der Temperaturabweichungen von einem bekannten Mittelwert für die ausgewählten Druckniveaus und $f = \{I(\nu_i) - \overline{I}(\nu_i)\}_{i=1}^m$ die Differenz der den Temperaturverläufen $T(p)$ und $\overline{T}(p)$ entsprechenden Intensitätswerte bezeichnet. Im allgemeinen übertrifft dabei die Anzahl der Quadraturstützstellen die Zahl der Intensitätswerte, so daß (3) ein unterbestimmtes Gleichungssystem darstellt.

2. Berücksichtigung der Meßfehler und der Kenntnisse über den Temperaturverlauf

Da die gemessenen Intensitäten im allgemeinen mit einem zufälligen Meßfehler $\Delta I(\nu_i)$ behaftet sind, liegt der praktischen Berechnung aber nicht f, sondern der Vektor $z = f + y$ mit $y = \{\Delta I(\nu_i)\}_{i=1}^m$ zugrunde. Der gesuchte Temperaturvektor x genügt also der Beziehung

$$Ax + y = z. \tag{4}$$

Im Falle des Mehrkanalradiometers kann vorausgesetzt werden, daß die Meßfehler $\Delta I(\nu_i)$ für verschiedene Frequenzen voneinander unabhängig sind und keine Korrelation zwischen Temperaturprofilen und Meßfehlern besteht. Für den nachfolgenden Vergleich arbeite die Meßvorrichtung in allen Meßkanälen ohne systematischen Fehler und mit gleicher Fehlervarianz σ^2. Dann besitzt der Meßfehlervektor den Mittelwert $\overline{y} = 0$ und die Kovarianzmatrix $C = \sigma^2 I$.

Wird auch der Temperaturverlauf $T(p_j)$ als zufällig mit bekannten Mittelwerten $\overline{T}(p_j)$ und bekannter Temperaturkovarianzmatrix $B = \{E[T(p_k) - \overline{T}(p_k)]\,[T(p_l) - \overline{T}(p_l)]\}_{k,l=1}^{n}$ aufgefaßt, so können lineare Näherungsverfahren für die Gleichung (4) nach ihrem mittleren quadratischen Fehler miteinander verglichen werden. Schätzt man den Vektor x aus (4) durch

$$\tilde{x} = Gz$$

mit einer $n \cdot m$-Matrix G, so ergibt sich bei der Näherung des Wertes $f^{\mathsf{T}}x$ eines linearen Funktionals f über x durch den Wert $f^{\mathsf{T}}\tilde{x}$ für den mittleren quadratischen Schätzfehler die Beziehung

$$\mathrm{E}(f^{\mathsf{T}}x - f^{\mathsf{T}}\tilde{x})^2 = f^{\mathsf{T}}\left(B - 2GAB + G(ABA^{\mathsf{T}} + \sigma^2 I)\,G^{\mathsf{T}}\right) f \tag{5}$$

(vgl. [4]), wobei E die Erwartungswertbildung sowohl bezüglich des zufälligen Temperaturprofils als auch bezüglich des zufälligen Meßfehlers bezeichnet.

3. Beschreibung der verglichenen Näherungsverfahren

Beste lineare Näherungsmethode (im Sinne des kleinsten mittleren quadratischen Schätzfehlers) für beliebige lineare Funktionale f ist die stochastische Regularisierung

$$x_{\mathrm{st}} = \Gamma z \quad \text{mit} \quad \Gamma = BA^{\mathsf{T}}(ABA^{\mathsf{T}} + \sigma^2 I)^{-1} \tag{6}$$

(vgl. [5, 6]), für die sich aus (5)

$$\mathrm{E}(f^{\mathsf{T}}x - f^{\mathsf{T}}x_{\mathrm{st}})^2 = f^{\mathsf{T}}(B - BA^{\mathsf{T}}(ABA^{\mathsf{T}} + \sigma^2 I)^{-1}AB)\, f \tag{7}$$

ergibt.

Der stochastischen Regularisierung wird das folgende Projektionsverfahren gegenübergestellt. Gesucht wird eine Näherung x_{Pr} für x als Linearkombination von p linear unabhängigen Vektoren $v_1, \ldots, v_p \in R^n$, wobei $p < n$ gilt. $V = \{v_1, \ldots, v_p\}$ sei die $n \cdot p$-Matrix, die die gegebenen Ansatzvektoren $v_1, \ldots, v_p$ als Spalten enthält. Vernachlässigt man den Meßfehler y in (4), so stellt

$$x_{\mathrm{Pr}} = G_{\mathrm{Pr}} z \quad \text{mit} \quad G_{\mathrm{Pr}} = V(V^{\mathsf{T}}A^{\mathsf{T}}AV)^{-1}\, V^{\mathsf{T}}A^{\mathsf{T}} \tag{8}$$

die Näherungslösung nach der Methode der kleinsten Quadrate dar, d. h., x_{Pr} realisiert das Minimum des Defektes $\|Ax - z\|$ über der Menge der Linearkombinationen der Vektoren $v_1, \ldots, v_p$. Der mittlere quadratische Fehler von $f^{\mathsf{T}}x_{\mathrm{Pr}}$ als Schätzung für $f^{\mathsf{T}}x$ beträgt dann entsprechend (5)

$$\mathrm{E}(f^{\mathsf{T}}x - f^{\mathsf{T}}x_{\mathrm{Pr}})^2 = f^{\mathsf{T}}(I - G_{\mathrm{Pr}}A)\, B(I - A^{\mathsf{T}}G_{\mathrm{Pr}}{}^{\mathsf{T}})\, f + \sigma^2 f^{\mathsf{T}}\, V(V^{\mathsf{T}}A^{\mathsf{T}}AV)^{-1}\, V^{\mathsf{T}}f. \tag{9}$$

Der mittlere quadratische Fehler der Funktionalschätzung ist somit eine lineare Funktion der Meßfehlervarianz. Der erste Summand in (9) ist vom Fehlerverhalten des Meßinstruments völlig unabhängig und stellt praktisch den mittleren quadratischen Fehler der Funktionalschätzung für den Idealfall fehlerfreier Messungen dar.

Unter Verwendung der orthonormierten Eigenvektoren u_i und Eigenwerte λ_i der Temperaturkovarianzmatrix B läßt sich die zufällige Temperaturdifferenz x zum bekannten Mittelwert in der Form (vgl. [7])

$$x = \sum_{i=1}^{n} \xi_i \sqrt{\lambda_i}\, u_i$$

schreiben, wobei die ξ_i paarweise nichtkorrelierte zufällige Variablen mit $E\xi_i = 0$ und $E\xi_i^2 = 1$ bedeuten. Bei der Schätzung der Temperaturdifferenz aus (4) sind folglich die Anteile in Richtung der Eigenvektoren u_i zu großen Eigenwerten λ_i am interessantesten. Im Projektionsansatz verwenden wir deshalb solche Eigenvektoren und fassen sie in V zusammen.

4. Numerische Ergebnisse

Zum Vergleich der stochastischen Regularisierung mit dem angegebenen Projektionsverfahren am Beispiel der thermischen Sondierung der Atmosphäre wurden die Beziehungen (7) und (9) auf der Grundlage meteorologischer Daten zahlenmäßig ausgewertet. Alle Untersuchungen betreffen Messungen der Strahlungsintensitäten im 15-μ-Band, einem für Absorptions- und Emissionsvorgänge beim Kohlendioxid charakteristischen Spektralintervall im Infrarotbereich, und zwar für die 8 Frequenzen 669.3, 677.8, 692.3, 699.3, 706.3, 714.3, 750.2 und 899.3 cm^{-1}.[1]) Die den Berechnungen zugrunde liegenden Temperaturmittelwerte und -kovarianzen beruhen auf statistischer Auswertung von Ballonsondenmessungen aus den Jahren 1967 bis 1971 und beziehen sich auf Berlin für den Zeitraum Januar bis April (vgl. [8]). Die empirischen Mittelwerte und Kovarianzmatrizen wurden vereinfachend als tatsächliche Verteilungsparameter betrachtet.

Das Integrationsintervall von 1000 mbar bis 0 mbar wurde durch die Stützstellen $p_1, \ldots, p_n$ für $n = 13$, 20 und 28 Höhenniveaus verschieden stark unterteilt. Mit Hilfe der Temperaturmittelwerte $\overline{T}(p_j)$ und einer Tabelle der Transmissionsfunktionswerte $\tau(\nu_i, p_j)$ wurde bei Verwendung der Trapezregel für jedes Teilintervall und einer zentralen Approximation der partiellen Ableitung der Transmissionsfunktion bezüglich der Intervalle $\left[p_1, \frac{p_1 + p_2}{2}\right]$, $\left[\frac{p_{i-1} + p_i}{2}, \frac{p_i + p_{i+1}}{2}\right]$ und $\left[\frac{p_{n-1} + p_n}{2}, p_n\right]$ für jeden dieser drei Fälle die Systemmatrix A des linearisierten Systems (3) bestimmt. Als Funktionale des Temperaturvektors x interessierten sowohl die Temperaturen in bestimmten Höhen — ihnen entsprechen Einheitsvektoren als Funktionale f — als auch Temperaturmittel über gewisse Höhenschichten, durch Vektoren mit nichtnegativen Komponenten, deren Summe Eins ergibt, charakterisiert. Die Varianz σ^2 der Meßfehler liegt bei realen Intensitätsmessungen gegenwärtig etwa im Bereich von 0.8 bis 1.0 (in [erg · s^{-1} · cm^{-2} · sr^{-1} · cm]^2). Jedoch erfolgte eine Bestimmung des mittleren quadratischen Rekonstruktionsfehlers vergleichsweise auch für andere Werte von σ^2 einschließlich des Grenzfalles $\sigma^2 = 0$ für fehlerfreie Messungen mit dem

[1]) Die letztgenannte Frequenz stellt eine „Fensterfrequenz" dar; sie erlaubt, auch die Temperatur an der Erdoberfläche zu bestimmen.

Ziel, Auskunft darüber zu erhalten, inwieweit eine Erhöhung der Meßgenauigkeit auch zu einer höheren Genauigkeit bei der Rekonstruktion der Temperaturprofile führen kann.

In den Tabellen 1 und 2 ist eine Reihe von Ergebnissen für die Methode der stochastischen Regularisierung zusammengestellt. Die Tabellenwerte geben die Standardabweichung des Fehlers der Temperaturbestimmung in verschiedenen Höhen bzw. der Temperaturmittelbestimmung für bestimmte Höhenbereiche mittels der stochastischen Regularisierung in Abhängigkeit von der Varianz σ^2 des Meßfehlers bei der Strahlungsintensitätsmessung an.

Tabelle 1

Standardabweichung des Fehlers der Temperaturbestimmung in verschiedenen Höhen mittels stochastischer Regularisierung in Abhängigkeit von der Varianz σ^2 des Meßfehlers bei der Strahlungsintensitätsmessung; $n = 20$

Höhe (Druck) /mbar	$\sigma^2 \rightarrow$	0.0	0.01	0.1	0.2	0.5	0.8	1.0	2.0
6		2.75	3.71	5.21	5.71	6.36	6.72	6.90	7.48
12		1.67	1.87	2.41	2.67	3.09	3.35	3.49	3.93
20		1.43	1.65	1.78	1.87	2.08	2.24	2.32	2.64
30		1.10	1.35	1.58	1.66	1.78	1.86	1.90	2.08
100		0.95	1.03	1.18	1.27	1.44	1.56	1.62	1.85
150		0.73	1.01	1.26	1.40	1.66	1.84	1.93	2.25
200		1.41	1.86	2.48	2.70	3.07	3.30	3.42	3.82
500		0.52	0.91	1.23	1.37	1.64	1.82	1.93	2.30
600		0.51	0.82	1.12	1.25	1.50	1.68	1.78	2.16
700		0.54	1.01	1.22	1.33	1.54	1.70	1.78	2.10
800		1.01	1.19	1.43	1.55	1.73	1.84	1.90	2.11
900		0.71	1.13	1.58	1.72	1.89	1.97	2.01	2.13
1000		0.90	1.04	1.15	1.20	1.30	1.38	1.42	1.60
10···30		0.79	0.97	1.14	1.28	1.56	1.76	1.87	2.23
100···200		0.34	0.75	1.12	1.29	1.60	1.80	1.91	2.26
500···700		0.23	0.63	0.95	1.08	1.35	1.54	1.65	2.03
700···850		0.49	0.75	1.04	1.18	1.41	1.54	1.62	1.88
850···1000		0.17	0.48	0.75	0.84	0.96	1.03	1.06	1.20

Tabelle 2

Standardabweichung des Fehlers der Temperaturmittelbestimmung für verschiedene Höhenbereiche mittels stochastischer Regularisierung in Abhängigkeit von der Varianz σ^2 des Meßfehlers bei der Strahlungsintensitätsmessung; $n = 28$

Höhen- (Druck-) bereich /mbar	$\sigma^2 \rightarrow$	0.0	0.01	0.1	0.2	0.5	0.8	1.0	2.0
10···30		0.67	0.82	1.04	1.19	1.51	1.72	1.83	2.22
100···200		0.40	0.77	1.15	1.33	1.64	1.85	1.95	2.31
500···700		0.24	0.63	0.95	1.09	1.36	1.55	1.66	2.04
700···850		0.49	0.76	1.04	1.19	1.41	1.54	1.62	1.88
850···1000		0.18	0.48	0.75	0.84	0.96	1.03	1.06	1.20

Für das Projektionsverfahren (8) wurde die Formel (9) in den Fällen $n = 13$ und $n = 20$ für zahlreiche Kombinationen von 1 bis 5 Eigenvektoren der Temperaturkovarianzmatrix B als Ansatzvektoren ausgewertet. Ein kleiner Teil der erhaltenen Werte ist in Tabelle 3 wiedergegeben. Dabei wurde den Berechnungen eine reale Meßfehlervarianz $\sigma^2 = 1$ zugrunde gelegt. Im Tabellenkopf sind jeweils die Anzahl und die Indizes der verwendeten Eigenvektoren vermerkt, wobei von einer absteigenden Anordnung der zugehörigen Eigenwerte $\lambda_1 \geqq \lambda_2 \geqq \cdots \geqq \lambda_n$ ausgegangen wurde. In der letzten Spalte ist zum Vergleich die Genauigkeit der stochastischen Regularisierung bei gleicher Größe des Meßfehlers gegenübergestellt.

Tabelle 3

Standardabweichung des Fehlers der Temperaturmittelbestimmung für verschiedene Höhenbereiche mittels Projektionsverfahren. Meßfehlervarianz der Strahlungsintensitätsmessung: $\sigma^2 = 1.0$; $n = 20$

Eigenwerte der Temperaturkovarianzmatrix:
$\lambda_1 = 203.08$, $\lambda_2 = 176.85$, $\lambda_3 = 104.16$, $\lambda_4 = 31.10$, $\lambda_5 = 12.52, \ldots, \lambda_{20} = 0.19$

Ansatzfunktionen Anzahl	1	1	1	2	3	3	5	Stoch. Reg.
Indizes	1	4	5	1, 2	1, 2, 3	2, 3, 4	1, ..., 5	
p/mbar								
10···30	4.47	9.76	5.99	3.11	2.45	2.89	2.60	1.87
100···200	3.86	9.16	4.84	3.33	2.50	3.16	3.41	1.91
500···700	4.62	5.81	6.69	3.30	1.89	3.31	2.61	1.65
700···850	4.01	2.66	5.46	2.56	1.96	3.31	1.84	1.62
850···1000	2.90	1.80	1.88	1.13	1.11	1.60	1.85	1.06

5. Auswertung der numerischen Ergebnisse

Die mit $n = 13$, 20 und 28 berechneten Standardabweichungen der Schätzfehler gewisser Temperaturen bzw. Temperaturmittelwerte zeigen qualitativ das gleiche Verhalten und weichen, vor allem für reale Werte der Meßfehlervarianz σ^2, nur wenig voneinander ab (vgl. Tabellen 1 und 2). Der Fehler der Approximation der Integralbeziehungen (1) bzw. (2) durch das linearisierte und diskretisierte System (3) kann daher (zumindest im Mittel) gegenüber den praktisch auftretenden Meßfehlern vernachlässigt werden. Die Einbeziehung einer noch größeren Zahl von Druckniveaus in die Berechnungen wäre wegen des steigenden numerischen Aufwandes nicht mehr sinnvoll. Insbesondere lassen sich folgende Aussagen formulieren:

1. Die Standardabweichung des Schätzfehlers stellt für jedes Funktional eine monoton wachsende Funktion der Meßfehlervarianz dar. Die angegebenen Werte für die stochastische Regularisierung als bester Auswertungsvorschrift bezüglich des Kriteriums (5)[1]) belegen jedoch, daß eine praktisch vorstellbare Erhöhung der Meß-

[1]) Werden Meßfehler und Temperaturverlauf als stochastisch unabhängige normalverteilte Vektoren angenommen, so stellt die stochastische Regularisierung die bezüglich (5) beste Auswertungsvorschrift überhaupt dar ([9], Satz 4).

genauigkeit nicht zu einer entsprechenden Verbesserung der mittleren Genauigkeit der errechneten Temperaturwerte führen wird (vgl. Tabellen 1 und 2). Ursache hierfür ist die Nichtkorrektheit der Ausgangsaufgabe.

2. Verschiedene Funktionale lassen sich nicht mit gleicher Güte schätzen. Die besten Resultate erhält man (bei Einbeziehung von Fensterfrequenzen) in Erdbodennähe, die schlechtesten in Höhen um 200 mbar und an der oberen Grenze der Atmosphäre. Temperaturmittelwerte über ausgedehntere Höhenbereiche lassen sich in der Regel bezüglich (5) besser schätzen als die Temperaturwerte für einzelne Höhen innerhalb dieser Bereiche (vgl. Tabelle 1).

3. Für das unregularisierte Projektionsverfahren (8) ist die Auswahl der Ansatzfunktionen entscheidend (vgl. Tabelle 3). Ohne Kenntnis der stochastischen Charakteristika kann jedoch keine Aussage über die Eignung eines Projektionssystems getroffen werden. Insbesondere kann auf Grund der Nichtkorrektheit der Ausgangsaufgabe die Erhöhung der Zahl der Ansatzfunktionen zu einer wesentlichen Verschlechterung des Schätzfehlers führen. Außerdem ist die Eignung verschiedener Ansatzfunktionen für unterschiedliche Funktionale verschieden im Gegensatz zur stochastischen Regularisierung, die für alle Funktionale die besten Schätzungen ergibt.

Selbst bei günstiger Wahl der Ansatzfunktionen liegt der Schätzfehler der unregularisierten Projektionsverfahren deutlich über dem der stochastischen Regularisierung, was durch die numerischen Vorzüge von (8) — geringere Dimension der approximierenden Aufgaben und Verzicht auf umfangreiches statistisches Datenmaterial in der Bearbeitung — nicht aufgewogen wird.

Literatur

[1] Гласко, В. Б., и Ю. М. Тимофеев, Использование метода регуляризации для решения задачи термического зондирования атмосферы, Физика атмосферы и океана, т. 1 (1968), № 3.

[2] Кондратьев, К. Я., и Ю. М. Тимофеев, Термическое зондирование атмосферы со спутников, Гидромет. изд-во, Ленинград 1970.

[3] Тихонов, А. Н., и В. Я. Арсенин, Методы решения некорректных задач, Наука, Москва 1974.

[4] Uhlig, A., Untersuchungen zur stochastischen Regularisierung für lineare Gleichungen in Hilberträumen, Dissertation, TH Karl-Marx-Stadt 1976.

[5] Петров, А. П., Оценки линейных функционалов для решения некоторых обратных задач, Ж. вычисл. мат. и мат. физ. 7 (1967), 648—654.

[6] Franklin, J. N., Well-posed stochastic extensions of ill-posed linear problems, J. Math. Anal. Appl. **31** (1970), 682—716.

[7] Гихман, И. И., и А. В. Скороход, Теория случайных процессов, том I, Наука, Москва 1971.

[8] Statistische Charakteristika der Verteilungsprofile von Temperatur und Ozon und ihre Kreuzkorrelation über Berlin. Geodät. u. geophys. Veröff., Reihe II, Heft 19, 1975.

[9] Friedrich, V., und A. Uhlig, Zur stochastischen Regularisierung linearer Gleichungen in Hilberträumen, Beitr. Numer. Math. **7** (1979), 33—48.

Manuskripteingang: 14. 2. 1977

VERFASSER:

Dr. Andreas Uhlig, VEB Leitzentrum für Anwendungsforschung der VVB Maschinelles Rechnen, BT Karl-Marx-Stadt

Beiträge zur Numerischen Mathematik
7 (1979), 121–137

Asymptotisch symmetrische Verfahren für Nullstellen- und Extremwertaufgaben einer Veränderlichen

Klaus Vetters

1. Einleitung

Diese Arbeit entstand aus dem Anliegen, effektive Algorithmen für die bei Optimierungsaufgaben auftretende Teilaufgabe der eindimensionalen Minimierung zu erstellen. Das gewonnene Verfahrensprinzip konnte dann auch auf Nullstellenaufgaben ausgedehnt werden.

Bei beiden Aufgabenklassen hat es sich bewährt, die Lösung iterativ einzuschließen, da sich mit der Kontrolle der Abnahme der Intervallänge die Konvergenz des Verfahrens sehr einfach überwachen läßt. Speziell bei den Extremwertaufgaben ist das Verfahren „Goldener Schnitt" ein wirksames lineares Verfahren dieser Art. Bei den überlinear konvergenten Einschließungsverfahren ergeben sich im allgemeinen Schwierigkeiten dadurch, daß die beiden Intervallgrenzen nicht die gleiche Fehlerordnung haben und zudem in getrennten Schritten verbessert werden.

Um diesen Nachteil zu beseitigen, werden hier überlinear konvergente Folgen von einschließenden Intervallen konstruiert, welche asymptotisch symmetrisch zur Lösung liegen. Für diese symmetrischen Verfahren ergeben sich relativ hohe Konvergenzgeschwindigkeiten, da sowohl im Verfahren als auch bei der Fehleranalyse die Vorzeichen der Fehler eine maßgebliche Rolle spielen. Da diese Verfahren zunächst nur lokalen Charakter besitzen, werden sie in ein globales, aber nur linear konvergierendes Hilfsverfahren eingebettet. Es wird nachgewiesen, daß ab einer gewissen Anzahl von Iterationen diese linearen Hilfsschritte von den Verfahren nicht mehr durchlaufen werden. Die Konstruktion der Intervallgrenzen durch eine sogenannte Spiegelung bewirkt eine Symmetrisierung und eine anschließende Mittelwertbildung eine Auslöschung der Rundungsfehler, so daß eine gute numerische Stabilität dieser Verfahren zu erwarten ist. Die bisherigen numerischen Tests rechtfertigen diese Vermutung.

Die vorgestellten Algorithmen lassen sich als „Intervalliteration" charakterisieren, da die Berechnung des neuen einschließenden Intervalls auf Grund der Informationen aus dem alten Intervall erfolgt. Als Beispiel solcher Verfahren seien die Verfahren von J. W. Schmidt [4] für Nullstellenaufgaben mit einer Veränderlichen genannt. Die dortigen Verfahren weisen ebenfalls globale und überlineare Konvergenzeigenschaften auf. Für eine „Punktiteration", nämlich das Newtonverfahren, wurden asymptotisch symmetrische Einschließungen bereits von H. Schwetlick [5] angegeben. Dort wird beim Newtonverfahren zur Punktfolge $\{x_k\}$ zusätzlich eine Intervallfolge $\{(a_k, b_k)\}$ konstruiert, welche asymptotisch symmetrisch zur Lösung liegt.

Herrn H. SCHWETLICK sei an dieser Stelle auch für die Anregung zu dieser Arbeit gedankt.

2. Asymptotische Symmetrie

Es wird eine Aufgabe A betrachtet mit einer Lösung $x^* \in R$ und ein Intervallverfahren, welches eine unendliche Folge von Intervallen $\{(a_k, b_k)\}$ erzeugt.

Definition. Eine Intervallfolge $\{(a_k, b_k)\}$ heißt x^* *asymptotisch einschließend*, falls ein Index $k_0 \in N$ existiert mit

$$a_k \leqq x^* \leqq b_k \qquad \text{für alle} \quad k \geqq k_0.$$

Definition. Eine Intervallfolge $\{(a_k, b_k)\}$ heißt *asymptotisch symmetrisch* bezüglich x^*, falls

$$\lim_{k\to\infty} \frac{x^* - a_k}{b_k - x^*} = 1 \tag{1}$$

gilt.

Bezüglich dieser beiden Definitionen läßt sich die

Aussage. *Eine bezüglich x^* asymptotisch symmetrische Intervallfolge $\{(a_k, b_k)\}$ ist auch asymptotisch einschließend bezüglich x^**

sehr einfach beweisen: Aus (1) folgt für $k \geqq k_0$

$$0 < \frac{x^* - a_k}{b_k - x^*}. \tag{2}$$

Die Annahme $b_k < x^*$ führt damit auf $a_k > x^* > b_k$, was im Widerspruch dazu steht, daß (a_k, b_k) ein Intervall ist. Es gilt also $x^* < b_k$ für $k \geqq k_0$ und daher wegen (2) auch $a_k < x^*$, q.e.d.

Definition. Gilt für eine bezüglich x^* asymptotisch symmetrische Intervallfolge $\{(a_k, b_k)\}$ zusätzlich $a_k \to x^*$ (und dann auch $b_k \to x^*$) für $k \to \infty$, so heißt $\{(a_k, b_k)\}$ *gegen x^* asymptotisch symmetrisch konvergent.*

3. Konstruktion asymptotisch symmetrischer Intervallfolgen

Wir betrachten wieder eine Aufgabe A mit einer Lösung x^*. Es werde angenommen, daß bereits ein oder mehrere einschließende Intervalle (a_j, b_j), $j = 0, 1, \ldots, k$, vorliegen nebst Informationen über die Aufgabe A auf diesen Intervallen (z. B. Funktionswerte, Ableitungswerte usw.). Dann sei

$$c = r(a_k, b_k, \ldots) \qquad (\textit{Vorschrift } R) \tag{3}$$

eine erste neue Näherung für x^* und

$$z = \varrho(c, a_k, b_k, \ldots) \tag{4}$$

eine zweite neue Näherung für x^*, deren „Fehlerordnung" jedoch bereits größer als diejenige von c sein soll. Durch die „Spiegelung" am Spiegelungszentrums z

$$d = z + (z - c) \tag{5}$$

erhält man dann im allgemeinen einen Punkt d, der gemeinsam mit c die Lösung x^* asymptotisch symmetrisch einschließt. Das neue Intervall (a_{k+1}, b_{k+1}) wird durch

$$a_{k+1} = \min\{c, d\}, \qquad b_{k+1} = \max\{c, d\}$$

bestimmt.

Wir wenden uns jetzt der Nullstellenaufgabe

$$f(x) = 0 \qquad (x \in R)$$

zu. Im folgenden wird für diese Aufgabe als Spieglungszentrum z stets

$$z = c - \frac{f(c)}{\delta f(a, b)} \qquad (a = a_k, b = b_k) \tag{6}$$

verwendet. Bereits ohne die Wahl von c zu fixieren, kann hierfür die asymptotische Symmetrie des Verfahrens nachgewiesen werden. Wir verwenden den Mittelwertsatz (es gilt $f(x^*) = 0$)

$$f(c) = (c - x^*)\, f'(\xi), \qquad \xi \in (x^*, c) \text{ passend,}$$

und die bekannte Darstellung

$$\delta f(a, b) = f'(\eta), \qquad \eta \in (a, b) \text{ passend,}$$

der Differenzen. Damit ergibt sich aus (6)

$$z - x^* = c - x^* - \frac{f'(\xi)}{f'(\eta)}(c - x^*)$$

und weiter aus (5)

$$d - x^* = \left(1 - 2\frac{f'(\xi)}{f'(\eta)}\right)(c - x^*). \tag{7}$$

Aus dieser Beziehung läßt sich für eine Nullstellenaufgabe, deren Lösungsmenge im Intervall (a_0, b_0) mit

$$L = \{x \in (a_0, b_0) \mid f(x) = 0\}$$

bezeichnet wird, der folgende Hilfssatz herleiten.

Hilfssatz. *Gegeben sei eine Intervallfolge* $\{(a_k, b_k)\}$ *und in jedem Intervall eine Zahl* $c_k \in (a_k, b_k)$. *Es gelte:*

(i) f *einmal stetig differenzierbar auf* (a_0, b_0);

(ii) $f'(x) \neq 0$ *für alle* $x \in L$;

(iii) $L \cap (a_k, b_k) \neq \emptyset$ *für* $k = 0, 1, \ldots$;

(iv) $b_k - a_k \to 0$ *für* $k \to \infty$;

(v) $(a_{k+1}, b_{k+1}) \subset (a_k, b_k)$ *für* $k = 0, 1, \ldots$;

(vi) $\delta f(a_k, b_k) \neq 0$ *für* $k = 0, 1, \ldots$

Zu jedem Intervall werde

$$d_k = c_k - 2\frac{f(c_k)}{\delta f(a_k, b_k)}, \tag{8}$$

und

$$\bar{c}_k = \min\{c_k, d_k\}, \qquad \bar{d}_k = \max\{c_k, d_k\}$$

berechnet. Dann bricht die Bestimmung der Intervallfolge $\{(\bar{c}_k, \bar{d}_k)\}$ *entweder wegen* $f(c_k) = 0$ *ab, oder die Folge* $\{(\bar{c}_k, \bar{d}_k)\}$ *konvergiert asymptotisch symmetrisch gegen eine Nullstelle* x^* *aus dem Intervall* (a_0, b_0).

Beweis. Im Fall $f(c_k) \neq 0$ für alle k liefert (8) unter Beachtung von (vi) eine unendliche Intervallfolge $\{(\bar{c}_k, \bar{d}_k)\}$. Wegen der Einschließungs- und Monotonieeigenschaften (iii), (iv), (v) existiert genau eine Zahl $x^* \in L$ mit

$$x^* \in (a_k, b_k) \qquad \text{für} \quad k = 0, 1, \ldots \tag{9}$$

Ist $K_1 \subset N$ die Menge der natürlichen Zahlen mit $\bar{c}_k = c_k$ und $K_2 = N \setminus K_1$, dann gilt nach (7)

$$\frac{x^* - \bar{c}_k}{\bar{d}_k - x^*} = \frac{x^* - c_k}{d_k - x^*} = \left(2\frac{f'(\xi_k)}{f'(\eta_k)} - 1\right)^{-1} \qquad (k \in K_1)$$

mit $\xi_k \in (x^*, c_k) \subset (a_k, b_k)$ wegen (9) und $\eta_k \in (a_k, b_k)$. Da $a_k \to x^*$, $b_k \to x^*$ auch $\xi_k \to x^*$, $\eta_k \to x^*$ bewirkt, folgt unter Beachtung von (i) und (ii)

$$\lim_{\substack{k\to\infty \\ k\in K_1}} \frac{x^* - \bar{c}_k}{\bar{d}_k - x^*} = 1.$$

(Ist K_1 endlich, kann der Beweis ohne die Aufspaltung von N in K_1 und K_2 geführt werden.) Der Beweis für $k \in K_2$ erfolgt analog, so daß insgesamt

$$\lim_{k\to\infty} \frac{x^* - \bar{c}_k}{\bar{d}_k - x^*} = 1 \tag{10}$$

gilt. Die Intervallfolge $\{(\bar{c}_k, \bar{d}_k)\}$ ist also asymptotisch symmetrisch bezüglich x^*. Da wegen $c_k \in (a_k, b_k)$ und (7) auch $\bar{c}_k \to x^*$ und $\bar{d}_k \to x^*$ gilt, konvergiert sie asymptotisch symmetrisch gegen x^*, q.e.d.

Die Folge $\{(a_k, b_k)\}$ soll nun iterativ unter Verwendung von $(\bar{c}_k, \bar{d}_k)$ bestimmt werden. Dazu wird zunächst

$$a_{k+1} = \bar{c}_k, \qquad b_{k+1} = \bar{d}_k \tag{11}$$

gesetzt und eine Reihe von Ungleichungen überprüft, welche (iii), (iv) und (v) nach sich ziehen:

$$f(a_{k+1})\, f(b_{k+1}) < 0, \tag{12}$$

$$b_{k+1} - a_{k+1} \leqq p(b_k - a_k), \tag{13}$$

$$a_k \leqq a_{k+1}, \qquad b_{k+1} \leqq b_k, \tag{14}$$

wobei p eine Konstante mit $0 < p < 1$ ist. Sobald eine dieser Ungleichungen verletzt ist, wird die Wahl von a_{k+1}, b_{k+1} nach (11) verworfen. Die neuen Intervallgrenzen a_{k+1}, b_{k+1} werden dann nach einem *Hilfsschritt H* bestimmt. Von diesem Hilfsschritt fordern wir, daß er bei Voraussetzung einer gewissen *Eigenschaft* V_H an f entweder durchführbar ist und (12), (13), (14) erfüllt oder mit einer gefundenen Nullstelle s_k abbricht. Für $p = 1/2$ genügt beispielsweise das bekannte Halbierungsverfahren dem obigen Satz von Ungleichungen, falls f im Arbeitsbereich stetig ist:

Hilfsschritt H: $s_k = (a_k + b_k)/2$,

$$a_{k+1} = \begin{cases} a_k \\ s_k, \end{cases} \quad b_{k+1} = \begin{cases} s_k & \textit{für} \quad f(a_k)\, f(s_k) < 0, \\ b_k & \textit{für} \quad f(b_k)\, f(s_k) < 0, \end{cases}$$

V_H: *f stetig auf* (a_0, b_0).

Um sichern zu können, daß von einem gewissen Index an stets der Normalschritt Anwendung findet, muß die *Vorschrift R* für c_k (Formel (3)) ebenfalls einer gewissen Forderung unterworfen werden:

Bei Gültigkeit einer *Voraussetzung* V_R an f sei die Vorschrift R stets durchführbar, und es gebe eine Zahl p, $0 < p < 1$, so daß für jedes $x \in L$ und jede Intervallfolge $\{(u_k, v_k)\}$ mit $u_k \to x - 0$, $v_k \to x + 0$ für die nach der Vorschrift R

$$c_k = r(u_k, v_k, \ldots)$$

gebildete Folge $\{c_k\}$

$$\lim_{k\to\infty} \frac{|c_k - x|}{x - u_k} < \frac{p}{2}, \quad \lim_{k\to\infty} \frac{|c_k - x|}{v_k - x} < \frac{p}{2} \tag{15}$$

gilt.

Setzen wir nun voraus, daß eine derartige Vorschrift R zur Berechnung von c_k zur Verfügung steht, so ergibt sich insgesamt das

Verfahren AS (Asymptotisch symmetrische Intervalliteration für Nullstellenaufgaben)

Start: Gegeben sei ein Intervall (a_0, b_0)

$(k + 1)$*-ter Schritt: Bekannt sei* (a_k, b_k).

1. *Berechne* c_k *nach der Vorschrift R.*
2. *Berechne* $\bar{c}_k$, $\bar{d}_k$ *nach* (8); *ist* (8) *wegen* $\delta f(a_k, b_k) = 0$ *nicht durchführbar, gehe nach* 4.
3. *Sind die Ungleichungen* (12), (13), (14) *für* $a_{k+1} = \bar{c}_k$, $b_{k+1} = \bar{d}_k$ *erfüllt, setze* $a_{k+1} = \bar{c}_k$, $b_{k+1} = \bar{d}_k$, *(Normalschritt)* *andernfalls:*
4. *Berechne* a_{k+1}, b_{k+1} *nach einem Hilfsschritt H, welcher die Ungleichungen* (12), (13), (14) *erfüllt.*

Für dieses Verfahren ergibt sich aus dem Hilfssatz und den Eigenschaften von R und H der

Konvergenzsatz. *Die Funktion f erfülle die Bedingungen* (i) *und* (ii) *des Hilfssatzes sowie die Voraussetzungen V_H und V_R, und es gelte $f(a_0)\,f(b_0) < 0$. Dann bricht das Verfahren AS entweder im Normalschritt mit $f(c_k) = 0$ oder im Hilfsschritt mit $f(s_k) = 0$ ab oder erzeugt eine unendliche Folge $\{(a_k, b_k)\}$, welche asymptotisch symmetrisch gegen eine Nullstelle x^* von f aus (a_0, b_0) konvergiert.*

Beweis. Wegen (14) verläuft das Verfahren in (a_0, b_0) und erzeugt dort auf Grund der durch V_R und V_H gesicherten Durchführbarkeit von R und H eine Folge $\{(a_k, b_k)\}$, welche entweder in Schritt 2 durch $f(c_k) = 0$ oder in Schritt 4 durch $f(s_k) = 0$ abbricht oder unendlich ist.

Wir nehmen jetzt an, daß die Folge $\{(a_k, b_k)\}$ unendlich ist. Sie erfüllt die Ungleichungen (12), (13), (14), was die Existenz einer Nullstelle x^* von f aus (a_0, b_0) mit $a_k \to x^*$, $b_k \to x^*$, $a_k < x^* < b_k$ für $k = 0, 1, \ldots$ zur Folge hat. Um den Hilfssatz anwenden zu können, brauchen wir also nur noch die Gültigkeit von $c_k \in (a_k, b_k)$ und von Voraussetzung (vi) nachzuweisen. Wegen Voraussetzung V_R und den gerade notierten Eigenschaften von $\{(a_k, b_k)\}$ ist (15) anwendbar, es kann also eine Zahl $\bar{k}_0$ und eine Zahl q, $0 < q < 1$, so gewählt werden, daß für $k \geqq \bar{k}_0$

$$|c_k - x^*| \leqq (1 - q)\,\frac{p}{2}\,(x^* - a_k),$$

$$|c_k - x^*| \leqq (1 - q)\,\frac{p}{2}\,(b_k - x^*) \tag{16}$$

gilt. Es folgt dann für $k \geqq \bar{k}_0$ (der Faktor $(1 - q)$ findet erst später Verwendung)

$$\begin{aligned} a_k &\leqq a_k + \frac{p}{2}\,(x^* - a_k) = a_k + p(x^* - a_k) - \frac{p}{2}\,(x^* - a_k) \\ &\leqq a_k + (x^* - a_k) + (c_k - x^*) = c_k. \end{aligned}$$

Analog wird $c_k \leqq b_k$ gezeigt. Wegen der bereits erwiesenen Konvergenz von $\{(a_k, b_k)\}$ gegen ein $x^* \in L$ gibt es unter Beachtung von (i) und (ii) einen Index $\hat{k}_0$ mit

$$f'(\xi) \neq 0 \qquad \text{für alle} \qquad \xi \in (a_k, b_k), \qquad k \geqq \hat{k}_0,$$

was $\delta f(a_k, b_k) = f'(\xi_k) \neq 0$ und damit die Gültigkeit von (vi) für $k \geqq \hat{k}_0$ nach sich zieht. Der Hilfssatz ist also auf die Folge $\{(a_k, b_k)\}$ für $k \geqq k_0 := \max\{\bar{k}_0, \hat{k}_0\}$ anwendbar. Die Intervallfolge $\{(\bar{c}_k, \bar{d}_k)\}$ konvergiert also asymptotisch symmetrisch gegen die Nullstelle x^* von f aus (a_0, b_0).

Um diese Eigenschaft auch für die Folge $\{(a_k, b_k)\}$ zu erhalten, ist noch zu zeigen, daß ein Index K existiert, so daß für $k \geqq K$ im Verfahren AS der Hilfsschritt H entfällt, d. h., daß die Ungleichungen

$$f(\bar{c}_k)\,f(\bar{d}_k) < 0, \tag{17}$$

$$\bar{d}_k - \bar{c}_k \leqq p(b_k - a_k), \tag{18}$$

$$a_k \leqq \bar{c}_k, \qquad \bar{d}_k \leqq b_k \tag{19}$$

für $k \geqq K$ gelten.

Auf Grund von $\bar{c}_k \to x^*$, $\bar{d}_k \to x^*$, (i) und (ii) gibt es einen Index $\bar{k}_1$ mit

$$f'(x) \neq 0 \qquad \text{für alle} \qquad x \in (\bar{c}_k, \bar{d}_k), \qquad k \geqq \bar{k}_1. \tag{20}$$

Ferner existiert wegen der bereits nachgewiesenen asymptotischen Symmetrie von $\{(\bar{c}_k, \bar{d}_k)\}$ ein Index $\hat{k}_1$ mit $\bar{c}_k \leqq x^* \leqq \bar{d}_k$ für alle $k \geqq \hat{k}_1$. Die linearen Taylorformeln für $f(\bar{c}_k)$, $f(\bar{d}_k)$ mit der Entwicklungsstelle x^* ergeben damit

$$f(\bar{c}_k)\, f(\bar{d}_k) = (\bar{c}_k - x^*)\,(\bar{d}_k - x^*)\, f'(\xi_k)\, f'(\eta_k) < 0$$

für alle $k \geqq k_1 := \max\{\hat{k}_1, \bar{k}_1\}$, denn wegen $\bar{c}_k < \xi_k < x^* < \eta_k < \bar{d}_k$ und wegen (20) haben $f'(\xi_k)$ und $f'(\eta_k)$ gleiches Vorzeichen, während $\bar{c}_k - x^*$ und $\bar{d}_k - x^*$ entgegengesetztes Vorzeichen haben. Die Ungleichung (17) ist also für $k \geqq k_1$ erfüllt.

Für den Nachweis von (18) halten wir zunächst fest, daß aus (16)

$$|c_k - x^*| \leqq (1 - q)\, \frac{p}{2}\, (b_k - a_k) \tag{21}$$

für $k \geqq \bar{k}_0$ folgt. Ferner gibt es wegen der asymptotischen Symmetrie von $\{(\bar{c}_k, \bar{d}_k)\}$ einen Index $\bar{k}_2$ mit

$$\frac{\bar{d}_k - x^*}{x^* - \bar{c}_k} \leqq 1 + 2q \tag{22}$$

für $k \geqq \bar{k}_2$. Es sei nun $K_1 := \{k \in N \mid \bar{c}_k = c_k\}$. Dann erhält man mit (21), (22) für alle $k \in K_1$ und $k \geqq k_2 := \max\{\bar{k}_0, \bar{k}_2\}$

$$0 \leqq \bar{d}_k - x^* = \frac{\bar{d}_k - x^*}{x^* - \bar{c}_k}\,(x^* - c_k) \leqq (1 + 2q)\,(1 - q)\, \frac{p}{2}\,(b_k - a_k)$$

und damit

$$\bar{d}_k - \bar{c}_k = (\bar{d}_k - x^*) + (x^* - \bar{c}_k) \leqq (1 - q^2)\, p(b_k - a_k) < p(b_k - a_k).$$

Für $k \in K_2 = N \setminus K_1$ kann diese Beziehung analog nachgewiesen werden. Damit steht die Gültigkeit von (18) für $k \geqq k_2$ fest.

Da oben bereits $a_k \leqq c_k \leqq b_k$ für $k \geqq \bar{k}_0$ gezeigt wurde, verbleibt für den Nachweis von (19), noch $a_k \leqq d_k \leqq b_k$ von einem gewissen Index an nachzuweisen. Hierzu sei vorbereitend festgestellt, daß wegen der bereits bewiesenen asymptotischen Symmetrie von $\{(\bar{c}_k, \bar{d}_k)\}$ ein Index $\bar{k}_3$ existiert mit

$$\frac{1}{1+p} < \frac{\bar{d}_k - x^*}{x^* - \bar{c}_k} < 1 + p \qquad \text{für} \qquad k \geqq \bar{k}_3.$$

Da diese beiden Ungleichungen offenbar auch für die ungestrichenen Größen c_k, d_k gelten, erhält man nun für $k \geqq k_3 := \max\{\bar{k}_0, \bar{k}_3\}$ bei Verwendung von (16)

$$\begin{aligned} d_k &= a_k + (x^* - a_k) + \frac{d_k - x^*}{x^* - c_k}\,(x^* - c_k) \\ &> a_k + p(x^* - a_k) - (1 + p)\,|x^* - c_k| \\ &\geqq a_k + (1 - p)\,\frac{p}{2}\,(x^* - a_k) > a_k \end{aligned}$$

und analog $d_k < b_k$. Es gilt also (19) für $k \geqq k_3$.

Für $k \geqq K := \max\{k_1, k_2, k_3\}$ sind also die Ungleichungen (17), (18), (19) stets gültig, was im Verfahren $a_{k+1} = \bar{c}_k$, $b_{k+1} = \bar{d}_k$ und damit

$$\lim_{k\to\infty} \frac{x^* - a_k}{b_k - x^*} = 1$$

zur Folge hat, q.e.d.

4. Verfahren für Nullstellenaufgaben

Aus dem im vorangegangenen Abschnitt vorgestellten Verfahren AS ergeben sich durch spezielle Realisierung der nur der Bedingung (15) unterworfenen Vorschrift R für c_k unterschiedliche Verfahren.

Zur kürzeren Schreibweise der erforderlichen Fehleranalysen vereinbaren wir die Bezeichnung

$$\alpha_k = x^* - a_k, \qquad \beta_k = b_k - x^*$$

für $x^* \in L$. Die Bezeichnung der Konvergenzexponenten erfolgt nach [3].

Wählt man für c_k den Regula-falsi-Punkt über (a_k, b_k), so entsteht

Verfahren 1. *Verfahren AS mit der Vorschrift R:*

$$c_k = \frac{1}{2}(a_k + b_k) - \frac{mf(a_k, b_k)}{\delta f(a_k, b_k)}, \tag{23}$$

wobei $mf(a, b) = \frac{1}{2}\big(f(a) + f(b)\big)$ *bedeutet.*

Aussage 1. *Es seien die Voraussetzungen des Konvergenzsatzes erfüllt, wobei für* V_R *die Voraussetzung der zweimaligen stetigen Differenzierbarkeit von* f *auf* (a_0, b_0) *gesetzt sei. Dann gilt für die durch Verfahren 1 erzeugte Folge* $\{(a_k, b_k)\}$ *zusätzlich zur Aussage des Konvergenzsatzes: Die Folge der Intervallängen* $\{b_k - a_k\}$ *strebt mindestens mit dem R-Konvergenzexponenten 2 gegen Null.*[1])

Beweis. Zunächst ist zu zeigen, daß die Wahl von c_k gemäß (23) den Bedingungen (15) genügt. Da bei einfachen Nullstellen $x^* \in (a_k, b_k)$ für den lokalen Fehler der Regula-falsi bekanntlich

$$c_k - x^* = -\frac{1}{2}\alpha_k\beta_k \frac{f''(\xi_k)}{f'(\eta_k)} \qquad \big(\xi, \eta_k \in (a_k, b_k)\big)$$

gilt, erhält man unmittelbar

$$\lim_{(\alpha_k,\beta_k)\to(+0,+0)} \frac{|c_k - x^*|}{x^* - a_k} = \frac{1}{2}\frac{f''(x^*)}{f'(x^*)} \lim \beta_k = 0.$$

Der zweite Grenzwert von (15) folgt analog, womit der Konvergenzsatz anwendbar

---

[1]) Die Konvergenz von $\{a_k\}$ und $\{b_k\}$ gegen x^* erfolgt dann ebenfalls mindestens mit dem R-Konvergenzexponenten 2.

ist. Die Größe des Konvergenzexponenten folgt aus der Abschätzung

$$b_{k+1} - a_{k+1} = \bar{d}_k - \bar{c}_k = |d_k - c_k| = 2\left|\frac{f(c_k)}{\delta f(a_k, b_k)}\right| = 2\,\frac{f'(\zeta_k)}{f'(\eta_k)}\,|c_k - x^*|$$
$$= 2A_k\alpha_k\beta_k \leqq A_k(\alpha_k + \beta_k)^2 = A_k\,|b_k - a_k|^2,$$

wobei $A_k = f'(\zeta_k)\,f''(\xi_k)/\bigl(2(f'(\eta_k))^2\bigr)$ wegen $\xi_k, \eta_k, \zeta_k \in (a_k, b_k)$ für $k \to \infty$ gegen eine positive Konstante geht, q.e.d.

Bemerkung zur *Effektivität*. Das Verfahren 1 benötigt zwei Funktionswerte pro Intervallschritt und erzeugt eine quadratisch konvergente, die Lösung einschließende Intervallfolge. Es hat also den gleichen Wirkungsgrad wie das Newtonverfahren, liefert aber die doppelte Information, nämlich eine die Lösung monoton einschließende Intervallfolge statt einer Punktfolge.

Verfahren 2. *Verfahren AS mit der Vorschrift R:*

$$c_k = \frac{1}{2}\,(a_k + b_k).$$

Diese Vorschrift erfüllt nicht die Bedingung (15), so daß der Konvergenzsatz nicht anwendbar ist. Es läßt sich jedoch die lokale Konvergenz des Normalschrittes

$$\begin{aligned} c_k &= \frac{1}{2}\,(a_k + b_k), & d_k &= c_k - 2\,\frac{f(c_k)}{\delta f(a_k, b_k)}, \\ a_{k+1} &= \min\{c_k, d_k\}, & b_{k+1} &= \max\{c_k, d_k\} \end{aligned} \tag{24}$$

(Abbruch für $f(a_k) = 0$ oder $f(b_k) = 0$ oder $f(c_k) = 0$) nachweisen.

Aussage 2. *Die Funktion f sei dreimal stetig differenzierbar. Dann konvergiert das nur aus dem Normalschritt* (24) *bestehende Verfahren für hinreichend kleine und hinreichend symmetrische, eine einfache Nullstelle x^* von f einschließende Startintervalle* (a_0, b_0) *asymptotisch symmetrisch und mindestens mit dem R-Konvergenzexponenten* 2 *gegen x^*.*

Beweis. Es sei (a_0, b_0) ein Startintervall, welches den Bedingungen

(i) (a_0, b_0) enthalte eine einfache Nullstelle x^* von f,

(ii) $\dfrac{1}{4\,|f'(\eta)|}\,|f''(\omega) - 2f''(x^*)| \cdot |\alpha_0 - \beta_0| \leqq \dfrac{1}{4}$,

(iii) $\dfrac{1}{6}\left|\dfrac{f'''(\tau)}{f'(\eta)}\right|(\alpha_0 + \beta_0)^2 \leqq \dfrac{1}{4}$,

(iv) $\dfrac{1}{2} \leqq \dfrac{f'(\xi)}{f'(\eta)} \leqq \dfrac{3}{2}$,

(v) $|\alpha_0 - \beta_0| \leqq \dfrac{1}{2}\,(\alpha_0 + \beta_0)$

für alle $\tau, \xi, \eta, \omega \in I := (2a_0 - b_0, 2b_0 - a_0)$ genügt. Aus (iv) folgt zunächst $f'(x) \neq 0$ für $x \in I$, also auch $\delta f(a, b) \neq 0$ für $(a, b) \subset I$, womit das Verfahren für jedes Intervall $(a_k, b_k) \subset I$ durchführbar ist. Im Fall $a_k = b_k$ wäre $f(c_{k-1}) = 0$ gewesen, was aber den Abbruch des Verfahrens bewirken soll. Wir nehmen nun an, daß das Verfahren nicht abbricht. Es gilt dann stets $a_n \neq x^*$, $b_n \neq x^*$, d. h.

$$\alpha_n \neq 0, \qquad \beta_n \neq 0 \qquad \text{für} \qquad n = 0, 1, 2, \ldots \tag{25}$$

Durch Induktion wird jetzt für $n = 0, 1, 2, \ldots$

$$\alpha_n > 0, \qquad \beta_n > 0, \qquad \alpha_n + \beta_n \leqq \alpha_0 + \beta_0, \qquad |\alpha_n - \beta_n| \leqq |\alpha_0 - \beta_0| \tag{26}$$

nachgewiesen.

Für $n = 0$ ist (26) wegen (i) richtig. Wir nehmen nun (26) für $n = k$ als richtig an und führen den Schluß auf $n = k + 1$ durch. Es gilt

$$\begin{aligned}\beta_{k+1} - \alpha_{k+1} &= (b_{k+1} - x^*) - (x^* - a_{k+1}) = (c_k - x^*) + (d_k - x^*)\\ &= 2\left(c_k - x^* - \frac{f(c_k)}{\delta f(a_k, b_k)}\right) = \frac{2}{f'(\eta_k)}\left(\delta f(a_k, b_k)(c_k - x^*) - f(c_k)\right)\end{aligned} \tag{27}$$

mit $\eta_k \in (a_k, b_k) \subset I$. Aus den Taylorformeln

$$f(a_k) = -\alpha_k f'(x^*) + \frac{1}{2}\alpha_k^2 f''(x^*) - \frac{1}{6}\alpha_k^3 f'''(\varrho_k), \quad \varrho_k \in (a_k, x^*) \subset I,$$

$$f(b_k) = \beta_k f'(x^*) + \frac{1}{2}\beta_k^2 f''(x^*) + \frac{1}{6}\beta_k^3 f'''(\sigma_k), \quad \sigma_k \in (x^*, b_k) \subset I,$$

folgt bei Verwendung von

$$\frac{\alpha_k^3}{\alpha_k^3 + \beta_k^3} f'''(\varrho_k) + \frac{\beta_k^3}{\alpha_k^3 + \beta_k^3} f'''(\sigma_k) = f'''(\tau_k), \qquad \tau_k \in (a_k, b_k) \subset I,$$

(nach dem Zwischenwertsatz unter Beachtung von $\alpha_k > 0$, $\beta_k > 0$) die Beziehung

$$\delta f(a_k, b_k) = f'(x^*) - \frac{1}{2}(\alpha_k - \beta_k) f''(x^*) + \frac{1}{6}(\alpha_k + \beta_k)^2 B_k f'(\eta_k)$$

mit

$$B_k = \frac{1}{6}\,\frac{\alpha_k^3 + \beta_k^3}{(\alpha_k + \beta_k)^3}\,\frac{f'''(\tau_k)}{f'(\eta_k)}.$$

Ferner gilt

$$f(c_k) = (c_k - x^*) f'(x^*) + \frac{1}{2}(c_k - x^*)^2 f''(\omega_k)$$

mit $\omega_k \in (x^*, c_k) \subset (a_k, b_k) \subset I$. Durch Einsetzen dieser beiden Formeln in (27) entsteht

$$\alpha_{k+1} - \beta_{k+1} = \frac{c_k - x^*}{f'(\eta_k)}\left[(\alpha_k - \beta_k) f''(x^*) + (c_k - x^*) f''(\omega_k) - 2(\alpha_k + \beta_k)^2 B_k f'(\eta_k)\right] \tag{28}$$

mit $\eta_k, \omega_k, \tau_k \in (a_k, b_k) \subset I$. Diese Formel wurde ohne Beachtung der speziellen Gestalt von c_k hergeleitet und wird an anderer Stelle noch Verwendung finden.

Berücksichtigen wir nun, daß im Verfahren (24) speziell

$$c_k - x^* = \frac{1}{2}(\beta_k - \alpha_k)$$

gilt, so entsteht

$$\alpha_{k+1} - \beta_{k+1} = A_k(\alpha_k - \beta_k)^2 + B_k(\alpha_k - \beta_k)(\alpha_k + \beta_k)^2 \tag{29}$$

mit

$$A_k = \frac{1}{4f'(\eta_k)}\big(f''(\omega_k) - 2f''(x^*)\big), \qquad \eta_k, \omega_k \in I,$$

und B_k wie oben. Für die Intervallänge ergibt sich

$$\begin{aligned} \alpha_{k+1} + \beta_{k+1} = b_{k+1} - a_{k+1} &= |d_k - c_k| \\ &= \left|\frac{2f(c_k)}{\delta f(a_k, b_k)}\right| = 2\left|\frac{f'(\xi_k)}{f'(\eta_k)}\right| \cdot |c_k - x^*| \end{aligned} \tag{30}$$

und damit

$$\alpha_{k+1} + \beta_{k+1} = C_k\,|\alpha_k - \beta_k| \tag{31}$$

mit

$$C_k = \left|\frac{f'(\xi_k)}{f'(\eta_k)}\right|, \qquad \xi_k, \eta_k \in (a_k, b_k) \subset I.$$

Aus (29) und (31) folgt nun leicht

$$\alpha_{k+1} = \frac{1}{2}C_k\,|\alpha_k - \beta_k| + \frac{1}{2}A_k(\alpha_k - \beta_k)^2 + \frac{1}{2}B_k(\alpha_k - \beta_k)(\alpha_k + \beta_k)^2,$$

$$\beta_{k+1} = \frac{1}{2}C_k\,|\alpha_k - \beta_k| - \frac{1}{2}A_k(\alpha_k - \beta_k)^2 - \frac{1}{2}B_k(\alpha_k - \beta_k)(\alpha_k + \beta_k)^2,$$

woraus man mit der Induktionsvoraussetzung (26) zunächst

$$\min\{\alpha_{k+1}, \beta_{k+1}\} \geqq \frac{1}{2}|\alpha_0 - \beta_0|\big(C_k - |A_k| \cdot |\alpha_0 - \beta_0| - |B_k|(\alpha_0 + \beta_0)^2\big)$$

und mit (ii), (iii), (iv) weiter (man beachte $\tau_k, \xi_k, \eta_k, \omega_k \in I$)

$$\min\{\alpha_{k+1}, \beta_{k+1}\} \geqq \frac{1}{2}|\alpha_0 - \beta_0|\left(\frac{1}{2} - \frac{1}{4} - \frac{1}{4}\right) = 0$$

erhält. Unter Beachtung von (25) ist damit $\alpha_{k+1} > 0, \beta_{k+1} > 0$ nachgewiesen. Aus (31), (26) für $n = k$ und (v) folgt

$$\alpha_{k+1} + \beta_{k+1} \leqq \frac{3}{2}|\alpha_0 - \beta_0| \leqq \frac{3}{4}(\alpha_0 + \beta_0) < \alpha_0 + \beta_0$$

und aus (29), (26) für $n = k$, (ii) und (iii)

$$|\alpha_{k+1} - \beta_{k+1}| \leqq |\alpha_k - \beta_k| \left(\frac{1}{4} + \frac{1}{4}\right) \leqq |\alpha_0 - \beta_0|, \tag{32}$$

womit der Nachweis von (26) für $n = 0, 1, \ldots$ abgeschlossen ist.

Wegen (32) gilt $\alpha_n - \beta_n \to 0$ und damit wegen (31) auch $\alpha_n + \beta_n \to 0$, also $a_n \to x^*$, $b_n \to x^*$ und $a_n \leqq x^* \leqq b_n$ für $n = 0, 1, \ldots$

Zum Nachweis der asymptotischen Symmetrie bilden wir mit (29), (31)

$$\lim_{n\to\infty} \left|\frac{\beta_{n+1}}{\alpha_{n+1} + \beta_{n+1}} - \frac{1}{2}\right| = \frac{1}{2} \lim_{n\to\infty} \left|\frac{\alpha_{n+1} - \beta_{n+1}}{\alpha_{n+1} + \beta_{n+1}}\right|$$
$$\leqq \lim_{n\to\infty} \left|\frac{A_n}{C_n} (\alpha_n - \beta_n)\right| + \lim_{n\to\infty} \left|\frac{B_n}{C_n}\right| (\alpha_n + \beta_n)^2 = 0.$$

Es ist also

$$\lim_{n\to\infty} \frac{\alpha_n + \beta_n}{\beta_n} = 2$$

und folglich

$$\lim_{n\to\infty} \frac{x^* - a_n}{b_n - x^*} = \lim_{n\to\infty} \frac{\alpha_n}{\beta_n} = \lim_{n\to\infty} \left(\frac{\alpha_n + \beta_n}{\beta_n} - 1\right) = 1.$$

Daß die Folge $\{\alpha_n - \beta_n\}$ mindestens den R-Konvergenzexponenten 2 besitzt, erkennt man, wenn man (31) in (29) einsetzt:

$$\alpha_{n+1} - \beta_{n+1} = A_n(\alpha_n - \beta_n)^2 + B_n(\alpha_n - \beta_n)(\alpha_{n-1} - \beta_{n-1})^2.$$

Wegen (31) konvergiert dann auch $\{\alpha_n + \beta_n\}$ mindestens mit dem R-Konvergenzexponenten 2, q.e.d.

5. Ein Verfahren für Extremwertaufgaben

Für die Lösung der Aufgabe

$$\varphi(x) \to \min_{x \in R}$$

benötigt man im allgemeinen neben einem global arbeitenden Rahmenprogramm für die Suche nach dem absoluten Minimum ein ebenfalls globale Konvergenzeigenschaften aufweisendes Verfahren für die Berechnung der lokalen Minima. Für den Fall, daß die Ableitung der Funktion φ zur Verfügung steht, können dazu zuerst die Verfahren 1 und 2 für die Aufgabe $0 = f(x) := \varphi'(x)$ verwendet werden. Wesentlich höhere Konvergenzordnung besitzt

Verfahren 3. *Verfahren AS mit*

$$f(x) = \varphi'(x),$$
$$\varphi'(a_{k+1}) < 0, \qquad \varphi'(b_{k+1}) > 0 \qquad \text{an Stelle von (17)}$$

und mit der Vorschrift R:

$$c_k = \frac{1}{2}(a_k + b_k) - \frac{\delta\varphi'}{12\Delta} + \operatorname{sign}(\Delta)\sqrt{\left(\frac{\delta\varphi'}{12\Delta}\right)^2 - \frac{\delta\varphi}{6\Delta} + \frac{1}{12}(b_k - a_k)^2},$$

wobei

$$\delta\varphi = \delta\varphi(a_k, b_k), \qquad m\varphi' = m\varphi'(a_k, b_k), \qquad \delta\varphi' = \delta\varphi'(a_k, b_k),$$
$$\Delta = (m\varphi' - \delta\varphi)/(b_k - a_k)^2$$

zu setzen ist.

Bemerkungen. 1. Die Zahl c_k ist die im Fall $\varphi'(a_k) < 0$, $\varphi'(b_k) > 0$ in (a_k, b_k) eindeutige Minimumstelle des hermiteschen Interpolationspolynoms $p_3(x)$ mit den Stützstellen a_k, a_k, b_k, b_k. Für die rechnerische Realisierung verwendet man für kleine Δ $(\approx \varphi'''/2)$ statt obiger Formel besser die ihr zugrunde liegende quadratische Gleichung $p_3'(c) = 0$.

2. Das Verfahren benötigt pro Schritt zwei Funktionswerte und zwei Werte der Ableitung.

Aussage 3. *Die Funktion $\varphi(x)$ besitze in (a_0, b_0) nur Minimumstellen mit $\varphi'' > 0$, sei dort fünfmal stetig differenzierbar, und es gelte $\varphi'(a_0) < 0$, $\varphi'(b_0) > 0$. Dann bricht Verfahren 3 entweder an einer stationären Stelle von φ aus (a_0, b_0) ab oder erzeugt eine unendliche Intervallfolge $\{(a_k, b_k)\}$, welche monoton einschließend und asymptotisch symmetrisch mindestens mit dem R-Konvergenzexponenten $2 + \sqrt{2} \approx 3{,}41$ gegen eine Minimumstelle x^* von φ aus (a_0, b_0) konvergiert.*

Beweis. Wir beginnen mit dem Nachweis von (15). Für das Restglied der hermiteschen Interpolation mit den Stützstellen a, a, b, b gilt

$$R_4(x) = \varphi(x) - p_3(x) = (x-a)^2 (x-b)^2 [xaabb] \tag{33}$$

(mit [...] werden die Steigungen von φ bezeichnet), woraus mit

$$\frac{d}{dx}[xaabb] = \frac{1}{5!}\varphi^{(5)}(\eta), \qquad \eta \in (a, b),$$

die Darstellung der Restgliedableitung

$$R_4'(x) = 2(x - a + x - b)(x-a)(x-b)\frac{\varphi^{(4)}(\xi)}{4!} + (x-a)^2(x-b)^2\frac{\varphi^{(5)}(\eta)}{5!} \tag{34}$$

mit $\xi, \eta \in (a, b)$ folgt. Es sei nun $\varphi'(a) < 0$, $\varphi'(b) > 0$, und c sei die unter diesen Bedingungen in (a, b) — wie man leicht zeigen kann — eindeutige Nullstelle von p_3'.

Es gilt dann für alle $x \in (a, b)$

$$0 = p_3'(c) = p_3'(x) + (c - x)\, p_3''(\zeta), \qquad \zeta \in (x, c) \subset (a, b),$$

und damit

$$c - x^* = -\frac{p_3'(x^*)}{p_3''(\zeta)}.$$

Mit Hilfe von (33) und (34) entsteht daraus, wenn man $\alpha = x^* - a$ und $\beta = b - x^*$ setzt,

$$c - x^* = \frac{1}{p_3''(\zeta)} \left\{ \frac{1}{12}\, \alpha\beta(\beta - \alpha)\, \varphi^{(4)}(\xi) + \frac{1}{120}\, \alpha^2\beta^2\varphi^{(5)}(\eta) \right\}. \tag{35}$$

Aus

$$\begin{aligned} p_3''(x) &= [aab] + [abb] + 3(x - a + x - b)\,[aabb] \\ &= \varphi''(\sigma) + \left(x - \frac{a+b}{2}\right) \varphi'''(\tau), \qquad \tau, \sigma \in (a, b) \quad \text{passend,} \end{aligned}$$

(es gilt $[aab] + [abb] = \delta\varphi'(a, b) = \varphi''(\sigma)$) folgt $p_3''(\zeta) \to \varphi''(x^*)$ für $(a, b) \to (x^*, x^*)$, womit sich aus (35) die Gültigkeit der Bedingungen (15) ergibt.

Der Konvergenzsatz ist also anwendbar: Die Folge $\{(a_k, b_k)\}$ konvergiert, ausgehend von einem Startintervall (a_0, b_0) mit $\varphi'(a_0) < 0$, $\varphi'(b_0) > 0$, asymptotisch symmetrisch gegen eine (nach Voraussetzung einfache) Nullstelle x^* von φ' aus (a_0, b_0). Wegen $\varphi'(a_k) < 0$, $\varphi'(b_k) > 0$, $x^* \in (a_k, b_k) \to (x^*, x^*)$ ist x^* eine Minimumstelle.

Es ist noch die Konvergenzgeschwindigkeit nachzuweisen. In die im Beweis zu Aussage 2 für die Intervallänge bei der Spiegelung erhaltene Beziehung (30) wird (35) eingesetzt, für eine hinreichend kleine Umgebung von x^* werden die Koeffizienten der Fehlerterme durch Konstanten sowie $\alpha_k\beta_k$ und $\alpha_k^2\beta_k^2$ durch

$$\alpha_k\beta_k \leqq \frac{1}{2}\,(\alpha_k + \beta_k)^2, \qquad \alpha_k^2\beta_k^2 \leqq \frac{1}{6}\,(\alpha_k + \beta_k)^4$$

abgeschätzt. Es entsteht so, wenn noch

$$\varepsilon_k = \alpha_k + \beta_k, \qquad \eta_k = \beta_k - \alpha_k$$

gesetzt wird,

$$\varepsilon_{k+1} \leqq A\varepsilon_k^2\eta_k + B\varepsilon_k^4. \tag{37}$$

Durch analoges Vorgehen entsteht aus (28) und (35)

$$\eta_{k+1} \leqq C\varepsilon_k^2\eta_k^2 + D\varepsilon_k^4\eta_k + E\varepsilon_k^4\eta_k^2 + F\varepsilon_k^6 + G\varepsilon_k^6\eta_k + H\varepsilon_k^8. \tag{38}$$

Die Ermittlung des R-Konvergenzexponenten $\varkappa$ von $\{\varepsilon_k\}$ und $\{\eta_k\}$ erfolgt nun durch die in [3] und [2] verwendeten Methoden. Sie bestehen im Nachweis, daß die in (37), (38) stehenden Summanden für $k \geqq k_0$ durch den ersten Summanden übertroffen werden, und in der Berechnung von $\varkappa$ als dominantem Eigenwert der aus den Exponenten der ersten Summanden von (37), (38) gebildeten Matrix $\begin{pmatrix} 2 & 1 \\ 2 & 2 \end{pmatrix}$, q.e.d.

6. Praktische Erfahrungen

Ausführliche Tests wurden bisher nur mit dem Verfahren 3 unternommen. Obwohl dieses Verfahren infolge der auftretenden höheren Differenzenquotienten die größten Schwierigkeiten zu bergen scheint (in den Differenzenquotienten erfolgt durch die Symmetrie der Verfahren eine mit der Konvergenz fortschreitende Stellenauslöschung), wurden durchweg positive Ergebnisse erzielt. Der Grund für diese Stabilität kann im Prinzip der Spiegelung gefunden werden: Ein Verfahrensfehler ε bei c_k,

$$\tilde{c}_k = c_k - \varepsilon,$$

erzeugt durch die Spiegelung bei d_k einen entgegengesetzten Fehler

$$\tilde{d}_k = d_k + \varepsilon + O(\varepsilon^2).$$

Durch den dominanten Term $\frac{1}{2}(a_{k+1} + b_{k+1}) = \frac{1}{2}(c_k + d_k)$ bei der Berechnung von c_{k+1} werden diese linearen Verfahrensfehler ε und $-\varepsilon$ kompensiert. Im Verfahren 2 werden die linearen Fehler sogar vollkommen annulliert.

Beispiel 1. Mit Verfahren 1 wird vom Startintervall (0.5, 3.0) aus eine Nullstelle der Funktion

$$f(x) = \left(1 - \frac{1}{x}\right)\left(1 - \frac{1.1}{x}\right)\left(1 - \frac{1.2}{x}\right)$$

bestimmt. (Es wird $p = 0.5$ und für H das Halbierungsverfahren genommen; vgl. Tabelle 1.)

Tabelle 1

Art	a_k	b_k
	0.5	3.0
H	0.5	1.75
H	1.125	1.75
H	1.125	1.4375
H	1.125	1.28125
H	1.125	1.203125
H	1.1640625	1.203125
H	1.18359375	1.203125
N	1.19924979892744	1.20102339767920
N	1.19999043242980	1.20000949989952
N	1.19999999886363	1.20000000113595
N	1.19999999999979	1.20000000000021

Abbruch durch $f(c_{11}) = 0$, mit $c_{11} = 1.20000000000000$
H ... Hilfsschritt, N ... Normalschritt

Beispiel 2. Verfahren 2 wird mit gleicher Funktion, gleichen Startwerten und gleichen Parametern durchgeführt (vgl. Tabelle 2).

Beispiel 3. Das der Arbeit [1] entnommene nichtlineare Gleichungssystem

$$f_i(x) = 0, \qquad i = 1, \ldots, n, \qquad x \in R^n,$$

mit

$$f_i(x) = 14nx_i + (i - n/2)^3 + \sum_{\substack{k=1\\k\neq i}}^{n} a_{ik} \left(\sin \frac{\ln a_{ik}}{\ln 5} + \cos \frac{\ln a_{ik}}{\ln 5}\right),$$

$$a_{ik} = \sqrt{x_k^2 + i/k},$$

wird durch Minimierung der Fehlerquadratfunktion $g = \sum f_i^2/2$ mit dem konjugierten Gradientenverfahren (CG-Verfahren) von POLAK/RIBIÈRE (vgl. [3]) bestimmt.

Tabelle 2

Art	a_k	b_k
	0.5	3.0
H	0.5	1.75
H	1.125	1.75
N	1.143496743 59246	1.4375
N	1.176708833 51625	1.290498371 79623
N	1.183230891 53038	1.233603602 65624
N	1.193188750 08361	1.208417247 09331
N	1.199214323 29716	1.200802998 58846
N	1.199991341 11355	1.200008660 94281
N	1.199999998 97182	1.200000001 02818

Abbruch durch $f(c_9) = 0$, mit $c_9 = 1.200000000\,00000$

Tabelle 3

	CG-Verfahren			Strahlminimierung		
n	$g(x_n)$	$g'(x_n)$	Z	k	Art	$b_k - a_k$
0	+08	+06	2	0		+00
				1	A	+00
				2	A	+01
				3	A	+01
				4	N	−02
				5	N	−08
1	+06	+05	18	0		+00
				1	A	+00
				2	N	−04
				3	N	−09
2	+03	+04	32	0		+00
				1	N	−06
3	−01	+02	41	0		+00
				1	N	−08
4	−05	+00	50	0		+00
				1	N	−09
5	−08	−02	59			

Z — Zahl der benötigten Werte von g und g' (kumulativ); A — Aufweitungsschritt zur Suche eines ersten einschließenden Intervalls; N — Normalschritt

Dabei wird für die Stahlminimierung das Verfahren 3 verwendet. In Tabelle 3 werden nur die Zehnerexponenten der Zahlen ausgewiesen. Parameter: $n = 50$, $x_0 = 0$ (Startvektor des CG-Verfahrens).

Bei diesem Beispiel sind offenbar keine Hilfsschritte erforderlich. Die durch die exakte Bestimmung des Strahlminimums erreichte überlineare Konvergenz des CG-Verfahrens ist deutlich sichtbar.

Literatur

[1] GHERI, G., and O. G. MANCINO, A significant example to test methods for solving systems of nonlinear equations, Calcolo 8 (1971), 107–113.

[2] HERZBERGER, J., Über Matrixdarstellungen für Iterationsverfahren bei nichtlinearen Gleichungen, Computing **12** (1974), 215–222.

[3] ORTEGA, J. M., and W. C. RHEINBOLDT, Iterative solution of nonlinear equations in several variables, Academic Press, Inc., New York–London 1970.

[4] SCHMIDT, J. W., Monotone Einschließung mit der Regula falsi bei konvexen Funktionen, ZAMM **50** (1970), 640–643.

[5] SCHWETLICK, H., Asymptotische Einschließungen beim Newton-Verfahren, ZAMM **50** (1970), 426–427.

Manuskripteingang: 31. 12. 1976

VERFASSER:
Dr. KLAUS VETTERS, Sektion Mathematik der Technischen Universität Dresden

Beiträge zur Numerischen Mathematik
7 (1979), 139–158

Iterative Lösung spezieller nichtlinearer Differenzenschemata

Wilfried Weinelt und Gunter Helmert

1. Aufgabenstellung

Gegenstand der folgenden Darlegungen bilden gewisse nichtlineare ein- bzw. zweidimensionale statische Probleme der Mechanik, die durch das Vorhandensein einer sogenannten einseitigen elastischen Bindung charakterisiert sind. Wir schränken uns hier ein auf

- ideal biegsame Gebilde (Saite, Membrane), die im mathematischen Modell auf Differentialgleichungen 2. Ordnung führen;
- spezielle Gebiete, nämlich Intervall und Rechteck (im ein- bzw. zweidimensionalen Fall)[1]);
- den Bereich der linearen Ansätze für die rücktreibenden Kräfte der elastischen Bindung.

Bezeichnen Ω und Γ das Gebiet und dessen Rand, L den Differentialausdruck der Aufgabe und l den entsprechenden Ausdruck für die Randbedingungen, so lautet das Randwertproblem in allgemeiner Form

$$\begin{aligned} Lu &= f(x) \qquad (x \in \Omega), \\ lu &= \varphi(x) \qquad (x \in \Gamma). \end{aligned} \tag{1}$$

Wir betrachten dabei folgende zwei Fälle[1]):

(i) Im Eindimensionalen sei der lineare Teil der Differentialgleichung vom Sturm-Liouvilleschen Typ,

$$-\left(p(x)\,\overline{u}'\right)' + q(x)\left(\overline{u} - \eta(x)\right) + r_\psi(\overline{u})\left(\overline{u} - \psi(x)\right) = \bar{f}(x) \qquad (x \in [0, 1]),$$

wobei $p(x) \geqq p_0 > 0$, $q(x) \geqq 0$, $\eta(x)$, $\psi(x)$, $\bar{f}(x)$ hinreichend glatt seien; r_ψ wird weiter unten in (6) erklärt. Die Randbedingungen seien dritter bzw. erster Art,

$$\overline{u}(0) - \delta_1 p(0)\,\overline{u}'(0) = \overline{\varphi}_1, \quad \overline{u}(l) + \delta_2 p(l)\,\overline{u}'(l) = \overline{\varphi}_2 \qquad (\delta_1, \delta_2 \geqq 0).$$

Indem wir $q(x)\,\eta(x)$ auf der rechten Seite der Differentialgleichung addieren und eine neue unabhängige Variable gemäß $\overline{u} = \psi + u$ einführen, erhalten wir (wobei wir

[1]) Diese genannten Aufgabentypen haben wir auch numerisch getestet; die Ergebnisse der Abschnitte 3 bis 5 dieser Arbeit sind für weitreichende Verallgemeinerungen der elliptischen Differentialgleichung, der Dimension und der Gebietsform gleichermaßen gültig.

$r_\psi(\psi + u) = r(u)$ setzen und die rechten Seiten neu bezeichnen) die Aufgabe

$$Lu \equiv -(p(x)\, u')' + q(x)\, u + r(u)\, u = f(x) \qquad (x \in [0, l]), \tag{2}$$

$$u(0) - \delta_1 p(0)\, u'(0) = \varphi_1, \qquad u(l) + \delta_2 p(l)\, u'(l) = \varphi_2. \tag{3}$$

(ii) Im zweidimensionalen Fall sei der Hauptteil der Differentialgleichung der Laplace-Operator, und es mögen Randbedingungen 1. Art vorliegen:

$$-\Delta \bar{u} + r_\psi(\bar{u})\, (\bar{u} - \psi(x)) = \bar{f}(x) \qquad (x \in \Omega), \qquad \bar{u}(x) = \bar{\varphi}(x) \qquad (x \in \Gamma),$$

wobei $\Omega = \{x = (x_1, x_2) \mid a_i \leqq x_i \leqq b_i, i = 1, 2\}$ und Γ der Rechteckrand sind. Durch denselben Wechsel der abhängigen Variablen und analoge Bezeichnungen wie oben (entsprechende Glattheit von ψ ebenso vorausgesetzt) gelangen wir zur Randwertaufgabe

$$Lu \equiv -\Delta u + r(u)\, u = f(x) \qquad (x \in \Omega), \tag{4}$$

$$lu \equiv u(x) = \varphi(x) \qquad (x \in \Gamma). \tag{5}$$

Der charakteristische, nichtlineare Anteil in den Differentialgleichungen (2) bzw. (4) wird dabei durch

$$r(u) = \begin{Bmatrix} 0 \text{ für } u > 0 \\ \varkappa \text{ für } u \leqq 0 \end{Bmatrix} = r_\psi(u + \psi), \qquad \varkappa = \text{const} > 0 \tag{6}$$

erzeugt[1]), so daß $r(u)\, u = r_\psi(\bar{u})\, (\bar{u} - \psi)$ die Wirkung einer einseitigen elastischen Begrenzung („Bindung") beschreibt, die im unbelasteten Zustand die Form $\psi(x)$ hat.[2])

Die Differentialgleichung (2) enthält einen zusätzlichen Term $q(x)\, u$, der eine (zweiseitige) elastische Bettung bedeutet. Die Hauptteile der Differentialgleichungen (2) bzw. (4) beschreiben dagegen die Kraftwirkungen infolge der Spannung des Mediums.

Bemerkung. Gibt es zu den Aufgaben (2), (3) bzw. (4), (5) eine der beiden Zusatzinformationen (bzw. Folgerungen aus den Eingangsdaten)

(a) „Bei Lösbarkeit gilt stets $u(x) \geqq 0$"

oder

(b) „Bei Lösbarkeit gilt stets $u(x) \leqq 0$",

so reduzieren sich die Aufgaben auf lineare Probleme mit $r = 0$ oder $r = \varkappa$. Im allgemeinen jedoch wird es einen „Auflagebereich" $\emptyset \neq \Omega^- \equiv \{x \mid u(x) \leqq 0\} \neq \Omega$ geben, dessen Rand („Phasengrenze") als „freier Rand" bezeichnet werden kann.

Nach einer Diskretisierung der Aufgaben werden Iterationsverfahren zur Lösung der nichtlinearen Differenzenschemata diskutiert und einige numerische Resultate mitgeteilt.

---

[1]) Die Verallgemeinerung zu $\varkappa = \varkappa(x) \geqq \varkappa_0 > 0$ und damit zu $r(x, u)$ ist ohne weiteres möglich.

[2]) Zu (2) bzw. (4) kommt man sofort, wenn die unbelastete Begrenzung die Form $\psi \equiv 0$ hat.

2. Differenzenschemata

Wir führen gleichmäßige Gitter $\overline{\omega}$ ein; diese sind im folgenden

$$\overline{\omega} = \{x \mid x = x_i = ih;\, i = 0, 1, \ldots, N;\, Nh = l\} \tag{7}$$

im eindimensionalen Fall und

$$\overline{\omega} = \{x \mid x = (x_{1_i}, x_{2_j});\, x_{s_{k_s}} = a_s + k_s h_s;\, k_s = 0, 1, \ldots, N_s;\, N_s h_s = b_s - a_s;\\ s = 1, 2\} \tag{8}$$

im Falle des Rechteckes ($a_s \leqq x_s \leqq b_s$, $s = 1, 2$) in der x_1, x_2-Ebene.

Weiterhin benutzen wir die üblichen Bezeichnungen (vgl. [3]) für die Mengen γ der Gitterrandpunkte

$$\gamma = \{0, l\} \tag{9}$$

bezüglich (7) und

$$\gamma = \{x \mid x = (x_{1_i}, x_{2_j});\, x_{s_{k_s}} = a_s + k_s h_s;\, (k_s = 0 \wedge k_s = N_s) \wedge (k_t = 1, \ldots, N_t - 1);\\ s = 1, 2;\, t \neq s,\, t = 1, 2\} \tag{10}$$

bezüglich des Gitters (8), sowie für die Differenzenquotienten

$$y_{x,i} = h^{-1}(y_{i+1} - y_i), \qquad y_{\bar{x},i} = h^{-1}(y_i - y_{i-1}), \qquad y_i = y(x_i). \tag{11}$$

Die Aufgaben (2), (3) bzw. (4), (5) werden dann approximiert durch folgende entsprechende diskrete Aufgaben (Differenzenschemata).

(i) *Eindimensionaler Fall*

a) Randbedingungen 3. Art ($\delta_1 > 0$, $\delta_2 > 0$)

$$-(\overline{p} y_{\bar{x}})_x + \overline{q} y + \overline{r}(y)\, y = \overline{f}(x) \qquad (x \in \overline{\omega}), \qquad y_{-1} = y_{N+1} = 0; \tag{12}$$

$$\overline{p}(x_i) = p\left(x_i - \frac{h}{2}\right) (i = 1, \ldots, N),\ \overline{p}_0 = h\delta_1^{-1},\ \overline{p}_{N+1} = h\delta_2^{-1};$$

$$\overline{q}(x_i) = q(x_i)\ (i = 1, \ldots, N-1),\ \overline{q}_0 = \frac{1}{2} q_0,\ \overline{q}_N = \frac{1}{2} q_N; \tag{13}$$

$$\overline{r}(y_i) = r(y_i)\ (i = 1, \ldots, N-1),\ \overline{r}(y_0) = \frac{1}{2} r(y_0),\ \overline{r}(y_N) = \frac{1}{2} r(y_N);$$

$$\overline{f}(x_i) = f(x_i)\ (i = 1, \ldots, N-1),\ \overline{f}_0 = \frac{1}{2} f_0 + (\delta_1 h)^{-1} \varphi_1,$$

$$\overline{f}_N = \frac{1}{2} f_N + (\delta_2 h)^{-1} \varphi_2.$$

b) Randbedingungen 1. Art ($\delta_1 = \delta_2 = 0$).

Hier wird $y(x)$ für $x \in \omega$ aus folgendem Schema bestimmt:

$$-(\overline{p} y_{\bar{x}})_x + q y + r(y)\, y = \overline{f}(x) \qquad (x \in \omega), \qquad y_0 = y_N = 0; \tag{12'}$$

$$\overline{p}(x_i) = p\left(x_i - \frac{h}{2}\right) \quad (i = 1, \ldots, N);$$

$$\tilde{f}(x_i) = f(x_i)\ (i = 2, \ldots, N-2), \quad \tilde{f}(x_1) = f(x_1) + h^{-2}\,\overline{p}(x_1)\,\varphi_1,$$
$$\tilde{f}(x_{N-1}) = f(x_{N-1}) + h^{-2}\,\overline{p}(x_N)\,\varphi_2. \tag{13'}$$

(ii) *Zweidimensionaler Fall*

$$-y_{\bar{x}_1x_1} - y_{\bar{x}_2x_2} + r(y)\,y = f(x) \qquad (x \in \omega), \tag{14}$$
$$y = \varphi(x) \qquad (x \in \gamma). \tag{15}$$

Der Kürze halber verzichten wir auf eine zu (12'), (13') analoge Darstellung dieses Schemas, in der die Dirichletschen Daten (15) an den entsprechenden Stellen in (14) eingesetzt und auf die rechte Seite gebracht sind, so daß $y(x)$ $(x \in \omega)$ dieser umgeformten Gleichung (14) unter der Bedingung $y(x) = 0$ $(x \in \gamma)$ genügt.

3. Iterative Lösung der Differenzenschemata

Ohne an dieser Stelle bereits Angaben über den Fehler $y(x) - u(x)$ $(x \in \overline{\omega})$ der Näherungslösung y zu machen (vgl. hierzu Abschnitt 6), untersuchen wir hier eine iterative Lösung der nichtlinearen Differenzenschemata

$$\mathscr{A}y = f, \qquad \mathscr{A}y \equiv Ay + r(y)\,y. \tag{16}$$

Dabei stellt Ay den in (12), (13) bzw. (12'), (13') oder (14), (15) jeweils vorkommenden linearen Anteil dar.

Wir benutzen hier schon die Eigenschaft der eindeutigen Lösbarkeit (vgl. Abschnitt 5) von (16) — diese Lösung werde mit y^* bezeichnet — und definieren

$$\omega_*^- = \{x \mid x \in \overline{\omega},\ y^*(x) \leqq 0\}, \qquad \overline{\omega} = \omega_*^- \cup \omega_*^+. \tag{17}$$

Die linearen Schemata $Ay = f$ sind monoton im Sinne von [3]; ihre kanonische Form (vgl. [3, 4]) ist[1])

$$My \equiv a(x)\,y(x) - \sum_{\xi \in S'(x)} b(x, \xi)\,y(\xi) = f(x)$$

mit $S(x)$ als dem Differenzenstern in x, $S'(x) = S(x) \setminus \{x\}$. Man prüft für die in Abschnitt 2 angegebenen Schemata (im linearen Fall $r(y) \equiv 0$) die Monotoniebedingungen

$$a(x) > 0, \quad b(x, \xi) > 0, \quad d(x) = a(x) - \sum_{\xi \in S'(x)} b(x, \xi) \geqq 0, \quad d(x) \not\equiv 0$$

unschwer nach.

Nun folgt sofort aus (17), (16) und (6), daß y^* folgendem monotonem Schema M^* genügt:

$$M^*y \equiv a^*(x)\,y(x) - \sum_{\xi \in S'(x)} b^*(x, \xi)\,y(\xi) = f(x),$$
$$a^*(x) = a(x) + r^*(x), \quad r^*(x) = \begin{Bmatrix} \varkappa \text{ in } \omega_*^- \\ 0 \text{ in } \omega_*^+ \end{Bmatrix}, \quad b^*(x, \xi) = b(x, \xi). \tag{18}$$

---

[1]) Obwohl $My = Ay$ gilt, haben wir für die kanonische Form dennoch eine neue Bezeichnung eingeführt.

Mit vorläufig noch freien Parametern $\tau > 0$ verwenden wir nun zur iterativen Lösung von (16) den „zweischichtigen" Iterationsprozeß

$$\begin{aligned} &Ay^0 = f, \\ &B\,\frac{y^{n+1} - y^n}{\tau_{n+1}} + A_n y^n - f = 0, \quad B = A_n = A + r(y^n)\,I, \quad n \geqq 0. \end{aligned} \tag{19}$$

Analog (17) bezeichnen wir dabei

$$\omega_k^- = \{x \in \overline{\omega},\, y^k(x) \leqq 0\}, \quad \overline{\omega} = \omega_k^- \cup \omega_k^+, \qquad k = 0, 1, \ldots \tag{20}$$

Bemerkung. Die linearen Differenzenschemata (19) sind wegen $r \geqq 0$ monoton und besitzen daher jeweils genau eine Lösung y^n ($n = 0, 1, 2, \ldots$).

Satz 1. *Der Iterationsprozeß* (19) *mit* $0 < \tau_{n+1} \leqq 1$ ($n \geqq 0$) *erzeugt ausschließlich untere Schranken für die Lösung* y^*, *d. h.*

$$y^n(x) \leqq y^*(x), \qquad (x \in \overline{\omega},\ n \geqq 0), \tag{21}$$

$$\omega_n^- \supseteqq \omega_*^- \qquad (n \geqq 0). \tag{22}$$

Diese Aussage gilt sogar für (19) *mit einer im folgenden Sinne beliebigen Anfangsnäherung* y^0:

$$\omega' \subseteqq \overline{\omega} \text{ beliebig}, \quad A'y^0 = f, \quad A' = A + r'I, \quad r'(x) = \begin{cases} \varkappa & in\ \omega', \\ 0 & in\ \overline{\omega} \setminus \omega'. \end{cases} \tag{23}$$

Bemerkung. Die in (19) verwendete spezielle Anfangsfunktion y^0 entsteht aus (23) mit $\omega' = \emptyset$. Diese Wahl hat den Vorteil, daß die Funktion y^0 im Fall $y^0(x) \geqq 0$ schon die Lösung y^* des Problems (16) ist.

Folgerung. *Mit der speziellen Wahl von* y^0 *gemäß* (19) *folgt aus* $\omega_0^- \neq \emptyset$ *stets auch* $\omega_n^- \neq \emptyset$ *für alle* $n > 0$, *da aus* $\omega_n^- = \emptyset$ *folgen würde:* $\omega_*^- = \emptyset$, *d. h.*, $y^*(x) > 0$ *und* $y^* \equiv y^0$ *im Widerspruch zu* $\omega_0^- \neq \emptyset$.

Beweis des Satzes. Es genügen y^* dem Schema (18) und y^0 dem ebenfalls monotonen Schema (23). Dessen kanonische Form lautet

$$M'y^0 \equiv a'(x)\,y^0(x) - \sum_{\xi \in S'(x)} b(x, \xi)\,y^0(\xi) = f(x), \quad a'(x) = a(x) + r'(x).$$

Daraus ergibt sich

$$\begin{aligned} M'(y^* - y^0) &= \big(a'(x) - a^*(x)\big)\,y^*(x) = \big(r'(x) - r^*(x)\big)\,y^*(x) \\ &= y^*(x) \cdot \left\{ \begin{array}{c} \varkappa \text{ in } \omega' \setminus \omega_*^-, \\ -\varkappa \text{ in } \omega_*^- \setminus \omega', \\ 0 \text{ in den übrigen } x \end{array} \right\} \geqq 0, \end{aligned} \tag{24}$$

woraus wegen des Maximumprinzips (vgl. [3, 4]) die Beziehungen $y^0(x) \leqq y^*(x)$ ($x \in \overline{\omega}$), $\omega_0^- \supseteqq \omega_*^-$ folgen.

Nun sei zunächst $\tau_{n+1} \equiv 1$ in (19). Dann genügt y^{n+1} der Gleichung $A_n y^{n+1} = f$, d. h. dem monotonen Schema

$$M_n y^{n+1} \equiv a_n(x)\, y^{n+1}(x) - \sum_{\xi \in S'(x)} b(x, \xi)\, y^{n+1}(\xi) = f(x),$$

$$a_n(x) = a(x) + r\big(y^n(x)\big) = a(x) + \begin{cases} \varkappa \text{ in } \omega_n^-, \\ 0 \text{ in } \overline{\omega} \setminus \omega_n^-. \end{cases}$$

Daher gilt analog (24)

$$M_n(y^* - y^{n+1}) = y^*(x) \cdot \left\{\begin{array}{c} \varkappa \text{ in } \omega_n^- \setminus \omega_*^-, \\ -\varkappa \text{ in } \omega_*^- \setminus \omega_n^-, \\ 0 \text{ in den übrigen } x \end{array}\right\} \geqq 0,$$

so daß $y^{n+1}(x) \leqq y^*(x)$ $(x \in \overline{\omega})$, $\omega_{n+1}^- \supseteqq \omega_*^-$ $(n \geqq 0)$ folgt.

Nun sei $\tau_{n+1} \in (0, 1]$ beliebig und y^n irgendeine untere Schranke für y^*. Es werde gemäß (19) z^{n+1} mit $\tau_{n+1} = 1$ sowie y^{n+1} mit beliebigem $\tau_{n+1} \in (0, 1]$ ermittelt. Dann liefert die aus (19) folgende Beziehung

$$y^{n+1}(x) = \tau_{n+1} z^{n+1}(x) + (1 - \tau_{n+1})\, y^n(x) \tag{25}$$

sofort $y^{n+1}(x) \leqq y^*(x)$ $(x \in \overline{\omega})$ sowie $\omega_{n+1}^- \supseteqq \omega_*^-$.

Damit ist der Satz bewiesen.

Bemerkung. Daß (19) für $\tau > 1$ keine unteren Schranken garantiert, zeigt folgendes Beispiel. Sei y^n untere Schranke für y^* mit $y^n(x) \not\equiv y^*(x)$, aber $z^{n+1} \equiv y^*$. Gemäß Satz 4 (s. u.) ist dieser Fall tatsächlich möglich. Dann ist für beliebiges $\tau > 1$ die Differenz $y^{n+1}(x_0) - y^*(x_0) = (\tau - 1)\big(y^*(x_0) - y^n(x_0)\big)$ für mindestens ein $x_0 \in \overline{\omega}$ positiv.

Satz 2. *Für die nach* (19) *mit konstanten Parametern* $\tau_{n+1} \equiv 1$ *und bei gemäß* (23) *beliebiger Anfangsnäherung* y^0 *ermittelten Iterierten gilt*

$$y^n(x) \leqq y^{n+1}(x) \qquad (x \in \overline{\omega},\ n \geqq 0), \tag{26}$$

$$\omega_n^- \supseteqq \omega_{n+1}^-. \tag{27}$$

Beweis. Beginnend mit y^0 gemäß (23) ist zunächst y^1 definiert durch

$$M_0 y^1 \equiv a_0(x)\, y^1(x) - \sum_{\xi \in S'(x)} b(x, \xi)\, y^1(\xi) = f(x),$$

$$a_0(x) = a(x) + r\big(y^0(x)\big).$$

Da y^0 dem Schema M' (vgl. den Beweis von Satz 1) genügt, folgt

$$M_0(y^1 - y^0) = -\big(a_0(x) - a'(x)\big)\, y^0(x) = -\big(r(y^0) - r'(x)\big)\, y^0(x)$$

$$= -y^0(x) \cdot \left\{\begin{array}{c} \varkappa \text{ in } \omega_0^- \setminus \omega', \\ -\varkappa \text{ in } \omega' \setminus \omega_0^-, \\ 0 \text{ in den übrigen } x \end{array}\right\} \geqq 0.$$

d. h., $y^0(x) \leqq y^1(x)$ $(x \in \overline{\omega})$ nebst $\omega_0^- \supseteqq \omega_1^-$.

Nun gelte bereits $y^0(x) \leqq y^1(x) \leqq \cdots \leqq y^n(x)$ $(x \in \overline{\omega})$ und $\omega_0^- \supseteqq \omega_1^- \supseteqq \cdots \supseteqq \omega_n^-$. Da die Iterierten y^n bzw. y^{n+1} den monotonen Schemata

$$M_{n-1} y^n \equiv a_{n-1}(x)\, y^n(x) - \sum_{\xi \in S'(x)} b(x, \xi)\, y^n(\xi) = f(x),$$

$$M_n y^{n+1} \equiv a_n(x)\, y^{n+1}(x) - \sum_{\xi \in S'(x)} b(x, \xi)\, y^{n+1}(\xi) = f(x)$$

mit

$$a_{n-1}(x) = a_n(x) + \begin{cases} \varkappa & \text{in } \omega_{n-1}^- \setminus \omega_n^-, \\ 0 & \text{in den übrigen } x \end{cases}$$

genügen, ist

$$M_n(y^{n+1} - y^n) = y^n(x) \cdot \begin{Bmatrix} \varkappa & \text{in } \omega_{n-1}^- \setminus \omega_n^- \\ 0 & \text{in den übrigen } x \end{Bmatrix} \geqq 0,$$

so daß $y^n(x) \leqq y^{n+1}(x)$ $(x \in \overline{\omega})$ und $\omega_n^- \supseteqq \omega_{n+1}^-$.

Damit ist der Satz bewiesen.

Satz 3. *Für die nach* (19) *mit beliebigen Parametern* $\tau_{n+1} \in (0, 1]$ *und bei gemäß* (23) *beliebiger Anfangsnäherung* y^0 *ermittelten Iterierten* y^n *gelten ebenfalls* (26), (27). *Bezeichnet vergleichsweise* $\{\overline{y}^n\}$ *die nach* (19) *mit* $\tau_{n+1} \equiv 1$ *ermittelte Folge, so gilt bei gleicher Anfangsnäherung* $y^0(x) = \overline{y}^0(x)$ *darüber hinaus*

$$y^n(x) \leqq \overline{y}^n(x) \qquad (x \in \overline{\omega},\ n \geqq 1). \tag{28}$$

Beweis. Es gilt zunächst nach Satz 2, daß $y^0(x) \leqq z^1(x)$ ist. Dabei bezeichnet im weiteren z^n die nach (19) mit $\tau_n = 1$ aus y^{n-1} bestimmte Iterierte. Aus (25) folgt für $n = 0$, daß $y^1(x) = \tau_1 z^1(x) + (1 - \tau_1)\, y^0(x)$ gilt, woraus sich sofort $y^0(x) \leqq y^1(x)$ $(x \in \omega)$ und $\omega_0^- \supseteqq \omega_1^-$ ergibt.

Im nächsten Schritt entsteht y^2 aus

$$A_1 y^2 = \tau_2 f + (1 - \tau_2)\, A_1 y^1 \qquad (A_1 = A + r(y^1)\, I).$$

Zum Vergleich mit y^1 betrachten wir zunächst z^2, das sich aus $A_1 z = f$ bestimmt. Wir erhalten

$$A_1(z^2 - y^1) = -(1 - \tau_1)\big(r(y^0) - r'(x)\big)\, y^0(x) + \big(r(y^0) - r(y^1)\big)\, y^1(x)$$

$$= -(1 - \tau_1)\, y^0(x) \cdot \begin{Bmatrix} \varkappa & \text{in } \omega_0^- \setminus \omega' \\ -\varkappa & \text{in } \omega' \setminus \omega_0^- \\ 0 & \text{in den übrigen } x \end{Bmatrix}$$

$$+ y^1(x) \cdot \begin{Bmatrix} \varkappa & \text{in } \omega_0^- \setminus \omega_1^- \\ 0 & \text{in den übrigen } x \end{Bmatrix} \geqq 0.$$

Dabei wurde

$$A_1 y^1 = \dot{A}_0 y^1 + (A_1 - A_0)\, y^1 = A_0 y^1 + \big(r(y^1) - r(y^0)\big)\, y^1$$

und

$$A_0 y^1 = \tau_1 f + (1-\tau_1) A_0 y^0 = \tau_1 f + (1-\tau_1)\big(f + r(y^0)\, y^0 - r'(x)\, y^0\big)$$
$$= f + (1-\tau_1)\big(r(y^0) - r'(x)\big)\, y^0$$

benutzt. Es ergibt sich also

$$z^2(x) \geqq y^1(x), \quad y^2(x) = \tau_2 z^2(x) + (1-\tau_2)\, y^1(x) \geqq y^1(x) \qquad (x \in \overline{\omega})$$

nebst $\omega_2^- \subseteqq \omega_1^-$.

Nun gelte bereits $y^0(x) \leqq y^1(x) \leqq \cdots \leqq y^n(x)$ $(x \in \overline{\omega})$ und $\omega_0^- \supseteqq \omega_1^- \supseteqq \cdots \supseteqq \omega_n^-$. Dann vergleichen wir

$$A_n y^{n+1} = \tau_{n+1} f + (1-\tau_{n+1}) A_n y^n \quad \text{und} \quad A_n z^{n+1} = f$$

miteinander. Es entsteht zunächst $A_n(z^{n+1} - y^n) = f - A_n y^n$. Man bestimmt $A_n y^n$ induktiv zu

$$A_n y^n = f + \big(r(y^0) - r'(x)\big)\, y^0 \cdot \prod_{k=1}^{n} (1-\tau_k)$$
$$+ \sum_{k=1}^{n-1} \prod_{j=k+1}^{n} (1-\tau_j)\big(r(y^k) - r(y^{k-1})\big)\, y^k + \big(r(y^n) - r(y^{n-1})\big)\, y^n,$$

so daß sich

$$A_n(z^{n+1} - y^n)(x) \geqq 0$$

ergibt. Damit ist

$$z^{n+1}(x) \geqq y^n(x), \quad y^{n+1}(x) = \tau_{n+1} z^{n+1}(x) + (1-\tau_{n+1})\, y^n(x) \geqq y^n(x) \quad (x \in \overline{\omega})$$

und somit auch $\omega_{n+1}^- \subseteqq \omega_n^-$ gezeigt.

Zum Beweis der zweiten Aussage des Satzes gehen wir aus von den Bestimmungsgleichungen für $\overline{y}^{n+1}$ und y^{n+1},

$$\overline{A}_n \overline{y}^{n+1} = f \qquad \big(\overline{A}_n = A + r(\overline{y}^n)\, I\big),$$
$$A_n y^{n+1} = \tau_{n+1} f + (1-\tau_{n+1}) A_n y^n.$$

Damit ergibt sich $A_n(\overline{y}^{n+1} - y^{n+1}) = f + (A_n - \overline{A}_n)\, \overline{y}^{n+1} - \tau_{n+1} f - (1-\tau_{n+1}) A_n y^n$, woraus mit dem oben gegebenen Ausdruck für $A_n y^n$ folgt

$$A_n(\overline{y}^{n+1} - y^{n+1})(x) \geqq (A_n - \overline{A}_n)\, \overline{y}^{n+1}(x) = \big(r(y^n) - r(\overline{y}^n)\big)\, \overline{y}^{n+1}(x).$$

Für $n = 0$ bedeutet das wegen übereinstimmender Anfangsnäherung $\overline{y}^0 = y^0$, daß $A_0(\overline{y}^1 - y^1)(x) \geqq 0$, d. h. $\overline{y}^1(x) \geqq y^1(x)$ $(x \in \overline{\omega})$ gilt.

Aus $\overline{y}^n(x) \geqq y^n(x)$ $(x \in \overline{\omega})$ für beliebiges $n \geqq 1$ entsteht dann mit der aus Satz 2 folgenden Beziehung $\overline{y}^{n+1}(x) \geqq \overline{y}^n(x)$ und wegen $r(y^n) - r(\overline{y}^n) \geqq 0$ die Aussage

$$A_n(\overline{y}^{n+1} - y^{n+1})(x) \geqq \big(r(y^n) - r(\overline{y}^n)\big)\, \overline{y}^n(x) \geqq 0,$$

d. h. $\overline{y}^{n+1}(x) \geqq y^{n+1}(x)$ $(x \in \overline{\omega})$.

Damit ist der Satz vollständig bewiesen.

Bemerkung. Beispiele zeigen, daß für $\tau > 1$ die Monotoniebeziehungen (26) im allgemeinen verletzt sind.

Da gemäß der Bemerkung nach Satz 1 für $\tau > 1$ auch keine unteren Schranken garantiert werden können, liefert (28) die wichtige Aussage, daß die Wahl $\tau_{n+1} \equiv 1$ in (19) die günstigsten unteren Schranken ergibt.

Satz 4 (Konvergenzsatz). *Die gemäß* (19) *mittels* $\tau = \tau_{n+1}$ $(0 < \tau_0 \leqq \tau_{n+1} \leqq 1)$ *bestimmte Folge von Iterierten* y^n $(n = 0, 1, 2, \ldots)$ *konvergiert gegen die Lösung* y^* *von* (16) *bei gemäß* (23) *beliebigem* y^0. *Bei konstantem Parameter* $\tau = 1$ *ist das Verfahren zudem endlich.*

Beweis. Wir zeigen zuerst, daß (19) mit $\tau_{n+1} = \tau = 1$ nach endlich vielen Schritten die Lösung y^* von (16) liefert. Die Folge $\{y^n\}$ wird dabei definiert durch $A_n y^{n+1} = f$ mit

$$A_n = A + r(y^n)\, I \qquad (n = 0, 1, 2, \ldots), \qquad A' y^0 = f.$$

Nach den Sätzen 1 und 2 gilt

$$y^0(x) \leqq y^1(x) \leqq y^2(x) \leqq \cdots \leqq y^n(x) \leqq \cdots \leqq y^*(x)$$

und

$$\omega_0^- \supseteqq \omega_1^- \supseteqq \omega_2^- \supseteqq \cdots \supseteqq \omega_n^- \supseteqq \cdots \supseteqq \omega_*^-. \tag{I}$$

Wenn für ein $n_0 \geqq 0$

$$\omega_{n_0}^- = \omega_{n_0+1}^- \tag{II}$$

gilt, so folgt aus (19) wegen $A_{n_0} = A_{n_0+1}$ zugleich $y^{n_0+1} = y^{n_0+2}$, was wiederum $\omega_{n_0+2}^- = \omega_{n_0+1}^- = \omega_{n_0}^-$ nach sich zieht. Da $\omega_0^- \subseteqq \overline{\omega}$ aus endlich vielen Gitterpunkten besteht, wird die Situation (II) wegen (I) nach endlich vielen Schritten n_0 erreicht (wobei n_0 nicht größer als die Anzahl der Gitterpunkte von ω_0^- ist). Man kann nunmehr notieren:

$$y^0(x) \leqq y^1(x) \leqq \cdots \leqq y^{n_0}(x) \leqq y^{n_0+1}(x) \equiv y^{n_0+2}(x) \equiv \cdots \equiv \tilde{y}(x) \qquad (x \in \overline{\omega}),$$

$$\omega_0^- \supset \omega_1^- \supset \cdots \supset \omega_{n_0}^- = \omega_{n_0+1}^- = \omega_{n_0+2}^- = \cdots = \tilde{\omega}^- = \{x \in \overline{\omega},\ \tilde{y}(x) \leqq 0\}.$$

Für alle $n \geqq n_0 + 1$ sind die Näherungen $y^n = \tilde{y}$ stationär und genügen $[A + r(y)\, I]\, \tilde{y} = f$, d. h., $\tilde{y}$ erfüllt (16), woraus wegen der Eindeutigkeit der Lösung y^* von (16) $\tilde{y}(x) \equiv y^*(x)$ $(x \in \overline{\omega})$ folgt und somit auch $\tilde{\omega}^- = \omega_*^-$ gilt.

Wir betrachten nun den Iterationsprozeß (19) mit beliebigen Parametern $\tau_{n+1} \in [\tau_0, 1]$. Dabei genügt die Folge $\{y^n\}$ der Iterierten der Beziehung $y^{n+1} = \tau_{n+1} z^{n+1} + (1 - \tau_{n+1})\, y^n$, wobei $z^{n+1} = \big(A + r(y^n)\, I\big)^{-1} f$ gilt.

Nach den Sätzen 1 und 3 ist bekannt:

$$y^0(x) \leqq y^1(x) \leqq \cdots \leqq y^n(x) \leqq y^{n+1}(x) \leqq \cdots \leqq y^*(x) \quad (x \in \overline{\omega}), \tag{III}$$

$$\omega_0^- \supseteqq \omega_1^- \supseteqq \cdots \supseteqq \omega_n^- \supseteqq \omega_{n+1}^- \supseteqq \cdots \supseteqq \omega_*^-.$$

Ähnlich wie oben begründet man, daß es nur endlich viele natürliche Zahlen n_k $(k = 1, \ldots, k_0)$ mit folgender Eigenschaft geben kann:

$$\begin{aligned} \omega_0^- &= \omega_1^- = \cdots = \omega_{n_1-1}^- \supset \omega_{n_1}^- = \cdots = \omega_{n_2-1}^- \supset \omega_{n_2}^- = \cdots \\ &= \omega_{n_{k_0}-1}^- \supset \omega_{n_{k_0}}^- = \omega_n^- \qquad (n \geqq n_{k_0}). \end{aligned} \tag{IV}$$

Aus (III) folgt $y^n(x) \xrightarrow[(n\to\infty)]{} \bar{y}(x) \leqq y^*(x)\ (x \in \bar{\omega})$. Somit gilt auch (man beachte $\tau_n \geqq \tau_0 > 0$)

$$z^{n+1} = \frac{1}{\tau_{n+1}} \left(y^{n+1} - (1 - \tau_{n+1})\, y^n\right)$$

$$= \frac{1}{\tau_{n+1}} (y^{n+1} - y^n) + y^n \xrightarrow[(n\to\infty)]{} \bar{y}\,.$$

In $(A + r(y^n)\, I)\, z^{n+1} = f$ ist für $n \geqq n_{k_0}$ die Funktion $r(y^n)$ nicht mehr von n abhängig, so daß $z^{n+1} = \bar{y}\ (n \geqq n_{k_0})$ gilt.

Wegen $y^n \xrightarrow[(n\to\infty)]{} \bar{y}$ und (IV) ist $\bar{\omega}^- = \{x \in \bar{\omega},\, \bar{y}(x) \leqq 0\} = \omega_n^-\ (n \geqq n_{k_0})$, woraus sich $r(y^n) = r(\bar{y})$ für $n \geqq n_{k_0}$ ergibt und somit $\bar{y}$ folgende Gleichung erfüllt:

$$\left(A + r(\bar{y})\, I\right) \bar{y} = f.$$

Das aber ist die Gleichung (16), deren eindeutige Lösbarkeit $\bar{y}(x) = y^*(x)\ (x \in \bar{\omega})$ nach sich zieht.

Damit ist der Beweis abgeschlossen.

Bemerkung. Der Iterationsprozeß (19) mit $\tau_{n+1} \neq 1$ ist im allgemeinen nicht endlich. Dafür findet man leicht Beispiele.

Folgerung. *Ein mit* $\tau_{n+1} \in [\tau_0, \tau']$ $(\tau_0 > 0,\ \tau' < 1,\ n \geqq 0)$ *durchgeführter Iterationsprozeß* (19) *ist nicht endlich und nur linear konvergent.*

Beweis. Die Annahme der Endlichkeit des Prozesses führt mit der für den letzten Schritt aufgeschriebenen Beziehung (25) zum Widerspruch.

Nach Satz 4 gilt $y^n(x) \xrightarrow[(n\to\infty)]{} y^*(x)\ (x \in \bar{\omega})$, und für alle $n \geqq n_{k_0}$ ist $r(y^n)$ nicht mehr von n abhängig, so daß man schreiben kann: $A_n \equiv A + r(y^n) I \equiv \mathcal{A}\ (n \geqq n_{k_0})$ mit $y^* = \mathcal{A}^{-1} f$. Für $n \geqq n_{k_0}$ lautet (19) mit $0 < \tau_0 \leqq \tau_{n+1} \leqq \tau'$:

$$\mathcal{A} y^{n+1} = \tau_{n+1} f + (1 - \tau_{n+1})\, \mathcal{A} y^n,$$

so daß sich $y^*(x) - y^{n+1}(x) = (1 - \tau_{n+1}) \left(y^*(x) - y^n(x)\right)$ $(x \in \bar{\omega})$ und somit $(1 - \tau')\, \|y^* - y^n\| \leqq \|y^* - y^{n+1}\| = (1 - \tau_{n+1})\, \|y^* - y^n\| \leqq (1 - \tau_0)\, \|y^* - y^n\|$ $(n \geqq n_{k_0})$ ergibt.

Bemerkung. Für beliebiges konstantes $\tau > 1$ gibt es Beispiele, für die der Prozeß (19) divergiert.

4. Konstruktion oberer Lösungsschranken für y^*

Mit einer (berechneten) unteren Schranke $y^n(x)$ für die Lösung $y^*(x)$ von (16) ermitteln wir $\hat{y}^n(x)$ aus

$$A y(x) = f(x) - r\left(y^n(x)\right) y^n(x). \tag{29}$$

Das entspricht übrigens einem Schritt im Iterationsprozeß

$$A\,\frac{y^{n+1}-y^n}{\tau}+A_n y^n-f=0$$

mit $\tau = 1$ und $y^{n+1} = \hat{y}^n$.

In kanonischer Form lautet (29)

$$M\hat{y}^n(x) \equiv a(x)\,\hat{y}^n(x)-\sum_{\xi\in S'} b(x,\xi)\,\hat{y}^n(\xi)=f(x)-r\big(y^n(x)\big)\,y^n(x). \tag{30}$$

Wir setzen $z(x) = \hat{y}^n(x) - y^*(x)$, beachten (18) und bilden

$$Mz(x)=\big(a^*(x)-a(x)\big)\,y^*(x)-r\big(y^n(x)\big)\,y^n(x)$$

$$=\left\{\begin{matrix}\varkappa\big(y^*(x)-y^n(x)\big) & \text{in} & \omega_*^-,\\ -\varkappa y^n(x) & \text{in} & \omega_n^-\setminus\omega_*^-,\\ 0 & \text{in den übrigen } x\end{matrix}\right\}\geqq 0.$$

Daraus erhält man aus dem Maximumprinzip $z(x) = \hat{y}^n(x) - y^*(x) \geqq 0$ $(x \in \bar{\omega})$, d. h., $\hat{y}^n(x) \geqq y^*(x)$ $(x \in \bar{\omega})$.

Bezeichnet $\hat{\omega}_n^- = \{x \in \bar{\omega}, \hat{y}^n(x) \leqq 0\}$, so folgt noch $\omega_*^- \supseteqq \hat{\omega}_n^-$.

Damit ist bewiesen:

Satz 5. *Sei y^n eine etwa nach* (19) *bestimmte untere Schranke für die Lösung y^* von* (18). *Mittels* (29) *ergibt sich eine eindeutig bestimmte obere Schranke $\hat{y}^n$:*

$$y^n(x) \leqq y^*(x) \leqq \hat{y}^n(x) \qquad (x \in \bar{\omega}), \quad \hat{\omega}_n^- \subseteqq \omega_*^- \subseteqq \omega_n^-.$$

Weiterhin gilt der folgende

Satz 6. *Seien $y^n \leqq y^{n+1}$ zwei etwa nach* (19) *ermittelte untere Schranken für y^*. Für die mittels* (29) *aus $y^n(x)$ bzw. $y^{n+1}(x)$ (eindeutig) bestimmten Näherungen $\hat{y}^n(x)$ bzw. $\hat{y}^{n+1}(x)$ $(x \in \bar{\omega})$ gilt:*

$$y^n(x) \leqq y^{n+1}(x) \leqq y^*(x) \leqq \hat{y}^{n+1}(x) \leqq \hat{y}^n(x) \qquad (x \in \bar{\omega}), \tag{31}$$

$$\omega_n^- \supseteqq \omega_{n+1}^- \supseteqq \omega_*^- \supseteqq \hat{\omega}_{n+1}^- \supseteqq \hat{\omega}_n^-. \tag{32}$$

Beweis. Zu zeigen ist nur $\hat{y}^{n+1}(x) \leqq \hat{y}^n(x)$ $(x \in \bar{\omega})$, denn dann ist zusammen mit Satz 5 alles bewiesen. Wir setzen $z(x) = \hat{y}^{n+1}(x) - \hat{y}^n(x)$ $(x \in \bar{\omega})$ und beachten die Gleichungen (30) für $\hat{y}^n$ bzw. $\hat{y}^{n+1}$.

Dann entsteht

$$Mz(x)=r\big(y^n(x)\big)\,y^n(x)-r\big(y^{n+1}(x)\big)\,y^{n+1}(x)$$

$$=\left\{\begin{matrix}\varkappa\big(y^n(x)-y^{n+1}(x)\big) & \text{in} & \omega_{n+1}^-\\ \varkappa y^n(x) & \text{in} & \omega_n^-\setminus\omega_{n+1}^-\\ 0 & \text{in den übrigen } x\end{matrix}\right\}\leqq 0,$$

so daß wiederum nach dem Maximumprinzip $z(x) = \hat{y}^{n+1}(x) - \hat{y}^n(x) \leqq 0$ $(x \in \bar{\omega})$ geschlußfolgert werden kann.

Bemerkung. Die Verwendung einer konvergenten Folge unterer Schranken $\{y^n\}$, etwa gemäß (19), liefert durch (29) eine konvergente Folge oberer Schranken $\{\hat{y}^n\}$ für y^*, wie man aus einem Vergleich von (29) mit (16) erkennt.

5. Aussagen zur Existenz und Eindeutigkeit der Lösungen

Lemma 1 [2]. *Die linearen Anteile $L_0 u = Lu - r(u)\,u$ der Differentialausdrücke in* (1) (d. h. von (2) bzw. (4)) *erzeugen mittels der* (3) *bzw.* (5) *entsprechenden homogenen Randbedingungen in den reellen Hilberträumen $L_2(\Omega)$ symmetrische, positiv definite Operatoren.*

Lemma 2 [3]. *Die linearen Anteile $Ay = \mathcal{A}y - r(y)\,y$ der Differenzenausdrücke in* (16) (d. h. konkret in (12), (12′) bzw. (14)) *nebst der entsprechenden homogenen Randbedingungen erzeugen in $L_2(\overline{\omega})$ symmetrische, positiv definite Operatoren.*

Lemma 3. *Es seien α, β beliebige reelle Zahlen. Mit der Funktion r aus* (6) *gilt*

$$\big(r(\alpha)\,\alpha - r(\beta)\,\beta\big)\cdot(\alpha-\beta) \geqq 0.$$

Beweis. Es ist nämlich

$$\big(r(\alpha)\,\alpha - r(\beta)\,\beta\big)(\alpha-\beta) = \left\{\begin{array}{ll} 0 & \text{für } \alpha > 0,\ \beta > 0 \\ \varkappa\alpha(\alpha-\beta) & \text{für } \alpha \leqq 0,\ \beta > 0 \\ -\varkappa\beta(\alpha-\beta) & \text{für } \alpha > 0,\ \beta \leqq 0 \\ \varkappa(\alpha-\beta)^2 & \text{für } \alpha \leqq 0,\ \beta \leqq 0 \end{array}\right\} \geqq 0.$$

Lemma 4. *Die mittels* (6) *für beliebige reelle α, β gebildete Funktion des reellen Argumentes s*

$$F(s) = r(\alpha + s\beta)\,(\alpha + s\beta)$$

ist stetig für beliebige reelle s.

Beweis. Es gilt für beliebige reelle s, s' und mit der Abkürzung $\gamma = \alpha + s\beta$, $\gamma' = \alpha + s'\beta$

$$|F(s) - F(s')| = \left\{\begin{array}{ll} 0 & \text{für } \gamma > 0,\ \gamma' > 0 \\ -\varkappa\gamma & \text{für } \gamma \leqq 0,\ \gamma' > 0 \\ -\varkappa\gamma' & \text{für } \gamma > 0,\ \gamma' \leqq 0 \\ \varkappa\,|\gamma-\gamma'| & \text{für } \gamma \leqq 0,\ \gamma' \leqq 0 \end{array}\right\}$$

$$\leqq \varkappa\,|\gamma - \gamma'| = \varkappa\,|\beta|\cdot|s - s'|,$$

was die Behauptung beweist.

Satz 7. *Die Aufgaben* (1) *in der konkreten Gestalt* (2), (3) *bzw.* (4), (5) *besitzen jeweils eine eindeutig bestimmte Lösung in Räumen $X = W_2{}^1(\Omega)$ (für beliebige rechte Seiten f aus dem dualen Raum X^*), falls die Randwerte φ der zweidimensionalen Aufgabe* (4), (5) *so beschaffen sind, daß die entsprechende lineare Aufgabe* ($r \equiv 0$) *dort lösbar ist.*

Bemerkung. Die Bedingung an die Randwerte im zweidimensionalen Fall kann ersetzt werden durch die Forderung, daß φ eine Fortsetzung $u_1 \in W_2^1(\Omega)$ besitzen soll.

Beweis des Satzes. Nach Rückführung auf ein Randwertproblem mit homogenen Randbedingungen[1]) (durch einen Ansatz $u = u_1 + v$) und anschließender „energetischer Erweiterung" [1] erhalten wir (zur Bestimmung von v) eine Operatorgleichung mit einem Operator B, der von X in X^* wirkt (in den Formulierungen (2) bis (6) tritt dabei gegebenenfalls v statt u und $\psi = -u_1$ statt $\psi \equiv 0$ auf). Dieser Operator enthält als linearen Anteil wegen Lemma 1 einen stark monotonen Operator B_0 (im Sinne von [1]), der von L_0 (vgl. Lemma 1) erzeugt wird und eine Monotoniekonstante besitzt, die mit der die positive Definitheit charakterisierenden Konstanten übereinstimmt. Bezeichnen wir die Funktionale $z \in X^*$ über $X \ni u$ mit $\langle z, u\rangle$, so erhalten wir für beliebige $u, v \in X$

$$\langle Bu - Bv, u - v\rangle \geqq m \|u - v\|_X^2 + \langle r_\psi(u)\,(u - \psi) - r_\psi(v)\,(v - \psi), u - v\rangle .$$

Der zweite Summand auf der rechten Seite ist ein Integral, dessen Integrand gemäß Lemma 3 bei Beachtung von $r_\psi(u) = r(u - \psi)$ nichtnegativ ist. Folglich ist B ebenfalls stark monoton.

Ferner untersuchen wir die folgende Funktion des reellen Argumentes $s \in [0, 1]$ bei beliebigen festen $u, v \in X$:

$$\langle B(u + sv), v\rangle = \langle B_0 u, v\rangle + s\langle B_0 v, v\rangle + \langle r_\psi(u + sv) \cdot (u + sv - \psi), v\rangle .$$

Der Ausdruck

$$\begin{aligned}&\langle r_\psi(u + sv) \cdot (u + sv - \psi), v\rangle = \langle r(u + sv - \psi) \cdot (u + sv - \psi), v\rangle \\ &= \int\limits_\Omega r\big(u(x) - \psi(x) + sv(x)\big)\,\big(u(x) - \psi(x) + sv(x)\big)\,v(x)\,dx\end{aligned}$$

ist nach Lemma 4 wie die übrigen Summanden der rechten Seite stetig (insbesondere für $s \in [0, 1]$), so daß B radialstetig ist. Starke Monotonie und Radialstetigkeit von B gewährleisten sodann nach dem Satz von Browder-Minty (man vgl. etwa [1]) die Existenz einer Lösung, während die Eindeutigkeit aus der starken Monotonie allein folgt.

Satz 8. *Die Aufgaben* (16) *in der konkreten Form* (12), (13) *oder* (12'), (13') *bzw.* (14), (15) *sind jeweils eindeutig lösbar.*

Bemerkung. In den genannten Differenzenschemata hat man (eventuell durch einfache Abänderung der rechten Seiten) bereits homogene Randbedingungen. Ferner ist im Vergleich zu Satz 7 hier keine Angabe des Raumes erforderlich.

Beweis. Dieser verläuft völlig analog zu dem des Satzes 7; lediglich ist hier

$$\langle z, u\rangle = \sum_{x \in \bar\omega} Hz(x) \cdot u(x), \qquad H = \begin{cases} h & \text{im eindimensionalen Fall,} \\ h_1 \cdot h_2 & \text{im zweidimensionalen Fall} \end{cases}$$

zu setzen.

---

[1]) Im Fall von Randbedingungen 1. Art.

6. Konvergenzaussagen für die eindimensionalen Aufgaben

Wir zeigen hier die Konvergenz der Näherungslösungen $y(x)$ (Lösungen von (12), (13) bzw. (12′), (13′)) gegen die Lösung $u(x)$ der Randwertaufgabe (2), (3) für $h \to 0$.[1])

Mit der oben beschriebenen Eingrenzung von $y(x)$ durch die Verfahren (19) und (27) sind dann Aussagen über den Gesamtfehler möglich. Es seien folgende Voraussetzungen erfüllt (neben den bei (2), (3) genannten):

$$p \in C^3[0, l], \qquad q, f \in C^2[0, l], \tag{33}$$

$$f(x) \leqq 0 \qquad (x \in [0, l]). \tag{33}$$

Bemerkung. Die Bedingung (34) gewährleistet, daß höchstens ein Teilintervall existiert, in dem für die Lösung von (2), (3) $u(x) \leqq 0$ gilt (andere Fälle sind durch das Maximumprinzip ausgeschlossen). Abschwächungen von (34), so daß $u(x) \leqq 0$ nur in höchstens endlich vielen Teilintervallen gilt, sind unschwer möglich.

Satz 9. *Für die Aufgabe* (2), (3), (6) *mit den Eigenschaften* $p(x) \geqq p_0 > 0$, $q(x) \geqq 0$, $\delta_i \geqq 0$ $(i = 1, 2)$, (33) *und* (34) *liefert das Differenzenschema* (12), (13) *bzw.* (12′), (13′) *Näherungslösungen* $y(x)$, *deren Werte mit* $h \to 0$ *auf dem Gitter gegen die Werte* $u(x)$ *der exakten Lösung konvergieren. Die Konvergenzordnung ist* 2:

$$y(x) = u(x) + O(h^2). \tag{35}$$

Beweis. 1. Nach Satz 7 besitzt das Problem (2), (3) eine eindeutig bestimmte Lösung $u \in W_2{}^1$, die demzufolge auch stetig ist. Wenn der Bereich $\Omega^- = \{x \in \Omega, u(x) \leqq 0\}$

a) leer ist oder nur aus einem Punkt besteht oder

b) mit dem gesamten Intervall $[0, l]$ übereinstimmt,

dann genügt u einem linearen Problem (2), (3) mit $r \equiv \text{const}$ (und zwar $r \equiv 0$ im Fall a) und $r \equiv \varkappa$ im Fall b)).

Somit haben wir in diesen Fällen unter den Voraussetzungen des Satzes eine klassische Lösung $u \in C^4[0, l]$.

Nun sei Ω^- weder ganz $[0, l]$ noch bestehe es aus höchstens einem Punkt. Dann gibt es gemäß der Bemerkung nach (34) genau zwei Punkte $a, b \in [0, l]$ mit folgenden Eigenschaften:

$$\begin{aligned} &a < b, \quad a^2 + (l - b)^2 > 0, \quad u(a) = 0, \quad u(b) = 0,\\ &u(x) \leqq 0 \,\big(x \in (a, b)\big), \quad u(x) > 0 \,(x \in [0, l] \setminus [a, b]). \end{aligned} \tag{36}$$

In den Teilintervallen $[0, a]$, $[a, b]$, $[b, l]$ (möglicherweise ist eines der beiden Intervalle $(0, a)$, (b, l) die leere Menge) verhält sich die Lösung wie oben beschrieben (da dort $r \equiv \text{const}$):

$$u \in C^4[0, a] \cap C^4[a, b] \cap C^4[b, l]. \tag{37}$$

[1]) Im zweidimensionalen Fall ist die Situation hauptsächlich dadurch erschwert, daß Bedingungen für die gewünschte Glattheit der exakten Lösung nicht bekannt sind.

Die Lösung $u \in W_2^1$ (im Falle von Randbedingungen 1. Art sei dies ohne Bezeichnungswechsel bereits der Anteil, der auf homogene Randbedingungen transformiert ist) läßt sich nun auch so charakterisieren, daß $g = Lu - f$ das Nullfunktional des dualen Raumes ist. Da aber der Anteil $g_1 = q(x)\, u(x) + r(u)\, u(x) - f(x)$ einer stetigen Funktion äquivalent ist, gilt dies folglich auch für $g - g_1 = \big(p(x)\, u'(x)\big)'$. Somit ist $u \in C^2[0, l]$.

Zur Untersuchung der dritten Ableitung, etwa an der Stelle $a \in (0, l)$, schreiben wir die Differentialgleichung (in den Teilintervallen) auf:

$$u''(x) = \frac{1}{p(x)} \big(-p'(x)\, u'(x) + q(x)\, u(x) + r(u)\, u(x) - f(x)\big).$$

Dort liefert nochmalige Differentiation und nachfolgender Grenzübergang zu $x = a$:

$$u'''(a - 0) = u'''(a + 0) - \frac{\varkappa}{p(a)}\, u'(a).$$

Daher gilt für die Lösung

$$u \in C^2[0, l] \cap C^4[0, a] \cap C^4[a, b] \cap C^4[b, l], \tag{38}$$

und die dritte Ableitung existiert bis auf höchstens zwei Stellen und ist beschränkt.

2. Ein Vergleich der Differenzenschemata mit dem Gleichungssystem, das entsteht, wenn man (2) an den Gitterpunkten $x \in \omega$ aufschreibt und die beiden Gleichungen (3) hinzufügt, liefert nach längeren Umformungen eine Beziehung (wir verwenden die Bezeichnung (16) für den Differenzenoperator)

$$\mathcal{A}y - \mathcal{A}u = \Psi(x) \qquad (x \in \overline{\omega}). \tag{39}$$

Hierbei bedeutet u die „diskretisierte Lösung" mit Werten $u(x)$ $(x \in \overline{\omega})$; der Ausdruck $\mathcal{A}u$ entsteht im wesentlichen durch die Anwendung der Taylor-Formel unter Verwendung der Eigenschaften (38) und (33). Der sogenannte Approximationsfehler $\Psi(x)$ enthält die jeweiligen Restglieder. Zur Technik der Aufstellung solcher Beziehungen (39) sehe man z. B. [3].

In unserem Fall ergibt sich folgendes. Bezeichnet $\omega_S \subset \omega$ die Menge der (höchstens vier) Gitterpunkte, die von den Stellen a bzw. b gemäß (36) einen Abstand kleiner als h besitzen, so gilt für

a) Randbedingungen 1. Art:

$$\Psi(x) = O(h^\alpha), \ \alpha = \begin{cases} \infty & \text{in} \quad \gamma, \\ 2 & \text{in} \ \omega \setminus \omega_S, \\ 1 & \text{in} \ \omega_S \setminus \gamma, \end{cases} \tag{40}$$

b) Randbedingungen 3. Art:

$$\Psi(x) = O(h^\alpha), \ \alpha = \begin{cases} 2 & \text{in} \ \omega \setminus \omega_S, \\ 1 & \text{in} \ \omega_S \cup \gamma. \end{cases} \tag{41}$$

Mit dem Skalarprodukt und den Normen

$$(y, z) = \sum_{x \in \bar{\omega}} h y(x) z(x), \qquad \|y\|_{A^\sigma}^2 = (A^\sigma y, y) \qquad (\sigma = \pm 1),$$
$$\|y\|_C = \max_{x \in \bar{\omega}} |y(x)|$$

folgt aus (39) mit (16), Lemma 3 und Einbettungssätzen [3]

$$\|\Psi\|_{A^{-1}} \|y - u\|_A \geqq (\Psi, y - u) = (\mathcal{A}y - \mathcal{A}u, y - u)$$
$$\geqq \|y - u\|_A{}^2 \geqq \text{const} \cdot \|y - u\|_A \cdot \|y - u\|_C .$$

Abschätzungen für die „negativen Normen" $\|\Psi\|_{A^{-1}}$ liefern für (40) bzw. (41) (teilweise, und zwar für Randbedingungen 1. Art, findet man diese in [3]):

$$\|\Psi\|_{A^{-1}} = O(h^2).$$

Daraus ergibt sich die Behauptung (35).

7. Numerische Ergebnisse

Als erstes Beispiel betrachten wir die eindimensionale Randwertaufgabe im Intervall [0, 1]

$$-u''(x) + r(u)\, u(x) = -2 \qquad \big(x \in (0, 1)\big),$$
$$u(0) = 0, \qquad u(1) = 0.5.$$

Die Funktion $r(u)$ gemäß (6) wird hier durch den Wert $\varkappa = 10^5$ bestimmt.

Die entsprechend (12′), (13′) diskretisierte Aufgabe

$$-y_{\bar{x}x,i} + r(y_i)\, y_i = -2 \qquad (i = 1, \ldots, N - 1),$$
$$y_0 = 0, \qquad y_N = 0.5 \qquad (Nh = 1)$$

wurde mittels des Iterationsprozesses (19) mit $\tau = 1$ gelöst. Für $N = 10, 20, 40$ gibt die Tabelle 1 die Anzahl der benötigten Iterationen bis zur Gewinnung der Lösung y^* des Differenzenschemas sowie die Werte $y^*(x_i)$ für ausgewählte Gitterpunkte x_i an.[1])

Das zweite Beispiel bezieht sich auf das zweidimensionale Randwertproblem (4), (5) im Quadrat $\Omega \cup \Gamma = [0, 1] \times [0, 1]$,

$$-\Delta u + r(u)\, u = f(x) \qquad \big(x \in \Omega = (0, 1) \times (0, 1)\big),$$
$$u = \varphi(x) \qquad (x \in \Gamma), \qquad \varphi(x) \equiv 0.04,$$
$$f(x) = f(x_1, x_2) = \begin{cases} -1 - x_1 - 2x_2 & \text{für } 0 < x_1, x_2 < 1,\ x_1 \neq 0.5, \\ \quad 10 & \text{für } x_1 = 0.5,\ 0 < x_2 < 1 \end{cases}$$

[1]) Da y^* nach wenigen direkt gelösten Iterationsschritten (19) entsteht, verzichten wir auf die Berechnung oberer Schranken zu y^* im Fall solcher eindimensionalen Aufgaben.
Die angegebenen Werte wurden von J. SCHNEIDER [5] erhalten.

und mit der durch (6) bestimmten nichtlinearen Funktion $r(u)$ bei einem Wert $\varkappa = 1000$. Das zugehörige Differenzenschema (14), (15) auf einem gleichmäßigen quadratischen Gitter $\bar{\omega}$ über $\Omega \cup \Gamma$ mit der Gitterkonstanten $h = 0.05$ wurde iterativ gemäß (19) mit $\tau = 1$ gelöst.

Für die bei jedem Schritt gemäß (19) zu lösende lineare zweidimensionale Aufgabe $A_n y^{n+1} = f$ $(n \geqq 0)$ wurde die unter den vorliegenden Bedingungen schnell

Tabelle 1

N	10	20	40
Anzahl der Iterationen	2	5	9
$10\, y^*(x)$ für $x =$ 0.1	−0.00020	−0.00020	−0.00020
0.2	−0.00020	−0.00020	−0.00020
0.25		−0.00020	−0.00020
0.275			−0.00020
0.3	−0.00009	−0.00007	−0.00005
0.325			0.00978
0.35		0.03208	0.03210
0.4	0.11421	0.11422	0.11425
0.5	0.42851	0.42852	0.42854
0.6	0.94281	0.94282	0.94283
0.7	1.65711	1.65711	1.65712
0.8	2.57140	2.57141	2.57141
0.9	3.68570	3.68570	3.68571

konvergente Methode der wechselnden Richtungen (vgl. etwa [3]) als sogenannte „innere Iteration“ verwendet. Die Anzahl der „inneren Iterationsschritte“ wurde dabei so festgelegt, daß für vorgegebenes $\varepsilon > 0$ eine Genauigkeit $\|\bar{y}^{n+1} - y^{n+1}\|_C < \varepsilon$ für die ermittelte Iterierte $\bar{y}^{n+1}$ erreicht wird. Als untere Schranken wurden jeweils $\bar{y}^{n+1}(x) - \varepsilon$ verwendet; entsprechend sind die oberen Schranken gemäß (29) ermittelt worden.

Als Abbruchkriterium diente das Erkennen der Stationarität der Gebiete ω_n^- $(n \geqq n_0)$.

Bemerkung. Die Ermittlung oberer Schranken gemäß (29) zwecks Eingrenzung der Lösung y^* ist stets dann nützlich, wenn der Iterationsprozeß (19) abgebrochen wird, bevor y^* erreicht ist.

Für das betrachtete Beispiel ergaben sich bei einer Vorgabe von $\varepsilon = 10^{-6}$ nach der oben erwähnten Festlegung 16 „innere Iterationsschritte“. Mit der Anfangsnäherung $y^0 = A^{-1} f$ waren 4 Iterationsschritte gemäß (19) erforderlich.

In Abb. 1 werden die Folgen der Gitterpunktmengen $\{\omega_n^-\}$ bzw. $\{\hat{\omega}_n^-\}$ $(n \geqq 0)$ veranschaulicht. Daran anschließend sind in Tabelle 2 die Iteriertenfolgen $\{y^n(x)\}$ und $\{\hat{y}^n(x)\}$ für die auf einer Diagonalen des Quadrats Ω liegenden Gitterpunkte zusammengestellt.

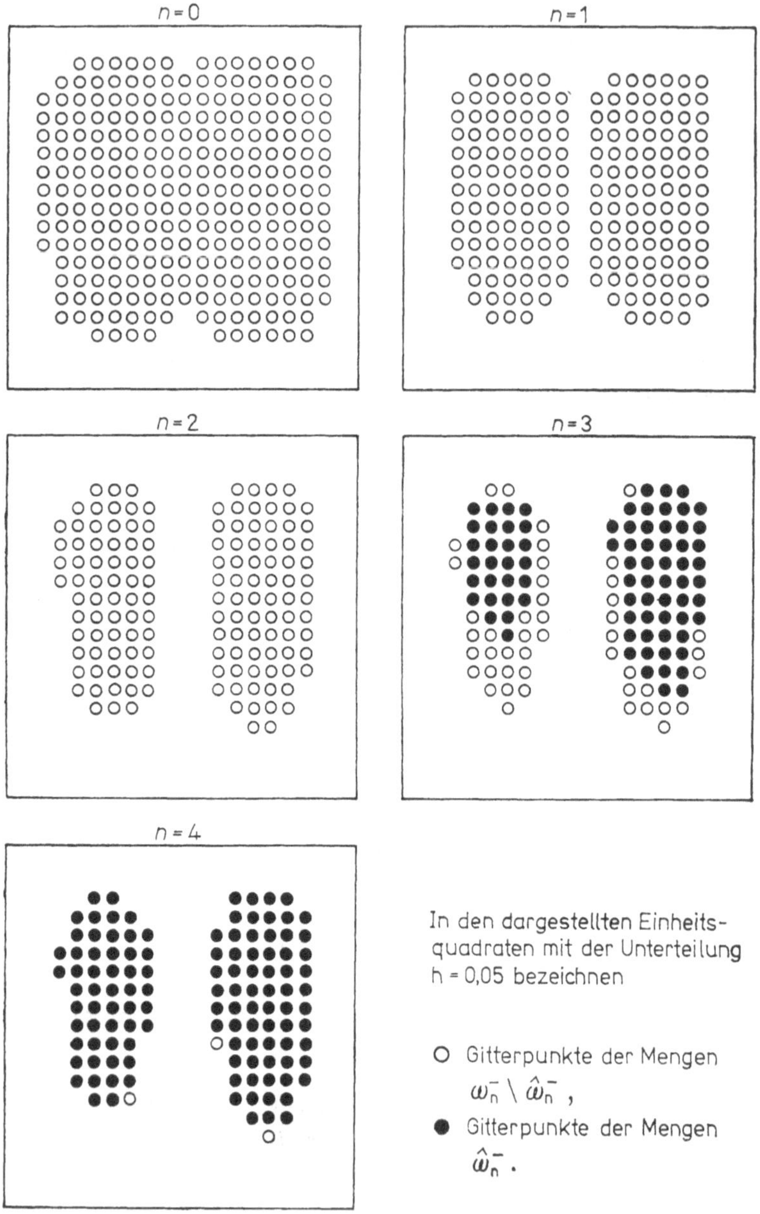
n = 0
n = 1
n = 2
n = 3
n = 4
In den dargestellten Einheitsquadraten mit der Unterteilung h = 0,05 bezeichnen
○ Gitterpunkte der Mengen $\omega_n^- \setminus \hat{\omega}_n^-$,
● Gitterpunkte der Mengen $\hat{\omega}_n^-$.

Abb. 1

Tabelle 2

x_1	x_2	$10^2 \cdot y^0$	$10^2 \cdot y^1$	$10^2 \cdot y^2$	$10^2 \cdot y^3$	$10^2 \cdot y^4$	$10^2 \cdot \hat{y}^4$	$10^2 \cdot \hat{y}^3$	$10^2 \cdot \hat{y}^2$	$10^2 \cdot \hat{y}^1$	$10^2 \cdot \hat{y}^0$
.05	.05	3.42370	3.46916	3.50684	3.51619	3.51747	3.51817	3.52326	3.55408	3.60717	8.588
.10	.10	2.19372	2.37457	2.52645	2.56390	2.56898	2.57176	2.59217	2.71573	2.92853	22.878
.15	.15	0.67362	1.06914	1.42347	1.50824	1.51957	1.52587	1.57227	1.85262	2.53494	47.420
.20	.20	−0.90276	0.07159	0.43465	0.58892	0.60838	0.61996	0.70482	1.21489	2.09095	83.100
.25	.25	−2.35705	−0.13391	−0.07384	0.00264	0.02769	0.04756	0.18961	1.04177	2.37998	127.176
.30	.30	−3.55127	−0.17910	−0.16002	−0.13131	−0.11214	−0.08819	0.13171	1.23488	2.89017	173.795
.35	.35	−4.37848	−0.19277	−0.17298	−0.13045	−0.09019	−0.06647	0.18904	1.53461	3.47438	217.741
.40	.40	−4.75284	−0.17715	−0.12330	0.01494	0.09631	0.12202	0.33036	1.90489	4.10838	234.939
.45	.45	−4.60114	−0.05439	0.15310	0.67269	0.71293	0.73932	0.92146	2.47389	4.85324	282.806
.50	.50	−3.85822	0.52531	1.38813	1.85908	1.88166	1.90570	2.06430	3.60390	6.04922	300.535
.55	.55	−5.61638	−0.08175	0.11903	0.54183	0.55110	0.57197	0.70959	2.23684	4.74549	306.228
.60	.60	−6.72659	−0.23654	−0.18930	−0.09499	−0.09330	−0.07632	0.03928	1.54888	3.90413	298.624
.65	.65	−7.15101	−0.28407	−0.27218	−0.24997	−0.24974	−0.23673	−0.14688	1.11427	3.18514	275.687
.70	.70	−6.86845	−0.30468	−0.29970	−0.29402	−0.29398	−0.28440	−0.21785	0.75778	2.52113	237.882
.75	.75	−5.88558	−0.31209	−0.30298	−0.30098	−0.30096	−0.29429	−0.24782	0.45631	1.92049	188.299
.80	.80	−4.25529	−0.28582	−0.24927	−0.24505	−0.24503	−0.24074	−0.21091	0.25936	1.43457	132.629
.85	.85	−2.10139	−0.10656	0.05685	0.10905	0.10907	0.11150	0.12828	0.39773	1.21651	78.814
.90	.90	0.34664	1.01015	1.29461	1.30890	1.30892	1.31001	1.31747	1.43623	1.77459	36.171
.95	.95	2.68114	2.84991	2.91710	2.92041	2.92042	2.92070	2.92257	2.95219	3.03576	11.591

Literatur

[1] GAJEWSKI, H., K. GRÖGER und K. ZACHARIAS, Nichtlineare Operatorgleichungen und Operatordifferentialgleichungen, Akademie-Verlag, Berlin 1974.
[2] MICHLIN, S. G., Lehrgang der Mathematischen Physik, Akademie-Verlag, Berlin 1972 (Übersetzung aus dem Russischen).
[3] SAMARSKI, A. A., Einführung in die Theorie der Differenzenschemata, Nauka, Moskau 1971 (russ.).
[4] SAMARSKI, A. A., und A. V. GULIN, Stabilität der Differenzenschemata, Nauka, Moskau 1973 (russ.).
[5] SCHNEIDER, J., Diplomarbeit, TH Karl-Marx-Stadt 1976.

Manuskripteingang: 7. 2. 1977

VERFASSER:
Dr. rer. nat. WILFRIED WEINELT und Dipl.-Math. GUNTER HELMERT, Sektion Mathematik der Technischen Hochschule Karl-Marx-Stadt

Beiträge zur Numerischen Mathematik
7 (1979), 159–162

Ein Beispiel zur physikalischen Interpretation der Potenzmethode für spezielle dreidiagonale Matrizen

Günther Windisch

Es werde das folgende Wärmeleitproblem betrachtet:

In einem homogenen, völlig wärmeisolierten Stab der Länge 1 mit kleinem Querschnitt sei zum Zeitpunkt $t = 0$ ein stetiges Temperaturgefälle $u_0(x)$, $0 \leqq x \leqq 1$, gegeben. Für $t \to \infty$ gleicht sich das Temperaturgefälle $u_0(x)$ zur Temperatur $u = \text{const}$ im gesamten Stab aus. Dieser physikalische Vorgang wird durch folgendes Anfangsrandwertproblem beschrieben:

$$\frac{\partial u}{\partial t} = \frac{\partial^2 u}{\partial x^2}, \qquad 0 < x < 1, \tag{1}$$

$$u(x, 0) = u_0(x), \qquad 0 \leqq x \leqq 1, \tag{2}$$

$$\frac{\partial u(0, t)}{\partial x} = \frac{\partial u(1, t)}{\partial x} = 0, \qquad t > 0. \tag{3}$$

Der Wärmeleitkoeffizient a^2 wurde zu $a^2 = 1$ angenommen. Wegen der völligen Wärmeisoliertheit des Stabes folgt aus dem Satz von der Erhaltung der Wärmeenergie, daß

$$E = \int_0^1 u_0(x)\, dx = \int_0^1 u(x, t)\, dx = \text{const} \tag{4}$$

für $t > 0$ gilt.

Die eindeutige Lösung der Aufgabe (1)–(3) für $t = \infty$ ist bekanntlich $u(x, \infty) = E$.

Mit dem folgenden Differenzenverfahren wird ein diskretes Modell gebildet.

Für eine gegebene natürliche Zahl $N > 2$ werde die Gleichung (1) in den Gitterpunkten $x_k = k \cdot \Delta x$, $k = 1, \ldots, N - 1$, $\Delta x \cdot N = 1$, durch die Differenzengleichung

$$y_t = y_{\bar{x}x} \tag{5}$$

approximiert. Es sei Δt die Diskretisationsschrittweite auf der t-Achse. Mit $r = \Delta t/(\Delta x)^2$ ergeben sich aus der Differenzengleichung (5) die folgenden expliziten Differenzenformeln:

$$\begin{aligned} &y_k^{n+1} = r y_{k-1}^n + (1 - 2r)\, y_k^n + r y_{k+1}^n, \\ &k = 1, \ldots, N - 1, \qquad n = 0, 1, 2, \ldots \end{aligned} \tag{6}$$

Dabei bezeichnet y_k^n den Näherungswert für den Wert der Lösung

$$u(x_k, t_n) = u(k \cdot \Delta x, n \cdot \Delta t)$$

der Aufgabe (1)—(3). Aus der Anfangsbedingung (2) bestimmen sich die Anfangswerte y_k^0 zu

$$y_k^0 = u_0(x_k), \qquad k = 0, \ldots, N.$$

Die Randbedingungen (3) werden bei $x = 0$ bzw. $x = 1$ durch die Differenzenformeln

$$y_0^{n+1} = (1 - r)\, y_0^n + r y_1^n$$

bzw.

$$y_N^{n+1} = r y_{N-1}^n + (1 - r)\, y_N^n \tag{7}$$

für $n = 0, 1, 2, \ldots$ approximiert.

Es sei y^n die Netzfunktion in der n-ten Zeitschicht,

$$y^n = (y_0^n, y_1^n, \ldots, y_N^n), \qquad n = 0, 1, 2, \ldots$$

Mit A_N werde die dreidiagonale Matrix der Ordnung $(N + 1) \times (N + 1)$ bezeichnet, die gemäß den Differenzenformeln (6)—(7) die Umrechnungen von einer Zeitschicht zur nächsten beschreibt. Die Matrix A_N hat folgende Gestalt:

$$A_N = \begin{pmatrix} 1-r & r & & & & & \\ r & 1-2r & r & & & \text{\Large 0} & \\ & r & 1-2r & r & & & \\ & & \ddots & \ddots & \ddots & & \\ & & & \ddots & \ddots & \ddots & \\ & \text{\Large 0} & & & r & 1-2r & r \\ & & & & & r & 1-r \end{pmatrix}. \tag{8}$$

Beginnend mit den Anfangswerten y^0 wird nach der Beziehung

$$y^{n+1} = A_N y^n = A_N^{n+1} y^0 \tag{9}$$

mit $n = 0, 1, 2, \ldots$ iteriert, was der Iterationsvorschrift der Potenzmethode für die Matrix A_N entspricht.

Der durch die Beziehung (4) ausgedrückte Wärmeerhaltungssatz kann im diskreten Modell als

$$D = \sum_{k=0}^{N} y_k^0\, \Delta x = \sum_{k=0}^{N} y_k^n\, \Delta x = \text{const} \tag{10}$$

für $n = 0, 1, 2, \ldots$ formuliert werden.

Die Iteration (9) mit der Matrix A_N gewährleistet die Gültigkeit der Bedingung (10) für alle $n \geqq 1$, denn gilt für ein $n \geqq 0$

$$D = \sum_{k=0}^{N} y_k^n \,\Delta x,$$

so folgt

$$\sum_{k=0}^{N} y_k^{n+1} \Delta x = \Big[(1-r)\, y_0^n + r y_1^n + r y_{N-1}^n + (1-r)\, y_N^n + \sum_{k=1}^{N-1} (r y_{k-1}^n + (1-2r)\, y_k^n + r y_{k+1}^n)\Big] \Delta x = \sum_{k=0}^{N} y_k^n \,\Delta x = D.$$

Im weiteren gelte

$$0 < r < \frac{1}{2}. \tag{11}$$

Unter der Bedingung (11) ist das verwendete explizite Differenzenverfahren stabil, und die Eigenwerte der symmetrischen Matrix A_N liegen im Intervall $[1-4r, 1]$.

Zum betragsgrößten Eigenwert $\lambda_N = 1$ der Matrix A_N ist $\varphi_N = (1, 1, \ldots, 1)$ ein Eigenvektor. Der betragsgrößte Eigenwert $\lambda_N = 1$ ist einfach, denn die Matrix

$$A_N - \lambda_N I_N = \begin{pmatrix} -r & r & & & & & & \\ r & -2r & r & & & & & \\ & r & -2r & r & & 0 & & \\ & & \cdot & \cdot & \cdot & & & \\ & & & \cdot & \cdot & \cdot & & \\ & & & & \cdot & \cdot & \cdot & \\ & 0 & & & & \cdot & \cdot & \cdot \\ & & & & & r & -2r & r \\ & & & & & & r & -r \end{pmatrix}_{(N+1)\times(N+1)}$$

hat den Rang N.

Mit der Iteration (9) gilt nun nach der Potenzmethode:

$$\lim_{n\to\infty} \frac{y_k^{n+1}}{y_k^n} = \lambda_N = 1, \qquad k = 0, \ldots, N.$$

Die Vektoren y^n konvergieren gegen einen Eigenvektor zum Eigenwert $\lambda_N = 1$. Dieser Eigenvektor ist ein Vielfaches des Vektors φ_N. Aus der Bedingung (10) ergibt sich

$$\lim_{n\to\infty} y_k^n = \frac{D}{N+1}, \qquad k = 0, \ldots, N,$$

d. h., y_k^n strebt für $n \to \infty$ gegen das arithmetische Mittel der Komponenten des Ausgangsvektors y^0. Der Eigenzustand $y^\infty = \frac{D}{N+1} \varphi_N$ charakterisiert für $t = \infty$ das ausgeglichene Temperaturniveau im Stab.

Manuskripteingang: 23. 7. 1976

VERFASSER:
Dr. Günther Windisch, Sektion Mathematik der Technischen Hochschule Karl-Marx-Stadt

Beiträge zur Numerischen Mathematik
7 (1979), 163–176

Zur numerischen Lösung eindimensionaler Wärmeleitprobleme mit nichtlinearen Randbedingungen durch Differenzenmethoden

GÜNTHER WINDISCH

Mit größer werdenden Temperaturdifferenzen zwischen Festkörpern und sie umgebenden gasförmigen Medien nimmt der Einfluß der Wärmestrahlung zu und kann dann bei der Modellierung von Wärmeleitvorgängen nicht mehr unberücksichtigt bleiben. Die Wärmestrahlung wird durch nichtlineare Randbedingungen vom Strahlungstyp beschrieben, die sich aus dem Stefan-Boltzmannschen Gesetz ergeben.

Der vorliegende Beitrag ist der numerischen Lösung eindimensionaler parabolischer Anfangs-Randwert-Aufgaben mit nichtlinearen Randbedingungen allgemeiner Art durch Differenzenmethoden gewidmet. Im speziellen werden die nichtlinearen Randbedingungen vom Strahlungstyp betrachtet. Als Modell für das Wärmeleitproblem kann eine unendlich ausgedehnte Platte der Dicke $d = 1$ dienen, wobei die Temperaturen nur von der Normalenrichtung der Platte abhängen sollen. Negative Temperaturen werden als unzulässig ausgeschlossen, was zum Beispiel durch die Verwendung entsprechender Temperaturskalen realisierbar ist.

1. Nichtlineare Randbedingungen in nur einem Randpunkt

1.1. *Aufgabenstellung*

Es sei $u(x, t)$ die Temperatur im Punkt x zur Zeit t. Betrachtet wird die folgende Aufgabe:

$$\frac{\partial u}{\partial t} = a^2 \frac{\partial^2 u}{\partial x^2} + f(x, t), \qquad 0 < x < 1, \quad 0 < t \leqq T, \tag{1.1}$$

$$u(x, 0) = \varphi(x) \geqq 0, \qquad 0 \leqq x \leqq 1, \tag{1.2}$$

$$lu = \mu(t), \qquad x = 0 \tag{1.3}$$

$$\frac{\partial u}{\partial x} + \chi(u, t) = 0, \qquad x = 1 \tag{1.4}$$

(1.3), (1.4): $0 < t \leqq T$,

$$u(x, t) \geqq 0, \qquad 0 \leqq x \leqq 1, \quad 0 \leqq t \leqq T. \tag{1.5}$$

Dabei bedeutet $a^2 = \dfrac{\lambda}{\varrho \cdot c} = \text{const} > 0$ die Temperaturleitzahl (ϱ Dichte, c Wärmekapazität, λ Wärmeleitzahl). Die Funktionen f, φ und μ seien stetig. Für die Funktion

$f(x, t)$ sind negative Werte zur Wärmesenkenbeschreibung nur soweit zulässig, daß die Bedingung (1.5) an $u(x, t)$ nicht verletzt wird. Bei $x = 0$ können lineare Randbedingungen erster, zweiter oder dritter Art anliegen, die durch den Randoperator l charakterisiert werden. Im Fall von Randbedingungen erster oder dritter Art bei $x = 0$ hat $\mu(t)$ die Bedeutung einer Temperatur, und deswegen sei $\mu(t) \geqq 0$ auf $[0, T]$. Liegen Randbedingungen zweiter Art an, so sei $\mu(t) < 0$ zur Beschreibung des bei $x = 0$ austretenden Wärmestromes nur soweit zugelassen, daß keine negativen Temperaturen auftreten können. Ferner sei die Funktion $\chi(u, t)$ für $u \geqq 0$, $0 \leqq t \leqq T$ stetig mit folgenden Eigenschaften:

$$\left.\begin{array}{ll} \text{(i)} & \text{Aus } u_1 \leqq u_2 \text{ folgt } \chi(u_1, t) \leqq \chi(u_2, t), \\ \text{(ii)} & \text{es gelte } \chi(0, t) \leqq 0 \end{array}\right\} 0 \leqq t \leqq T. \tag{1.6}$$

Randbedingungen vom Strahlungstyp. Speziell wird bei $x = 1$ die Randbedingung vom Strahlungstyp für $0 < t \leqq T$ betrachtet:

$$\lambda \frac{\partial u}{\partial x} + \alpha\big(u - \theta(t)\big) + \gamma\big(u^4 - \theta^4(t)\big) = 0. \tag{1.4*}$$

Für die Wärmeübergangszahl α, die Strahlungskonstante γ und die stetig veränderliche Umgebungstemperatur $\theta(t)$ gelte $\alpha \geqq 0$, $\gamma > 0$, $\theta(t) \geqq 0$.

Zum Differenzenverfahren (analog [1]). Bei gegebenen natürlichen Zahlen N und M werden mit den Schrittweiten $h = \frac{1}{N}$ und $\tau = \frac{T}{M}$ die Intervalle $[0, 1]$ und $[0, T]$ durch die gleichmäßigen Gitter $\overline{\omega}_h$ und $\overline{\omega}_\tau$ diskretisiert. Es wird das gleichmäßige Rechteckgitter $\overline{\omega}_{h\tau} = \overline{\omega}_h \times \overline{\omega}_\tau$ gebildet und in der Zeitschicht $t_n = n \cdot \tau$ $(0 \leqq n \leqq M)$ die Netzfunktion

$$y^n = (y_0{}^n, y_1{}^n, \ldots, y_{N-1}^n, y_N{}^n)$$

betrachtet, wobei $y_i{}^n$ im diskreten Modell als Näherungswert für $u(ih, n \cdot \tau)$ zu bestimmen ist. Das diskrete Modell wird gebildet, indem alle partiellen Ableitungen der Aufgabe (1.1)—(1.5) durch approximierende Differenzenquotienten ersetzt werden. Im weiteren wird zur Approximation im Gitterpunkt $(ih, n \cdot \tau)$ gesetzt:

$$\frac{\partial u}{\partial x} \approx \frac{y_{i+1}^n - y_i{}^n}{h} = y_{x,i}^n,$$

$$\frac{\partial u}{\partial x} \approx \frac{y_i{}^n - y_{i-1}^n}{h} = y_{\bar{x},i}^n,$$

$$\frac{\partial^2 u}{\partial x^2} \approx \frac{(y_{i-1}^n - 2y_i{}^n + y_{i+1}^n)}{h^2} = y_{\bar{x}x,i}^n.$$

Es sei $r = \dfrac{a^2\tau}{h^2}$.

In der Zeitschicht $t = 0$ ergibt sich aus der Anfangsbedingung (1.2) mit $y_i{}^0 = \varphi(ih)$, $i = 0, \ldots, N$, die diskrete Anfangsverteilung $y^0 \geqq 0$.

Der aus der Theorie der linearen Differenzengleichungen bekannte Satz, daß aus der Approximation und der Stabilität die Konvergenz des Differenzenschemas folgt, wird in den weiteren Betrachtungen angewendet.

1.2. *Explizites Differenzenverfahren*

Die Aufgabe (1.1)—(1.5) wird durch das folgende System von Differenzengleichungen approximiert:

$$\frac{y_i^n - y_i^{n-1}}{\tau} = a^2 y_{\bar{x}x,i}^{n-1} + f_i^{n-1}, \qquad i = 1, \ldots, N-1, \tag{1.7}$$

$$l_h y^n = \mu(t_n), \tag{1.8}$$

$$y_{\bar{x},N}^n + \chi(y_N^n, t_n) = 0, \tag{1.9}$$

$$y^n \geqq 0. \tag{1.10}$$

Abkürzend wurde $f_i^{n-1} = f\big(ih, (n-1)\,\tau\big)$ gesetzt, und l_h sei ein Randdifferenzenoperator, der den Operator l approximiert. Das System von Differenzengleichungen (1.7)—(1.9) approximiere die Ausgangsaufgabe wenigstens mit der Ordnung $O(h + \tau)$.

Zur Bestimmung von y^n erhält man die expliziten Differenzenformeln

$$y_i^n = r(y_{i-1}^{n-1} + y_{i+1}^{n-1}) + (1 - 2r)\, y_i^{n-1} + \tau f_i^{n-1}, \qquad i = 1, \ldots, N-1, \tag{1.11}$$

$$y_0^n = \psi_n(y_1^n, y_2^n, \ldots) \geqq 0, \tag{1.12}$$

wobei aus der Differenzengleichung (1.8) eine explizite Berechnungsvorschrift der Form (1.12) für y_0^n mit der Bedingung $y_0^n \geqq 0$ erhältlich sei.

Die Stabilitätsbedingung

$$r \leqq \frac{1}{2} \tag{1.13}$$

ist eine einschneidende Forderung an die Zeitschrittweite τ. Da nach den expliziten Differenzenformeln (1.11) y_i^n wegen der Stabilitätsbedingung (1.13) als konvexe Linearkombination der nichtnegativen Werte y_{i-1}^{n-1}, y_i^{n-1}, y_{i+1}^{n-1} unter Hinzufügen des Summanden τf_i^{n-1} zu berechnen ist, kann f_i^{n-1} solche negativen Werte annehmen, daß noch $y_i^n \geqq 0$ bleibt.

Die Voraussetzungen (1.6) an die Funktion $\chi(u, t)$ gestatten es, $y_N^n \geqq 0$ aus der Differenzengleichung (1.9) eindeutig zu bestimmen. Denn in der zu (1.9) äquivalenten Differenzengleichung

$$y_N^n + h\chi(y_N^n, t_n) = y_{N-1}^n \tag{1.14}$$

nimmt die rechte Seite keine negativen Werte an, und die linke Seite ist eine in y_N^n streng monoton wachsende Funktion, wobei mit der Eigenschaft (ii) der Bedingung (1.6) schließlich die obige Behauptung folgt.

Ausgehend von $y^{n-1} \geqq 0$ kann somit die Netzfunktion $y^n \geqq 0$ mit stabilen Differenzenformeln eindeutig berechnet werden.

Randbedingungen vom Strahlungstyp. Im Fall der Randbedingungen vom Strahlungstyp (1.4*) bei $x = 1$ erhält man für die Differenzengleichung (1.9) mit $\theta_n = \theta(t_n)$ die nichtlineare Differenzengleichung

$$\lambda y_{\bar{x},N}^n + \alpha(y_N^n - \theta_n) + \gamma\big((y_N^n)^4 - \theta_n^4\big) = 0. \tag{1.15}$$

Die Bestimmung von y_N^n führt auf das Polynom 4. Grades

$$\xi^4 + p\xi + q = 0 \tag{1.16}$$

mit den Koeffizienten

$$p = \frac{1}{\gamma}\left(\frac{\lambda}{h} + \alpha\right) > 0,$$

$$q = -\left(\frac{\lambda}{\gamma h}\, y_{N-1}^n + \frac{\alpha}{\gamma}\,\theta_n + \theta_n^4\right) \leqq 0.$$

Abkürzend wurde $\xi = y_N^n$ gesetzt. Das Polynom (1.16) hat stets genau zwei reelle Nullstellen ξ^- und ξ^+ mit

$$\xi^- < 0, \qquad \xi^+ \geqq 0.$$

Die negative Nullstelle ξ^- wird ignoriert und $y_N^n = \xi^+$ gesetzt. Damit wird eine Vervielfachung der Anzahl der Lösungen des Systems der Differenzengleichungen beim Übergang zur nächsten Zeitschicht ausgeschlossen.

Die folgenden Eigenschaften der Nullstelle $y_N^n = \xi^+$ des Polynoms (1.16) lassen sich mit Hilfe der Sturmschen Kette und einiger Abschätzungen zeigen:

a) Aus $\theta_n \underset{(\geqq)}{\leqq} y_{N-1}^n$ folgt $\theta_n \underset{(\geqq)}{\leqq} y_N^n \underset{(\geqq)}{\leqq} y_{N-1}^n$.

b) Es gilt die Monotonieeigenschaft: Aus $\theta_n \underset{(\geqq)}{\leqq} \theta_{n-1}$ und $y_{N-1}^n \underset{(\geqq)}{\leqq} y_{N-1}^{n-1}$ folgt $y_N^n \underset{(\geqq)}{\leqq} y_N^{n-1}$.

1.3. *Implizites Differenzenverfahren*

Mit dem reellen Parameter σ wird die gewichtete Netzfunktion

$$y^{n,\sigma} = \sigma y^n + (1 - \sigma)\, y^{n-1}$$

eingeführt. Es sei $t_{n,\sigma} = t_{n-1} + \sigma\tau = (n - 1 + \sigma)\,\tau$. Durch das System von Differenzengleichungen

$$\frac{y_i^n - y_i^{n-1}}{\tau} = a^2 y_{\bar{x}x,i}^{n,\sigma} + f_i^{n,\sigma}, \qquad i = 1, \ldots, N-1, \tag{1.17}$$

$$l_h^\sigma y^{n,\sigma} = \mu(t_{n,\sigma}), \tag{1.18}$$

$$y_{\bar{x},N}^{n,\sigma} + \chi\big((y^{n,\sigma})_N, t_{n,\sigma}\big) = 0, \tag{1.19}$$

$$y^n \geqq 0$$

wird die Aufgabe (1.1)—(1.5) approximiert. Die Approximationsordnung sei wenigstens $O(h + \tau)$. Es wurde $f_i^{n,\sigma} = f(ih, t_{n,\sigma})$ gesetzt, und l_h^σ sei ein den Operator l approximierender, im allgemeinen von σ abhängender Randdifferenzenoperator. Die Differenzengleichungen (1.17)—(1.18) sind für $\sigma \geqq \frac{1}{2}$ absolut stabil (vgl. [1]).

Zur Bestimmung der Netzfunktion $y^n \geqq 0$ erhält man, ausgehend von $y^{n-1} \geqq 0$, aus den Differenzengleichungen (1.17)—(1.18) ein lineares dreidiagonales Gleichungssystem, bestehend aus N Gleichungen

$$y_0^n = \varkappa(n, \sigma)\, y_1^n + \nu(n, \sigma), \tag{1.20}$$

$$\sigma r y_{i-1}^n - (1 + 2\sigma r)\, y_i^n + \sigma r y_{i+1}^n = -g_i^{n,\sigma}, \qquad i = 1, \ldots, N - 1, \tag{1.21}$$

mit den $N + 1$ Unbekannten y_i^n, $i = 0, 1, \ldots, N$, und als $(N + 1)$-te Gleichung die nichtlineare Differenzengleichung (1.19). Die Gleichung (1.20) möge in dieser Form aus der Differenzengleichung (1.18) folgen. Für die rechten Seiten $g_i^{n,\sigma}$ der Gleichungen (1.21) gilt

$$g_i^{n,\sigma} = r(1 - \sigma)\,(y_{i-1}^{n-1} + y_{i+1}^{n-1}) + \big(1 - 2r(1 - \sigma)\big)\, y_i^{n-1} + \tau f_i^{n,\sigma}, \quad i = 1, \ldots, N - 1. \tag{1.22}$$

Um die gesuchte Netzfunktion $y^n \geqq 0$ zu ermitteln, erweist es sich im weiteren als hinreichend, $g_i^{n,\sigma} \geqq 0$, $i = 1, \ldots, N - 1$, zu fordern. Damit die Linearkombination der nichtnegativen Werte y_{i-1}^{n-1}, y_i^{n-1}, y_{i+1}^{n-1} in der Beziehung (1.22) eine konvexe wird, muß der Auswahlbereich des Parameters σ folgendermaßen eingeschränkt werden:

$$\max\left\{\frac{1}{2}, 1 - \frac{1}{2r}\right\} \leqq \sigma \leqq 1. \tag{1.23}$$

Für $f_i^{n,\sigma}$ sind solche negativen Werte zulässig, daß noch $g_i^{n,\sigma} \geqq 0$ bleibt.

Die Lösung des Gleichungssystems (1.20)—(1.21) mit der nichtlinearen Differenzengleichung (1.19) erfolgt über den Ansatz

$$y_i^n = \alpha_{i+1} y_{i+1}^n + \beta_{i+1}^n, \qquad i = 0, 1, \ldots, N - 1. \tag{1.24}$$

Die Parameter α_i und β_i^n werden rekursiv berechnet (vgl. [1]). Es ist mit $\varkappa$ und ν aus der Gleichung (1.20) $\alpha_1 = \varkappa$, $\beta_1^n = \nu$ zu setzen. Die Approximation (1.18) der linearen Randbedingung bei $x = 0$ möge gewährleisten, daß $\varkappa$ nicht von n abhängt und daß $0 \leqq \alpha_1 = \varkappa \leqq 1$ gilt.

Die rekursive Berechnung der Parameter α_i und β_i^n ergibt sich nach [1] durch die Formeln

$$\alpha_{i+1} = \frac{\sigma \cdot r}{1 + \sigma r(2 - \alpha_i)}, \tag{1.25}$$

$$\beta_{i+1}^n = \frac{\beta_i^n \sigma r + g_i^{n,\sigma}}{1 + \sigma r(2 - \alpha_i)}, \tag{1.26}$$

$i = 1, \ldots, N - 1$. Aus der Rekursionsformel (1.25) folgt $0 < \alpha_i < 1$, $i = 2, \ldots, N - 1$, für die nach (1.23) zulässigen σ. Gilt $\beta_i^n \geqq 0$, $i = 1, \ldots, N$, so folgt aus $y_N^n \geqq 0$ mit (1.24) sofort $y^n \geqq 0$. Negative Parameter β_i^n sind bedingt zulässig.

Für die Approximation von Randbedingungen erster, zweiter und dritter Art bei $x = 0$ werden Beispiele angegeben, die die oben gestellten Forderungen an α_i und β_i^n erfüllen.

(a) Randbedingungen erster Art

$$lu|_{x=0} = u(0, t) = \mu(t).$$

Die Differenzenapproximation erfolgt durch

$$l_h^\sigma y^{n,\sigma} = (y^{n,\sigma})_0 = \mu(t_{n,\sigma}).$$

Daraus folgt

$$y_0^n = \frac{\sigma - 1}{\sigma} y_0^{n-1} + \frac{\mu(t_{n,\sigma})}{\sigma},$$

und es gilt

$$\varkappa = 0,$$

$$\nu = \frac{\sigma - 1}{\sigma} y_0^{n-1} + \frac{\mu(t_{n,\sigma})}{\sigma}.$$

Der Wert $\beta_1^n = \nu$ ist wenigstens für $\sigma = 1$ wegen der Voraussetzung an die Funktion μ nichtnegativ.

(b) Randbedingungen zweiter Art

$$lu|_{x=0} = -\lambda \frac{\partial u(0, t)}{\partial x} = \mu(t).$$

Mit der Differenzenapproximation

$$l_h^\sigma y^{n,\sigma} = -\lambda y_{x,0}^{n,\sigma} = \mu(t_{n,\sigma})$$

ergibt sich

$$y_0^n = y_1^n + \frac{1 - \sigma}{\sigma} (y_1^{n-1} - y_0^{n-1}) + \frac{h\mu(t_{n,\sigma})}{\lambda\sigma}$$

und somit

$$\varkappa = 1,$$

$$\nu = \frac{1 - \sigma}{\sigma} (y_1^{n-1} - y_0^{n-1}) + \frac{h\mu(t_{n,\sigma})}{\lambda\sigma}.$$

Bei $\sigma = 1$ folgt $\nu \geqq 0$ für $\mu(t) \geqq 0$. Gewisse negative Funktionswerte $\mu(t)$ sind unter Umständen zulässig.

(c) Randbedingungen dritter Art ($\bar{\alpha}$ Wärmeübergangszahl bei $x = 0$)

$$lu|_{x=0} = -\lambda \frac{\partial u(0, t)}{\partial x} + \bar{\alpha} u(0, t) = \mu(t).$$

Man erhält mit der folgenden Differenzenapproximation

$$l_h^\sigma y^{n,\sigma} = -\lambda y^{n,\sigma}_{x,0} + \bar{\alpha}(y^{n,\sigma})_0 = \mu(t_{n,\sigma})$$

die Beziehung

$$y_0^n = \frac{\lambda}{\lambda + \bar{\alpha}h} y_1^n + \frac{1-\sigma}{\sigma}\left[\frac{\lambda}{\lambda + \bar{\alpha}h} y_1^{n-1} - y_0^{n-1}\right] + \frac{h \cdot \mu(t_{n,\sigma})}{\sigma(\lambda + \bar{\alpha}h)}.$$

Somit ist

$$0 < \varkappa = \frac{\lambda}{\lambda + \bar{\alpha}h} \leqq 1,$$

$$\nu = \frac{1-\sigma}{\sigma}\left[\frac{\lambda}{\lambda + \bar{\alpha}h} y_1^{n-1} - y_0^{n-1}\right] + \frac{h \cdot \mu(t_{n,\sigma})}{\sigma(\lambda + \bar{\alpha}h)}.$$

Wenigstens für $\sigma = 1$ gilt $\nu \geqq 0$ wegen $\mu(t) \geqq 0$.

Aus $\nu = \beta_1^n \geqq 0$ und $g_i^{n,\sigma} \geqq 0$, $i = 1, \ldots, N-1$, folgt aus der Rekursionsformel (1.26), daß $\beta_i^n \geqq 0$ für $i = 2, \ldots, N-1$ ist. Im Fall (b) der Randbedingungen zweiter Art soll bei $\nu < 0$ jedoch auch $\beta_N^n \geqq 0$ gelten.

Wird nach der Berechnung der Parameter α_i und β_i^n

$$y_{N-1}^n = \alpha_N y_N^n + \beta_N^n$$

$(0 < \alpha_N < 1,\ \beta_N^n \geqq 0)$ in die Differenzengleichung (1.19) eingesetzt, so erhält man für y_N^n die Gleichung

$$\begin{aligned} &\sigma(1 - \alpha_N)\, y_N^n + h\chi\big(\sigma y_N^n + (1-\sigma)\, y_N^{n-1}, t_{n,\sigma}\big) \\ &= (1-\sigma)(y_{N-1}^{n-1} - y_N^{n-1}) + \sigma\beta_N^n. \end{aligned} \tag{1.27}$$

Für die zulässigen Werte σ ist die linke Seite der Gleichung (1.27) auf $[0, \infty)$ streng monoton wachsend in y_N^n. Die rechte Seite ist wenigstens für $\sigma = 1$ nichtnegativ. Aus den Bedingungen (1.6) folgt, daß $y_N^n \geqq 0$ durch die Gleichung (1.27) eindeutig berechenbar ist.

Ausgehend von der Netzfunktion $y^{n-1} \geqq 0$ kann somit wenigstens für $\sigma = 1$ und gewisse Approximationen der Randbedingungen bei $x = 0$ die Netzfunktion $y^n \geqq 0$ mit stabilen Differenzenformeln eindeutig berechnet werden.

Randbedingungen vom Strahlungstyp. Liegen bei $x = 1$ Randbedingungen vom Strahlungstyp (1.4*) vor und werden sie durch die Differenzengleichung

$$\lambda y^{n,\sigma}_{\bar{x},N} + \alpha\big((y^{n,\sigma})_N - \theta_{n,\sigma}\big) + \gamma\big((y^{n,\sigma})_N^4 - \theta^4_{n,\sigma}\big) = 0$$

$\big(\theta_{n,\sigma} = \theta(t_{n,\sigma})\big)$ approximiert, so erhält man ein Polynom 4. Grades

$$\xi^4 + \bar{p}\xi + \bar{q} = 0, \tag{1.28}$$

wobei $\xi = (y^{n,\sigma})_N$ gesetzt wurde. Für die Koeffizienten des Polynoms gilt

$$\overline{p} = \frac{1}{\gamma}\left(\frac{\lambda}{h}(1 - \alpha_N) + \alpha\right) > 0,$$

$$\overline{q} = -\left(\frac{\lambda}{\gamma h}\left(\sigma\beta_N^n + (1-\sigma)\beta_N^{n-1}\right) + \frac{\alpha}{\gamma}\theta_{n,\sigma} + \theta_{n,\sigma}^4\right) \leqq 0.$$

Das Polynom (1.28) hat genau eine negative Nullstelle ξ^-, die ignoriert wird, und genau eine nichtnegative Nullstelle ξ^+. Es wird $(y^{n,\sigma})_N = \xi^+ \geqq 0$ gesetzt. Der gesuchte Wert y_N^n läßt sich damit eindeutig ermitteln. Eine Vervielfachung der Anzahl der Lösungen des Systems der Differenzengleichungen wird dadurch ausgeschlossen. Zumindest für $\sigma = 1$ folgt stets $y_N^n \geqq 0$.

Bemerkung. Analog zu der in Abschnitt 1 behandelten Aufgabe können die nichtlinearen Randbedingungen ebenso bei $x = 0$ betrachtet werden. Die Formulierung der nichtlinearen Randbedingung bei $x = 0$ wird im folgenden Abschnitt 2 gegeben.

2. Nichtlineare Randbedingungen in beiden Randpunkten

2.1. *Aufgabenstellung*

Gegeben sei die folgende Aufgabe:

$$\frac{\partial u}{\partial t} = a^2 \frac{\partial^2 u}{\partial x^2} + f(x, t), \qquad 0 < x < 1, \quad 0 < t \leqq T, \tag{2.1}$$

$$u(x, 0) = \varphi(x) \geqq 0, \qquad 0 \leqq x \leqq 1, \tag{2.2}$$

$$\left.\begin{aligned} &\frac{\partial u}{\partial x} + \chi_1(u, t) = 0, \qquad x = 0, \quad (2.3)\\ &\frac{\partial u}{\partial x} + \chi_2(u, t) = 0, \qquad x = 1, \quad (2.4) \end{aligned}\right\} \; 0 < t \leqq T,$$

$$u(x, t) \geqq 0, \qquad 0 \leqq x \leqq 1, \quad 0 \leqq t \leqq T. \tag{2.5}$$

Für die Funktion χ_2 mögen die Bedingungen (1.6) und für die Funktionen f und φ die Forderungen aus Abschnitt 1.1 gelten. Es sei die Funktion $\chi_1(u, t)$ für $u \geqq 0$ und $0 \leqq t \leqq T$ stetig mit den Eigenschaften:

$$\left.\begin{aligned} &\text{(iii)} \quad \text{Aus } u_1 \leqq u_2 \text{ folgt } \chi_1(u_1, t) \geqq \chi_1(u_2, t), \\ &\text{(iv)} \quad \text{es gelte } \chi_1(0, t) \geqq 0, \end{aligned}\right\} \; 0 \leqq t \leqq T. \tag{2.6}$$

Randbedingungen vom Strahlungstyp. Im besonderen werden bei $x = 0$ und $x = 1$ Randbedingungen vom Strahlungstyp betrachtet:

$$-\lambda \frac{\partial u}{\partial x} + \bar{\alpha}\big(u - \bar{\theta}(t)\big) + \bar{\gamma}\big(u^4 - \bar{\theta}^4(t)\big) = 0, \qquad x = 0, \tag{2.3*}$$

$$\lambda \frac{\partial u}{\partial x} + \alpha\big(u - \theta(t)\big) + \gamma\big(u^4 - \theta^4(t)\big) = 0, \qquad x = 1. \tag{2.4*}$$

Für die Wärmeübergangszahlen α, $\bar{\alpha}$, die Strahlungskonstanten γ, $\bar{\gamma}$ und die stetig veränderlichen Umgebungstemperaturen $\theta(t)$, $\bar{\theta}(t)$ gelte:

$$\alpha, \bar{\alpha} \geqq 0, \qquad \gamma, \bar{\gamma} > 0, \qquad \theta(t), \bar{\theta}(t) \geqq 0 \qquad (0 \leqq t \leqq T).$$

2.2. *Explizites Differenzenverfahren*

Die nichtlinearen Randbedingungen bei $x = 0$ und $x = 1$ können bei der numerischen Lösung der Aufgabe (2.1)—(2.5) durch explizite Differenzenmethoden analog zum Abschnitt 1.2 unabhängig voneinander behandelt werden. Eine maximale Vervierfachung der Anzahl der Lösungen des Systems von Differenzengleichungen im Fall der Randbedingungen (2.3*)—(2.4*) beim Übergang zur nächsten Zeitschicht wird durch die Forderung $y^n \geqq 0$ ausgeschlossen.

2.3. *Implizites Differenzenverfahren*

Mit der in Abschnitt 1.3 eingeführten gewichteten Netzfunktion $y^{n,\sigma}$ wird die Aufgabe (2.1)—(2.5) durch das folgende System von Differenzengleichungen approximiert:

$$y^{n,\sigma}_{x,0} + \chi_1\big((y^{n,\sigma})_0, t_{n,\sigma}\big) = 0, \tag{2.7}$$

$$\frac{y_i^n - y_i^{n-1}}{\tau} = a^2 y^{n,\sigma}_{\bar{x}x,i} + f_i^{n,\sigma}, \qquad i = 1, \ldots, N-1, \tag{2.8}$$

$$y^{n,\sigma}_{\bar{x},N} + \chi_2\big((y^{n,\sigma})_N, t_{n,\sigma}\big) = 0, \tag{2.9}$$

$$y^n \geqq 0.$$

Die Approximationsordnung sei wenigstens $O(h + \tau)$. Aus den linearen Differenzengleichungen (2.8) folgt das lineare Gleichungssystem

$$\sigma r y^n_{i-1} - (1 + 2\sigma r)\, y_i^n + \sigma r y^n_{i+1} = -g_i^{n,\sigma}, \qquad i = 1, \ldots, N-1. \tag{2.10}$$

Die rechten Seiten $g_i^{n,\sigma}$ sind durch die Beziehung (1.22) definiert. Mit der einschränkenden Bedingung (1.23) für σ folgt $g_i^{n,\sigma} \geqq 0$, $i = 1, \ldots, N-1$, wenn die Funktion $f(x, t)$ wiederum nur bedingt negative Werte annimmt.

Der Rang der Systemmatrix des linearen Gleichungssystems (2.10) der Ordnung $(N-1) \times (N+1)$ ist $N-1$. Die zweidimensionale Lösungsmannigfaltigkeit wird mit den Parametern C_1 und C_2 in der Form

$$y^n = {}^0y^n + C_1\,{}^1y^n + C_2\,{}^2y^n. \tag{2.11}$$

ermittelt. Die ersten und die letzten Komponenten der speziellen Lösung ${}^0y^n$ des inhomogenen Systems (2.10) und der Basisvektoren ${}^1y^n$, ${}^2y^n$ des Nullraumes werden wie folgt gesetzt:

$$\begin{aligned} &{}^0y_0{}^n = {}^0y_N{}^n = 0, \\ &{}^1y_0{}^n = 1, \qquad {}^1y_N{}^n = 0, \\ &{}^2y_0{}^n = 0, \qquad {}^2y_N{}^n = 1. \end{aligned}$$

Zur Berechnung der übrigen Komponenten der Vektoren ${}^0y^n$, ${}^1y^n$, ${}^2y^n$ ist jeweils ein tridiagonales lineares Gleichungssystem zu lösen.

Der Vektor ${}^0y^n = (0, {}^0y_1{}^n, \ldots, {}^0y_{N-1}^n, 0)$ ist Lösung des Gleichungssystems

$$\begin{aligned} &{}^0y_1{}^n = \frac{\sigma r}{1 + 2\sigma r}\,{}^0y_2{}^n + \frac{g_1{}^{n,\sigma}}{1 + 2\sigma r}, \\ &\sigma r\,{}^0y_{i-1}^n - (1 + 2\sigma r)\,{}^0y_i{}^n + \sigma r\,{}^0y_{i+1}^n = -g_i{}^{n,\sigma}, \qquad i = 2, \ldots, N-2, \\ &{}^0y_{N-1}^n = \frac{\sigma r}{1 + 2\sigma r}\,{}^0y_{N-2}^n + \frac{g_{N-1}^{n,\sigma}}{1 + 2\sigma r}. \end{aligned} \tag{2.12}$$

Der Vektor ${}^1y^n = (1, {}^1y_1{}^n, \ldots, {}^1y_{N-1}^n, 0)$ ist Lösung des Gleichungssystems

$$\begin{aligned} &{}^1y_1{}^n = \frac{\sigma r}{1 + 2\sigma r}\,{}^1y_2{}^n + \frac{\sigma r}{1 + 2\,r\sigma}, \\ &\sigma r\,{}^1y_{i-1}^n - (1 + 2\sigma r)\,{}^1y_i{}^n + \sigma r\,{}^1y_{i+1}^n = 0, \qquad i = 2, \ldots, N-2, \\ &{}^1y_{N-1}^n = \frac{\sigma r}{1 + 2\sigma r}\,{}^1y_{N-2}^n. \end{aligned} \tag{2.13}$$

Der Vektor ${}^2y^n = (0, {}^2y_1{}^n, \ldots, {}^2y_{N-1}^n, 1)$ ist Lösung des Gleichungssystems

$$\begin{aligned} &{}^2y_1{}^n = \frac{\sigma r}{1 + 2\sigma r}\,{}^2y_2{}^n, \\ &\sigma r\,{}^2y_{i-1}^n - (1 + 2\sigma r)\,{}^2y_i{}^n + \sigma r\,{}^2y_{i+1}^n = 0, \qquad i = 2, \ldots, N-2, \\ &{}^2y_{N-1}^n = \frac{\sigma r}{1 + 2\sigma r}\,{}^2y_{N-2}^n + \frac{\sigma r}{1 + 2\sigma r}. \end{aligned} \tag{2.14}$$

Die Lösungen ${}^ky_i{}^n$, $i = 1, \ldots, N-1$, $k = 0, 1, 2$, der linearen Gleichungssysteme (2.12)—(2.14) sind nichtnegativ, und somit gilt in (2.11) ${}^ky^n \geqq 0$, $k = 0, 1, 2$. Da die Berechnung der Lösungen der Gleichungssysteme (2.12)—(2.14) mit der Lösungsmethode aus Abschnitt 1.3 über den Ansatz (1.24) erfolgen kann, ergibt sich die Behauptung aus der Gültigkeit von

$$0 < \frac{\sigma r}{1 + 2\sigma r} < \frac{1}{2} \quad \text{und} \quad g_i{}^{n,\sigma} \geqq 0, \qquad i = 1, \ldots, N-1.$$

Aus der Struktur der linearen Gleichungssysteme (2.13—14) ist ersichtlich, daß für ihre Lösungen ${}^k y_i^n$, $i = 1, \ldots, N-1$, $k = 1, 2$,

$$ {}^1y_i^n = {}^2y_{N-i}^n, \qquad i = 1, \ldots, N-1, \tag{2.15} $$

gilt. Für die Lösung des linearen Gleichungssystems (2.14) folgt die Eigenschaft

$$ 0 < {}^2y_1^n < {}^2y_2^n < \cdots < {}^2y_{N-1}^n < \frac{N-1}{N} \quad \text{mit} \quad 0 < {}^2y_i^n < \frac{i}{N}, \tag{2.16} $$

und somit gilt wegen der Beziehungen (2.15) für die Lösung des linearen Gleichungssystems (2.13)

$$ 0 < {}^1y_{N-1}^n < {}^1y_{N-2}^n < \cdots < {}^1y_1^n < \frac{N-1}{N} \quad \text{mit} \quad 0 < {}^1y_i^n < \frac{N-i}{N}. \tag{2.17} $$

Denn zur Lösung des Gleichungssystems (2.14) mit dem Ansatz (1.24) ist

$$ \alpha_2 = \frac{\sigma r}{1 + 2\sigma r}, \qquad \beta_2^n = 0 $$

zu setzen, und über die Rekursionsformeln (1.25)—(1.26) zur Berechnung der Parameter α_i, β_i^n, $i = 3, \ldots, N-1$, erhält man wegen

$$ 0 < \alpha_2 < \frac{1}{2} \quad \text{und} \quad g_i^{n,\sigma} = 0, \qquad i = 2, \ldots, N-2, $$

die Abschätzungen

$$ 0 < \alpha_i < \frac{i-1}{i} \quad \text{und} \quad \beta_i^n = 0, \qquad i = 3, \ldots, N-1. $$

Die Lösung des Gleichungssystems (2.14) hat darum die Form

$$ {}^2y_i^n = \alpha_{i+1}\, {}^2y_{i+1}^n, \qquad 0 < \alpha_{i+1} < 1, \qquad i = 1, \ldots, N-2. \tag{2.18} $$

Aus den Gleichungen

$$ {}^2y_{N-1}^n = \frac{\sigma r}{1 + 2\sigma r}\, {}^2y_{N-2}^n + \frac{\sigma r}{1 + 2\sigma r}, $$

$$ {}^2y_{N-2}^n = \alpha_{N-1}\, {}^2y_{N-1}^n $$

folgt mit den obigen Abschätzungen

$$ {}^2y_{N-1}^n = \frac{\sigma r}{1 + 2\sigma r}\, \alpha_{N-1}\, {}^2y_{N-1}^n < \frac{1}{2}\,\frac{N-2}{N-1}\, {}^2y_{N-1}^n + \frac{1}{2}, $$

womit $0 < {}^2y_{N-1}^n < \frac{N-1}{N}$ gezeigt ist. Unter Verwendung der Abschätzungen für α_i erhält man aus den Beziehungen (2.18) die Eigenschaften (2.16) der Lösung des linearen Gleichungssystems (2.14).

Die ersten und die letzten beiden Komponenten der allgemeinen Lösung (2.11) des linearen Gleichungssystems (2.10)

$$\begin{aligned} y_0^n &= C_1, \\ y_1^n &= {}^0y_1^n + C_1\,{}^1y_1^n + C_2\,{}^2y_1^n, \\ y_{N-1}^n &= {}^0y_{N-1}^n + C_1\,{}^1y_{N-1}^n + C_2\,{}^2y_{N-1}^n, \\ y_N^n &= C_2 \end{aligned} \tag{2.19}$$

werden in die Differenzengleichungen (2.7) und (2.9) eingesetzt. Zur Ermittlung von C_1 und C_2 entsteht das folgende Gleichungssystem:

$$\begin{aligned} &\sigma(1 - {}^1y_1^n) \cdot C_1 - h\chi_1\big(\sigma C_1 + (1-\sigma)\, y_0^{n-1}, t_{n,\sigma}\big) - \sigma\, {}^2y_1^n C_2 \\ &= (1-\sigma)\,(y_1^{n-1} - y_0^{n-1}) + \sigma\, {}^0y_1^n \end{aligned} \tag{2.20}$$

$$\begin{aligned} &\sigma(1 - {}^2y_{N-1}^n) \cdot C_2 + h\chi_2\big(\sigma C_2 + (1-\sigma)\, y_N^{n-1}, t_{n,\sigma}\big) - \sigma\, {}^1y_{N-1}^n \cdot C_1 \\ &= (1-\sigma)\,(y_{N-1}^{n-1} - y_N^{n-1}) + \sigma\, {}^0y_{N-1}^n. \end{aligned} \tag{2.21}$$

Das Gleichungssystem (2.20)—(2.21) hat eine eindeutige Lösung $(C_1^+, C_2^+) \geqq 0$ wenigstens für $\sigma = 1$. Wegen der Eigenschaften (2.16)—(2.17) und der Bedingung (1.23) an den Parameter σ können die Gleichungen (2.20)—(2.21) in die folgende Form übergeführt werden:

$$\begin{aligned} C_2 = \varepsilon_2(C_1, \sigma) = {}& \frac{1 - {}^1y_1^n}{{}^2y_1^n}\, C_1 - h\chi_1\big(\sigma C_1 + (1-\sigma)\, y_0^{n-1}, t_{n,\sigma}\big) \\ & - \frac{(1-\sigma)}{\sigma}\, \frac{y_1^{n-1} - y_0^{n-1}}{{}^2y_1^n} - \frac{{}^0y_1^n}{{}^2y_1^n} \end{aligned} \tag{2.22}$$

$$\begin{aligned} C_1 = \varepsilon_1(C_2, \sigma) = {}& \frac{1 - {}^2y_{N-1}^n}{{}^1y_{N-1}^n}\, C_2 + h\chi_2\big(\sigma C_2 + (1-\sigma)\, y_N^{n-1}, t_{n,\sigma}\big) \\ & - \frac{(1-\sigma)}{\sigma}\, \frac{y_{N-1}^{n-1} - y_N^{n-1}}{{}^1y_{N-1}^n} - \frac{{}^0y_{N-1}^n}{{}^1y_{N-1}^n}. \end{aligned} \tag{2.23}$$

Da auf Grund der Voraussetzungen (1.6) und (2.6) die Funktionen $-\chi_1(u, t)$ und $\chi_2(u, t)$ in u monoton nichtfallend sind und nach (2.15)—(2.17)

$$\frac{1 - {}^1y_1^n}{{}^2y_1^n} = \frac{1 - {}^2y_{N-1}^n}{{}^1y_{N-1}^n} > \frac{1 - \dfrac{N-1}{N}}{\dfrac{1}{N}} = 1$$

gilt, folgt wegen $\varepsilon_k(0, 1) \leqq 0$, $k = 1, 2$, die Existenz einer eindeutigen Lösung $(C_1^+, C_2^+) \geqq 0$ des Gleichungssystems (2.20)—(2.21).

Ausgehend von der Netzfunktion $y^{n-1} \geqq 0$ kann mit stabilen Differenzenformeln $y^n \geqq 0$ eindeutig ermittelt werden.

Randbedingungen vom Strahlungstyp. Für die Randbedingungen vom Strahlungstyp (2.3*)—(2.4*) lauten die Differenzengleichungen (2.7) und (2.9) wie folgt:

$$-\lambda y^{n,\sigma}_{x,0} + \bar{\alpha}\big((y^{n,\sigma})_0 - \bar{\theta}_{n,\sigma}\big) + \bar{\gamma}\big((y^{n,\sigma})_0^4 - \bar{\theta}^4_{n,\sigma}\big) = 0, \tag{2.24}$$

$$\lambda y^{n}_{\bar{x},N} + \alpha\big((y^{n,\sigma})_N - \theta_{n,\sigma}\big) + \gamma\big((y^{n,\sigma})_N^4 - \theta^4_{n,\sigma}\big) = 0, \tag{2.25}$$

wobei $\bar{\theta}_{n,\sigma} = \bar{\theta}(t_{n,\sigma})$, $\theta_{n,\sigma} = \theta(t_{n,\sigma})$ gesetzt wurde. Mit den Beziehungen (2.19) erhält das Gleichungssystem zur Bestimmung der Parameter C_1 und C_2 die Gestalt

$$\big(\sigma C_1 + (1-\sigma)\, y_0^{n-1}\big)^4 + \bar{p}\sigma C_1 - \bar{q}\sigma C_2 = \bar{s}(\sigma), \tag{2.26}$$

$$\big(\sigma C_2 + (1-\sigma)\, y_N^{n-1}\big)^4 + p\sigma C_2 - q\sigma C_1 = s(\sigma); \tag{2.27}$$

dabei gilt für die Koeffizienten

$$\bar{p} = \frac{1}{\bar{\gamma}}\left(\frac{\lambda}{h}\,(1 - {}^1y_1^n) + \bar{\alpha}\right), \qquad p = \frac{1}{\gamma}\left(\frac{\lambda}{h}\,(1 - {}^2y^n_{N-1}) + \alpha\right).$$

$$\bar{q} = \frac{\lambda}{\bar{\gamma}h}\,{}^2y_1^n, \qquad q = \frac{\lambda}{\gamma h}\,{}^1y^n_{N-1},$$

$$\bar{s}(\sigma) = \frac{\lambda}{\bar{\gamma}h}\,\sigma\cdot{}^0y_1^n + \frac{\bar{\alpha}}{\bar{\gamma}}\,\bar{\theta}_{n,\sigma} + \bar{\theta}^4_{n,\sigma} + (\sigma-1)\left(\left(\frac{\lambda}{\bar{\gamma}h} + \frac{\bar{\alpha}}{\bar{\gamma}}\right) y_0^{n-1} - \frac{\lambda}{\bar{\gamma}h}\,y_1^{n-1}\right),$$

$$s(\sigma) = \frac{\lambda\sigma}{\gamma h}\,{}^0y^n_{N-1} + \frac{\alpha}{\gamma}\,\theta_{n,\sigma} + \theta^4_{n,\sigma} + (\sigma-1)\left(\left(\frac{\lambda}{\gamma h} + \frac{\alpha}{\gamma}\right) y_N^{n-1} - \frac{\lambda}{\gamma h}\,y^{n-1}_{N-1}\right).$$

Das Gleichungssystem (2.26)—(2.27) hat wenigstens für $\sigma = 1$ eine eindeutige Lösung $(C_1^+, C_2^+) \geqq 0$, woraus sich mit dem Ansatz (2.11) als Lösung des Differenzengleichungssystems (2.8) und (2.24)—(2.25) eindeutig

$$y^n = {}^0y^n + C_1^+\,{}^1y^n + C_2^+\,{}^2y^n \geqq 0$$

ergibt. Eine Vervielfachung der Anzahl der Lösungen des Systems der Differenzengleichungen beim Übergang zur nächsten Zeitschicht t_n wird somit ausgeschlossen.

Literatur

[1] Самарский, А. А., Введение в теорию разностных схем, Наука, Москва 1971.
[2] Самарский, А. А., и А. В. Гулин, Устойчивость разностных схем, Наука, Москва 1973.
[3] Тихонов, А. Н., и А. А. Самарский, Уравнения математической физики, Наука, Москва 1972.

[4] Walter, W., Differential- und Integralungleichungen, Springer-Verlag, Berlin—Göttingen—Heidelberg—New York 1964.
[5] Михеев, М. А., и И. М. Михеева, Основы теплопередачи, Енергия, Москва 1973.
[6] Beresin, I. S., und N. P. Shidkow, Numerische Methoden 2, VEB Deutscher Verlag der Wissenschaften, Berlin 1971 (Übersetzung aus dem Russischen).

Manuskripteingang: 7. 2. 1977

VERFASSER:

Dr. Günther Windisch, Sektion Mathematik der Technischen Hochschule Karl-Marx-Stadt

Beiträge zur Numerischen Mathematik
7 (1979), 177–218

Motivation und Darstellung von verallgemeinerten Matrixinversen

GERHARD ZIELKE

Herrn Prof. Dr. sc. nat. ERICH SCHINCKE zum 60. Geburtstag am 23. 12. 1977 gewidmet

Zunächst werden die vier Penrose-Gleichungen aus drei naheliegenden Forderungen hergeleitet Danach werden für alle acht Klassen von verallgemeinerten Inversen, die mindestens die erste Penrose-Gleichung $AXA = A$ erfüllen, durch verschiedene Transformationen der gegebenen Matrix auf gewisse Standardformen je zehn Serien von Blockdarstellungen angegeben, die die Grundlage für die Entwicklung numerischer Verfahren bilden. Die benutzten Herleitungsprinzipien führten auf zahlreiche neue Darstellungen. Einige der Ergebnisse finden sich bereits in der Literatur. Ihre möglichst lückenlose Erfassung wurde angestrebt. Die Blockdarstellung von verallgemeinerten Inversen wurde in dieser Vollständigkeit in der Literatur bisher nicht behandelt. Einer der Formelsätze, der sich für die numerische Berechnung sowohl vom Rechenaufwand her als auch aus Genauigkeitsgründen als besonders geeignet erwies, wurde an einem einfachen Zahlenbeispiel illustriert.

1. Einleitung

Zu jeder beliebigen reellen oder komplexen $(m \times n)$-Matrix A existiert nach E. H. MOORE 1920, 1935 [18, 19] eine eindeutig bestimmte Matrix X, die die Gleichung $AXA = A$ erfüllt und deren Zeilen im Zeilenraum von A^* und deren Spalten im Spaltenraum von A^* liegen. Ohne Kenntnis der Mooreschen Arbeiten definierte R. PENROSE 1955, 1956 [23, 24] die Matrix X als eindeutige Lösung der vier Gleichungen

$$AXA = A, \tag{P 1}$$

$$XAX = X, \tag{P 2}$$

$$(AX)^* = AX, \tag{P 3}$$

$$(XA)^* = XA \tag{P 4}$$

(im folgenden Penrose-Gleichungen genannt). Im Fall $m = n$ und bei nichtsingulärem A ist offensichtlich $X = A^{-1}$. Wenn $m \neq n$ oder A quadratisch, aber singulär ist, besitzt X ebenfalls noch einige Eigenschaften der gewöhnlichen Inversen und wird deshalb verallgemeinerte Inverse oder, wie jetzt allgemein üblich, Moore-Penrose-Inverse genannt und mit A^+ (A plus) bezeichnet. In den meisten Arbeiten über verallgemeinerte Inversen wird heute die Penrose-Definition zugrunde gelegt.

Die Penrose-Definition bereitet demjenigen, der sich neu mit verallgemeinerten Inversen beschäftigt, oft gewisse Verständnisschwierigkeiten. Obwohl sich an Hand der Penrose-Gleichungen sehr leicht nachprüfen läßt, ob es sich bei einer Matrix X um die Moore-Penrose-Inverse einer gegebenen Matrix A handelt, ist auf den ersten Blick nicht erkennbar, welche plausiblen Forderungen an A^+ sich hinter den vier Gleichungen verbergen. Von G. PETERS und J. H. WILKINSON wurde dies 1970 in [25] so ausgedrückt: „*This definition has always appeared to us to be somewhat artificial* ...“. In Abschnitt 2 wird deshalb der Versuch unternommen, die Penrose-Definition aus naheliegenden Forderungen abzuleiten und damit den Zugang zur Moore-Penrose-Inversen über die Penrose-Gleichungen zu erleichtern.

In zahlreichen Anwendungen und besonders bei der Auflösung linearer Gleichungssysteme sind auch verallgemeinerte Inversen von Interesse, die nicht sämtliche vier Penrose-Gleichungen erfüllen. Zum Beispiel genügt zur Darstellung der Lösung eines konsistenten (verträglichen) linearen Gleichungssystems bereits diejenige verallgemeinerte Inverse, die lediglich die erste Penrose-Gleichung befriedigt. Durch Hinzufügung weiterer Penrose-Bedingungen gelangt man zu Unterklassen von verallgemeinerten Inversen. Insgesamt kann man acht Klassen von verallgemeinerten Inversen unterscheiden, bei denen mindestens die Gleichung (P 1) erfüllt ist. Diese Klassifizierung wird in Abschnitt 3 beschrieben.

Die Hauptergebnisse der Arbeit werden in Abschnitt 4 dargelegt. Für alle acht Klassen von verallgemeinerten Inversen werden mehrere Serien von Blockdarstellungen hergeleitet. Diese Darstellungen zeichnen sich dadurch aus, daß sie jeweils die ganze Klasse von verallgemeinerten Inversen repräsentieren. Einzelne Klassen oder Vertreter einer Klasse sind in einigen Fällen aus der Literatur bekannt (meist die Darstellung der Moore-Penrose-Inversen). Die Blockdarstellung von verallgemeinerten Inversen wurde jedoch in dieser Vollständigkeit bisher nicht behandelt.

In Abschnitt 5 wird kurz auf die numerische Berechnung der Moore-Penrose-Inversen eingegangen. Dabei werden aus den in Abschnitt 4 angegebenen Blockdarstellungen einige weitere Darstellungen von A^+ hergeleitet, die für eine rechentechnische Realisierung in Betracht kommen. Zum Schluß wird ein Zahlenbeispiel angeführt.

In der Arbeit werden folgende *Bezeichnungen* verwendet:

C^n — n-dimensionaler komplexer euklidischer Vektorraum,

$r(A)$ — Rang der Matrix A,

$C^{m\times n}$ — Menge aller komplexen $(m \times n)$-Matrizen,

$C_r^{m\times n}$ — Menge aller komplexen $(m \times n)$-Matrizen vom Rang r,

$R(A) = \{y \in C^m \mid y = Ax, x \in C^n\}$ Spaltenraum der $(m \times n)$-Matrix A,

$\|x\|$ — euklidische Norm des Vektors x,

A^* — die zu A transponierte konjugiert-komplexe Matrix,

I_n — Einheitsmatrix der Ordnung n.

2. Motivation der Penrose-Definition

Zu lösen ist ein lineares Gleichungssystem

$$Ax = b, \tag{2.1}$$

wo $A \in C^{m \times n}$ eine gegebene Matrix, $b \in C^m$ ein gegebener Vektor und $x \in C^n$ die gesuchte Lösung ist. In Analogie zum quadratischen nichtsingulären Fall, wo die eindeutige Lösung durch $x = A^{-1}b$ ausgedrückt werden kann, wird eine *verallgemeinerte Inverse* A^+ gesucht, die alle möglichen linearen Gleichungssysteme (2.1) mittels $x = A^+b$ löst. Dabei hat man zwischen konsistenten Systemen, also solchen mit $b \in R(A)$, und inkonsistenten Systemen $\big(b \notin R(A)\big)$ zu unterscheiden. Im Fall der Inkonsistenz soll die Näherungslösung wie üblich im Sinne kleinster Fehlerquadrate, also $\|Ax - b\| = \min$, erfolgen. Außerdem soll A^+ als Verallgemeinerung von A^{-1} in Analogie zu $(A^{-1})^{-1} = A$ die Bedingung $(A^+)^+ = A$ erfüllen. Zusammenfassend werden also an die zu definierende verallgemeinerte Inverse folgende drei Forderungen gestellt.

Forderung 1. Lösung eines konsistenten linearen Gleichungssystems durch $x = A^+b$.

Forderung 2. Lösung eines inkonsistenten linearen Gleichungssystems im Sinne kleinster Fehlerquadrate durch $x = A^+b$.

Forderung 3. $(A^+)^+ = A$.

Wie drücken sich nun die ersten beiden Forderungen mathematisch aus?

2.1. $Ax = b$ *konsistent*

Da $x = A^+b$ eine Lösung von (2.1) sein soll, gilt dann

$$AA^+b = b \tag{2.2}$$

für alle b, für die (2.1) konsistent ist, also für alle $b \in R(A)$. Derartige b lassen sich aber nach der Definition des Spaltenraumes durch $b = Az$, $z \in C^n$, darstellen. Aus (2.2) folgt daher

$$AA^+Az = Az.$$

Da diese Gleichung für beliebige $z \in C^n$ gelten muß, folgt für A^+ die Forderung

$$AA^+A = A. \tag{2.3}$$

Umgekehrt ist für jede Matrix G, die $AGA = A$ erfüllt, Gb eine Lösung von $Ax = b$, denn es ist $AGb = AGAx = Ax = b$.

2.2. $Ax = b$ *inkonsistent*

Da A^+b eine Lösung des inkonsistenten Systems im Sinne kleinster Fehlerquadrate, also eine Lösung des Minimum-Problems $\|Ax - b\| = \min$ sein soll, muß gelten

$$\|AA^+b - b\| \leqq \|Ax - b\| \quad \text{für alle} \quad x \in C^n, \quad b \in C^m. \tag{2.4}$$

Durch die Umformung $Ax - b = AA^+b - b + A(x - A^+b)$ erhält man aus (2.4) die Ungleichung

$$\|AA^+b - b\| \leqq \|AA^+b - b + Ay\| \quad \text{für alle} \quad b \text{ und } y = x - A^+b$$

oder mit den Abkürzungen $AA^+b - b = u$, $Ay = v$

$$\|u\| \leqq \|u + v\|.$$

Hieraus folgt wegen $\|u\|^2 = u^*u$

$$u^*u \leqq (u + v)^* (u + v) = u^*u + v^*v + u^*v + v^*u$$

und daraus wegen $v^*u = \overline{u^*v}$

$$0 \leqq v^*v + 2\mathrm{Re}(u^*v).$$

Da $v^*v = \|v\|^2 \geqq 0$ ist und u^*v von beliebigen Größen b und y abhängt, muß u^*v verschwinden, d. h.,

$$u^*v = (AA^+b - b)^* Ay = b^*(A^{+*}A^*A - A)\, y = 0 \qquad \text{für alle } b \text{ und } y.$$

Daraus folgt die Forderung

$$A^{+*}A^*A = A \tag{2.5a}$$

oder in konjugiert-transponierter Form

$$A^*AA^+ = A^*. \tag{2.5b}$$

Die Forderung (2.5) ist nun den beiden Forderungen

$$AA^+A = A, \tag{2.3}$$

$$(AA^+)^* = AA^+ \tag{2.6}$$

äquivalent. Denn durch Einsetzen von (2.6) in (2.3) erhält man (2.5a). Und umgekehrt folgt erstens aus (2.5a) durch Rechtsmultiplikation mit A^+

$$A^{+*}A^*AA^+ = AA^+.$$

Da die linke Seite dieser Gleichung hermitesch ist, muß auch für die rechte Seite $(AA^+)^* = AA^+$, also (2.6) gelten. Zweitens folgt aus (2.5b) durch Rechtsmultiplikation mit A

$$A^*AA^+A = A^*A. \tag{2.7}$$

Nun gilt allgemein die Implikation

$$A^*AB = A^*AC \Rightarrow AB = AC,$$

da $(B - C)^* (A^*AB - A^*AC) = (AB - AC)^* (AB - AC)$ ist. Aus (2.7) folgt daher (2.3).

2.3. *Äquivalenz zu den Penrose-Gleichungen*

Die mathematische Formulierung der oben an A^+ gestellten Forderungen lautet damit

$$AA^+A = A\,, \tag{F 1}$$

$$(AA^+)^* = AA^+\,, \tag{F 2}$$

$$(A^+)^+ = A\,. \tag{F 3}$$

Es ist nun leicht zu sehen, daß diese drei Gleichungen zu den vier Penrose-Gleichungen äquivalent sind. Denn setzt man in (F 1) und (F 2) anstelle von A die Matrix $X = A^+$ ein, so folgen daraus wegen (F 3) die Penrose-Gleichungen (P 2) und (P 4). Die anderen Gleichungen (F 1) und (P 1) sowie (F 2) und (P 3) stimmen ja ohnehin überein. Umgekehrt sieht man, daß die Penrose-Gleichungen in A und X symmetrisch sind, d. h., sie definieren nicht nur $X = A^+$ als Moore-Penrose-Inverse von A, sondern auch A als Moore-Penrose-Inverse von A^+, d. h. $A = (A^+)^+$.

Damit wurde gezeigt, daß die an A^+ gestellten Forderungen auf die Penrose-Definition führen. Existenz und Eindeutigkeit von A^+ wurden von R. Penrose 1955 [23] nachgewiesen.

3. Klassifizierung der verallgemeinerten Inversen

Neben der eindeutigen Lösung $X = A^+$ der vier Penrose-Gleichungen

$$AXA = A\,, \tag{P 1}$$

$$XAX = X\,, \tag{P 2}$$

$$(AX)^* = AX\,, \tag{P 3}$$

$$(XA)^* = XA \tag{P 4}$$

kann man nach Matrizen X fragen, die nur einen Teil dieser Gleichungen erfüllen. Diese Matrizen X sind dann im allgemeinen nicht mehr eindeutig bestimmt, sie bilden vielmehr jeweils eine ganze Klasse von Lösungen. Von den 15 möglichen Untersystemen der Penrose-Gleichungen sind im Zusammenhang mit der Auflösung linearer Gleichungssysteme $Ax = b$ nach Abschnitt 2 besonders diejenigen acht von Interesse, die die Gleichung (P 1) enthalten. Die Klassen von Lösungen dieser acht Untersysteme sollen mit

$$\{A^g\}, \quad g \in \{1;\, 1,2;\, 1,3;\, 1,4;\, 1,2,3;\, 1,2,4;\, 1,3,4;\, +\},$$

bezeichnet werden und die Elemente dieser Klassen mit $A^g \in \{A^g\}$. Zum Beispiel wird die Klasse der Lösungen von (P 1) und (P 3), die nach Abschnitt 2.2 zur Darstellung der Lösung inkonsistenter Gleichungssysteme dienen können, mit

$$\{A^{1,3}\} = \{X \mid AXA = A,\, (AX)^* = AX\}$$

bezeichnet und die einzelnen Elemente dieser Klasse mit $A^{1,3}$ (A eins drei). Man sagt dazu auch (1, 3)-Inverse von A. Matrizen X, die die erste Penrose-Gleichung (P 1) erfüllen, genügen nach Abschnitt 2.1 bereits zur Darstellung der Lösung eines konsistenten Gleichungssystems. Für diese Matrizen A^1 hat sich nach C. R. RAO 1962 [27] die Bezeichnung A^- durchgesetzt. Die Gesamtheit der Lösungen wird dann durch die Klasse

$$\{A^-\} = \{X \mid AXA = A\}$$

gekennzeichnet. Es ist heute allgemein üblich, A^- als *verallgemeinerte Inverse* zu bezeichnen. Alle Matrizen, die außer (P 1) noch weitere Penrose-Gleichungen erfüllen, sind dann ebenfalls verallgemeinerte Inversen. Sie haben aber als Spezialfälle meist besondere Namen, die allerdings in der Literatur nicht einheitlich sind. Obwohl die oben eingeführte Unterscheidung der verallgemeinerten Inversen nach der Numerierung der von ihnen erfüllten Penrose-Gleichungen ausreicht, sind Namen, die auf charakteristische Eigenschaften hinweisen, mitunter zweckmäßig. Die im folgenden Klassifizierungsschema verwendeten deutschen Begriffe lehnen sich an die von C. R. RAO 1967 [29] eingeführten an.

Klassifizierung der verallgemeinerten Inversen

erfüllte Penrose-Gleichungen				Bezeichnung	Name
(P 1)				A^-	verallgemeinerte Inverse
(P 1),	(P 2)			$A^{1,2}$	reflexive Inverse
(P 1),		(P 3)		$A^{1,3}$	Kleinste-Quadrate-Inverse
(P 1),			(P 4)	$A^{1,4}$	Minimum-Norm-Inverse
(P 1),	(P 2),	(P 3)		$A^{1,2,3}$	reflexive Kleinste-Quadrate-Inverse
(P 1),	(P 2),		(P 4)	$A^{1,2,4}$	reflexive Minimum-Norm-Inverse
(P 1),		(P 3),	(P 4)	$A^{1,3,4}$	—
(P 1),	(P 2),	(P 3),	(P 4)	A^+	Moore-Penrose-Inverse

Für die acht Klassen von verallgemeinerten Inversen gelten folgende Inklusionen:

$$\{A^+\} \subseteqq \left\{ \begin{array}{l} \{A^{1,2,3}\} \subseteqq \left\{ \begin{array}{l} \{A^{1,2}\} \\ \{A^{1,3}\} \end{array} \right. \\ \{A^{1,2,4}\} \subseteqq \left\{ \begin{array}{l} \{A^{1,2}\} \\ \{A^{1,4}\} \end{array} \right. \\ \{A^{1,3,4}\} \subseteqq \left\{ \begin{array}{l} \{A^{1,3}\} \\ \{A^{1,4}\} \end{array} \right. \end{array} \right\} \subseteqq \{A^-\}.$$

Die erste systematische Untersuchung der Eigenschaften und Darstellungen der verschiedenen Arten von verallgemeinerten Inversen stammt von C. R. RAO 1967 [29], in erweiterter Form auch enthalten in dem Buch von C. R. RAO und S. K. MITRA 1971 [31]. Eine relativ vollständige Charakterisierung aller Unterklassen von verallgemeinerten Inversen wurde von M. SIBUYA 1970 [34] gegeben.

4. Blockdarstellungen der verallgemeinerten Inversen

Bekanntlich kann jede $(m \times n)$-Matrix A durch Links- und Rechtsmultiplikation mit geeigneten nichtsingulären Matrizen P und Q auf gewisse *Standardformen* (z. T. auch Normalformen oder kanonische Formen genannt)

$$N = PAQ$$

transformiert werden, die gegenüber A eine einfachere und für die weitere Rechnung günstigere Gestalt aufweisen und z. B. Nullmatrizen, Einheitsmatrizen, Diagonalmatrizen oder auch beliebige nichtsinguläre Matrizen als Untermatrizen enthalten. Da A und N denselben Rang haben, handelt es sich stets um Äquivalenztransformationen. In dem hier zu betrachtenden nichttrivialen Fall $r(A) = r < \min(m, n)$ ist es naheliegend, N in vier Blöcke

$$N = \begin{pmatrix} N_{11} & N_{12} \\ N_{21} & N_{22} \end{pmatrix}$$

zu unterteilen, wo einer der Blöcke eine nichtsinguläre $(r \times r)$-Matrix ist. Üblicherweise werden die Transformationsmatrizen P und Q so gewählt, daß N_{11} nichtsingulär ist; man könnte aber auch N_{22} in dieser Weise auszeichnen. Je nachdem, welcher Klasse von Matrizen P und Q angehören sollen (beliebig nichtsingulär, unitär, Permutationsmatrizen), kann man sie des weiteren dann so wählen, daß z. B. sämtliche oder einige der Untermatrizen N_{12}, N_{21}, N_{22} Nullmatrizen sind. Falls A Maximalrang aufweist, hat N nur zwei Untermatrizen, z. B. im Fall $r = n$ die Untermatrizen N_{11} und N_{21}, im Fall $r = m$ die Untermatrizen N_{11} und N_{12}. Für die Berechnung von verallgemeinerten Inversen erweisen sich die folgenden Transformationen und Standardformen als zweckmäßig.

Lemma 4.1 (Äquivalenztransformationen auf Standardformen).
A sei eine beliebige komplexe $(m \times n)$-Matrix vom Rang r, d. h. $A \in C_r^{m \times n}$. Dann existieren

- *nichtsinguläre Matrizen P, Q ($P \in C_m^{m \times m}$, $Q \in C_n^{n \times n}$),*
- *unitäre Matrizen U, V ($U \in C_m^{m \times m}$, $V \in C_n^{n \times n}$) mit $U^*U = UU^* = I_m$, $V^*V = VV^* = I_n$,*
- *Permutationsmatrizen S, T ($S \in R_m^{m \times m}$, $T \in R_n^{n \times n}$), das sind Orthogonalmatrizen, die man durch Vertauschen von Zeilen oder Spalten aus der Einheitsmatrix erhält,*

die A wie folgt auf Standardformen N_i, $i = 1(1)7$, transformieren, in denen B und A_{11} nichtsinguläre $(r \times r)$-Matrizen und K, A_{12}, A_{21}, A_{22} beliebige Matrizen passenden Formats sind und O eine Nullmatrix passender Ordnung bedeutet.

1. *Transformationen mit elementaren Matrizen*

(T 1) $$PAQ = \begin{pmatrix} I_r & O \\ O & O \end{pmatrix} = N_1,$$

(T 2) $$PAQ = \begin{pmatrix} B & O \\ O & O \end{pmatrix} = N_2.$$

2. *Gemischte Transformationen*

(T 3) $$PAT = \begin{pmatrix} I_r & K \\ O & O \end{pmatrix} = N_3,$$

(T 4) $$SAQ = \begin{pmatrix} I_r & O \\ K & O \end{pmatrix} = N_4,$$

(T 5) $$UAQ = \begin{pmatrix} I_r & O \\ O & O \end{pmatrix} = N_1,$$

(T 6) $$PAV = \begin{pmatrix} I_r & O \\ O & O \end{pmatrix} = N_1.$$

3. *Transformationen mit unitären Matrizen*

(T 7) $$UAV = \begin{pmatrix} B & O \\ O & O \end{pmatrix} = N_2,$$

(T 8) $$UAT = \begin{pmatrix} B & K \\ O & O \end{pmatrix} = N_5,$$

(T 9) $$SAV = \begin{pmatrix} B & O \\ K & O \end{pmatrix} = N_6.$$

4. *Transformation mit Permutationsmatrizen*

(T 10) $$SAT = \begin{pmatrix} A_{11} & A_{12} \\ A_{21} & A_{22} \end{pmatrix} = N_7.$$

Bemerkung. Die angegebenen Beziehungen sind entweder aus der Literatur bekannt, z. B.

(T 1): C. R. Rao 1965 [30, S. 18];

(T 3): A. Ben-Israel, S. J. Wersan 1963 [4]; A. Ben-Israel, T. N. E. Greville 1974 [2, S. 10];

(T 6): C. R. Rao 1973 [28, S. 20];

(T 7): C. Eckart, G. Young 1939 [8]; R. P. Tewarson 1969 [36]; A. Ben-Israel, T. N. E. Greville 1974 [2, S. 233];

(T 8): C. L. Lawson, R. J. Hanson 1974 [14, S. 12];

(T 10): R. Penrose 1956 [24]; A. Ben-Israel, T. N. E. Greville 1974 [2, S. 191]

oder lassen sich leicht aus diesen folgern.

Für einen Teil der in Lemma 4.1 angegebenen Transformationen lassen sich einige verallgemeinerte Inversen formal direkt angeben, d. h. auf die entsprechenden verallgemeinerten Inversen der Standardformen reduzieren. Das trifft zunächst in allen aufgeführten zehn Fällen für die (1)-Inversen und (1, 2)-Inversen zu. Für diese gilt nämlich für beliebige nichtsinguläre Matrizen P und Q

$$A^g = QN_i^gP, \qquad i = 1(1)7,\ g \in \{-;\ 1, 2\},$$

denn es ist

$$AA^-A = P^{-1}N_iQ^{-1}QN_i^-PP^{-1}N_iQ^{-1} = P^{-1}N_iN_i^-N_iQ^{-1} = P^{-1}N_iQ^{-1} = A,$$

$$A^{1,2}AA^{1,2} = QN_i^{1,2}PP^{-1}N_iQ^{-1}QN_i^{1,2}P = QN_i^{1,2}N_iN_i^{1,2}P = QN_i^{1,2}P = A^{1,2}.$$

Für Transformationen mit unitären Matrizen U, V sind außerdem noch die beiden restlichen Penrose-Gleichungen (P 3) und (P 4) erfüllt. Dies trifft natürlich auch für Permutationsmatrizen zu, da sie orthogonal sind. Mit

$$A = U^*N_iV^*, \qquad i = 2, 5, 6, 7,$$

gilt

$$A^g = VN_i^gU, \qquad g \in \{1, 3;\ 1, 4;\ 1, 2, 3;\ 1, 2, 4;\ 1, 3, 4;\ +\},$$

denn für $g \in \{1, 3;\ 1, 2, 3;\ 1, 3, 4;\ +\}$ ist

$$AA^g = U^*N_iV^*VN_i^gU = U^*N_iN_i^gU = [U^*(N_iN_i^g)^*U]^*$$
$$= [U^*(N_iN_i^g)U]^* = (AA^g)^*,$$

und für $g \in \{1, 4;\ 1, 2, 4;\ 1, 3, 4;\ +\}$ ist

$$A^gA = VN_i^gUU^*N_iV^* = VN_i^gN_iV^* = [V(N_i^gN_i)^*V^*]^*$$
$$= [V(N_i^gN_i)V^*]^* = (A^gA)^*.$$

Diese Überlegungen zeigen: Die Verwendung von unitären Matrizen bei der Transformation auf eine Standardform hat zur Folge, daß die verallgemeinerten Inversen der Standardformen unabhängig von den Transformationsmatrizen gebildet werden können, wodurch die Darstellungen der verallgemeinerten Inversen der gegebenen Matrix vereinfacht werden. Dagegen ist bei Verwendung von nichtunitären Transformationsmatrizen bei den meisten verallgemeinerten Inversen mit einer komplizierteren Darstellung zu rechnen. Davon ausgenommen sind nach den obigen Darlegungen sämtliche (1)-Inversen und (1, 2)-Inversen, die keine weiteren Penrose-Bedingungen erfüllen sollen. Bei den gemischten Transformationen erhält man einfachere Darstellungen für A^g mit $g \in \{1, 4;\ 1, 2, 4\}$, wenn die rechte Transformationsmatrix unitär ist (Fälle (T 3) und (T 6)), und für A^g mit $g \in \{1, 3;\ 1, 2, 3\}$, wenn die linke Transformationsmatrix unitär ist (Fälle (T 4) und T 5)). Die genannten Vereinfachungen bei unitären Transformationsmatrizen werden durch den erhöhten Rechenaufwand bei der Ermittlung dieser Transformationsmatrizen erkauft; wenn es sich um Permutationsmatrizen handelt, resultiert ein höherer Rechenaufwand aus der komplizierteren Gestalt der Standardformen.

Im folgenden werden für die zehn betrachteten Transformationen die allgemeinen Darstellungen für sämtliche verallgemeinerte Inversen angegeben. Die dem Autor aus der Literatur bereits bekannten Darstellungen wurden mit Literaturhinweisen versehen.

4.1. Transformationen mit elementaren Matrizen

Bei diesen Transformationen werden die bekannten, bei der Gauß-Elimination üblichen drei Arten von elementaren Zeilen- bzw. Spaltenoperationen angewandt, die sich bekanntlich durch Links- bzw. Rechtsmultiplikation mit Elementarmatrizen realisieren lassen, und zwar

— *elementare Permutationsmatrizen* vertauschen jeweils zwei Zeilen (Spalten) einer Matrix,

— *elementare Diagonalmatrizen* multiplizieren die Elemente einer Zeile (Spalte) einer Matrix mit einem Skalar ($\neq 0$),

— *Eliminationsmatrizen* (Scherungsmatrizen) addieren zu einer Zeile (Spalte) einer Matrix das Vielfache einer anderen Zeile (Spalte).

Man vergleiche dazu etwa C. R. RAO 1965 [30, S. 16] oder B. NOBLE 1969 [22].

Die im folgenden benutzten nichtsingulären Transformationsmatrizen P und Q sind Produkte solcher Elementarmatrizen. Da diese Elementarmatrizen aber im einzelnen selbst nicht benötigt werden, bestimmt man P und Q zweckmäßig nach dem Schema

$$P \begin{array}{|c|c|} \hline I_m & A \\ \hline \multicolumn{1}{c|}{} & I_n \\ \cline{2-2} \end{array} Q \Rightarrow \begin{array}{|c|c|} \hline P & PAQ \\ \hline \multicolumn{1}{c|}{} & Q \\ \cline{2-2} \end{array},$$

wobei P und Q im Verlauf der Reduktion von A auf die gewünschte Standardform $N = PAQ$ dadurch entstehen, daß alle Zeilen- bzw. Spaltenoperationen, die auf A angewandt werden, gleichzeitig auch auf I_m bzw. I_n angewandt werden. Zu bemerken ist, daß P und Q im allgemeinen nicht eindeutig bestimmt sind.

Für P, Q, P^{-1}, Q^{-1} werden in den folgenden Ausführungen die Zerlegungen

$$P = \begin{pmatrix} P_1 \\ P_2 \end{pmatrix}, \quad Q = (Q_1, Q_2), \quad P^{-1} = (p_1, p_2), \quad Q^{-1} = \begin{pmatrix} q_1 \\ q_2 \end{pmatrix}$$

verwendet, in denen

P_1 und q_1 die ersten r Zeilen von P bzw. Q^{-1},

Q_1 und p_1 die ersten r Spalten von Q bzw. P^{-1}

bedeuten.

Satz 4.1. *Die Matrix $A \in C_r^{m \times n}$ sei durch **nichtsinguläre** Matrizen*

$$P = \begin{pmatrix} P_1 \\ P_2 \end{pmatrix} \quad \text{und} \quad Q = (Q_1, Q_2)$$

auf die Standardform

$$PAQ = \begin{pmatrix} I_r & O \\ O & O \end{pmatrix}$$

transformiert. Die verallgemeinerten Inversen von A haben dann folgende allgemeine Darstellungen, in denen X, Y und Z beliebige Matrizen passenden Formats sind:

(1) $$A^- = Q \begin{pmatrix} I_r & X \\ Y & Z \end{pmatrix} P,$$ ROHDE 1964 [32],

(2) $$A^{1,2} = Q \begin{pmatrix} I_r & X \\ Y & YX \end{pmatrix} P$$ ROHDE 1964 [32],

$$= Q \begin{pmatrix} I_r \\ Y \end{pmatrix} (I_r, X) P,$$

(3) $$A^{1,3} = Q \begin{pmatrix} I_r & -P_1P_2^+ \\ Y & Z \end{pmatrix} P,$$

(4) $$A^{1,4} = Q \begin{pmatrix} I_r & X \\ -Q_2^+Q_1 & Z \end{pmatrix} P,$$

(5) $$A^{1,2,3} = Q \begin{pmatrix} I_r & -P_1P_2^+ \\ Y & -YP_1P_2^+ \end{pmatrix} P$$ MORRIS, ODELL 1968 [20],

$$= Q \begin{pmatrix} I_r \\ Y \end{pmatrix} (I_r, -P_1P_2^+) P,$$

(6) $$A^{1,2,4} = Q \begin{pmatrix} I_r & X \\ -Q_2^+Q_1 & -Q_2^+Q_1X \end{pmatrix} P$$

$$= Q \begin{pmatrix} I_r \\ -Q_2^+Q_1 \end{pmatrix} (I_r, X) P,$$

(7) $$A^{1,3,4} = Q \begin{pmatrix} I_r & -P_1P_2^+ \\ -Q_2^+Q_1 & Z \end{pmatrix} P,$$

(8) $$A^+ = Q \begin{pmatrix} I_r & -P_1P_2^+ \\ -Q_2^+Q_1 & Q_2^+Q_1P_1P_2^+ \end{pmatrix} P$$ MORRIS, ODELL 1968 [20],

$$= Q \begin{pmatrix} I_r \\ -Q_2^+Q_1 \end{pmatrix} (I_r, -P_1P_2^+) P$$

$$= (Q_1 - Q_2Q_2^+Q_1)(P_1 - P_1P_2^+P_2).$$

Beweis. Für nichtsinguläre Matrizen P und Q gilt nach C. A. ROHDE 1964 [32, S. 34] (vgl. etwa R. M. PRINGLE, A. A. RAYNER 1971 [26, S. 7]) die Beziehung

$$(PAQ)^- = Q^{-1}A^-P^{-1},$$

also muß A^-, wenn auf A die Transformation $PAQ = \begin{pmatrix} I_r & O \\ O & O \end{pmatrix} = N_1$ angewandt wurde, die Gestalt

$$A^- = Q(PAQ)^- P = Q \begin{pmatrix} I_r & O \\ O & O \end{pmatrix}^- P = QN_1^-P$$

haben. Setzt man N_1^- in der Form $N_1^- = \begin{pmatrix} W & X \\ Y & Z \end{pmatrix}$ an, so hat A^- die Gestalt

$$A^- = Q \begin{pmatrix} W & X \\ Y & Z \end{pmatrix} P = M.$$

Diese Darstellung gilt dann natürlich auch für alle Unterklassen von A^-, also $A^{1,2}, A^{1,3}, \ldots, A^+$. Die Untermatrizen W, X, Y, Z der Matrix M bestimmen sich dann aus den zu befriedigenden Penrose-Gleichungen. Unter Beachtung von

$$A = P^{-1} \begin{pmatrix} I_r & O \\ O & O \end{pmatrix} Q^{-1}$$

werden nun die acht Beziehungen (1) bis (8) nachgewiesen.

(1): M muß (P 1) befriedigen, d. h., $AMA = A$

$$\Leftrightarrow \quad P^{-1} \begin{pmatrix} I_r & O \\ O & O \end{pmatrix} Q^{-1} Q \begin{pmatrix} W & X \\ Y & Z \end{pmatrix} P P^{-1} \begin{pmatrix} I_r & O \\ O & O \end{pmatrix} Q^{-1} = P^{-1} \begin{pmatrix} W & O \\ O & O \end{pmatrix} Q^{-1} = P^{-1} \begin{pmatrix} I_r & O \\ O & O \end{pmatrix} Q^{-1}$$

$$\Leftrightarrow \quad W = I_r.$$

(2): M muß (P 1) und (P 2) befriedigen, d. h., $W = I_r$ und $MAM = M$

$$\Leftrightarrow \quad Q \begin{pmatrix} I_r & X \\ Y & Z \end{pmatrix} P P^{-1} \begin{pmatrix} I_r & O \\ O & O \end{pmatrix} Q^{-1} Q \begin{pmatrix} I_r & X \\ Y & Z \end{pmatrix} P = Q \begin{pmatrix} I_r & X \\ Y & YX \end{pmatrix} P = Q \begin{pmatrix} I_r & X \\ Y & Z \end{pmatrix} P$$

$$\Leftrightarrow \quad Z = YX.$$

(3): M muß (P 1) und (P 3) befriedigen, d. h., $W = I_r$ und AM hermitesch

$$\Leftrightarrow \quad AM = P^{-1} \begin{pmatrix} I_r & O \\ O & O \end{pmatrix} Q^{-1} Q \begin{pmatrix} I_r & X \\ Y & Z \end{pmatrix} P = P^{-1} \begin{pmatrix} I_r & X \\ O & O \end{pmatrix} P$$

oder mit den Zerlegungen $P = \begin{pmatrix} P_1 \\ P_2 \end{pmatrix}$, $P^{-1} = (p_1, p_2)$, $AM = (p_1, p_2) \begin{pmatrix} I_r & X \\ O & O \end{pmatrix} \begin{pmatrix} P_1 \\ P_2 \end{pmatrix}$ $= p_1(P_1 + XP_2)$ hermitesch

$\Leftrightarrow \quad X = -P_1 P_2^+$, was im folgenden gezeigt wird.

$(\Rightarrow)$. $p_1(P_1 + XP_2)$ sei hermitesch, d. h. $p_1(P_1 + XP_2) = (P_1 + XP_2)^* \, p_1^*$

$$\Rightarrow P_1 p_1 (P_1 + XP_2) \, P_2^* = P_1 (P_1 + XP_2)^* \, p_1^* P_2^*$$
$$= P_1 (P_1 + XP_2)^* \, (P_2 p_1)^*.$$

Da wegen

$$PP^{-1} = \begin{pmatrix} P_1 \\ P_2 \end{pmatrix} (p_1, p_2) = \begin{pmatrix} P_1 p_1 & P_1 p_2 \\ P_2 p_1 & P_2 p_2 \end{pmatrix} = \begin{pmatrix} I_r & O \\ O & I_{m-r} \end{pmatrix}$$

$P_2 p_1 = O$ und $P_1 p_1 = I_r$ ist, muß $(P_1 + XP_2) \, P_2^* = O$ sein und demnach

$$X = -P_1 P_2^* (P_2 P_2^*)^{-1} = -P_1 P_2^+.$$

($\Leftarrow$) Umgekehrt folgt mit $X = -P_1P_2^+$ wegen $P^{-1}P = (p_1, p_2)\begin{pmatrix}P_1\\P_2\end{pmatrix} = p_1P_1 + p_2P_2 = I_m$

$$p_1(P_1 + XP_2) = p_1P_1 - p_1P_1P_2^+P_2 = I_m - p_2P_2 - (I_m - p_2P_2)\,P_2^+P_2$$
$$= I_m - p_2P_2 - P_2^+P_2 + p_2P_2 = I_m - P_2^+P_2.$$

Dieser Ausdruck ist aber wegen $P_2^+P_2 = (P_2^+P_2)^*$ hermitesch.

(4): M muß (P 1) und (P 4) befriedigen, d. h., $W = I_r$ und MA hermitesch

$$\Leftrightarrow \quad MA = Q\begin{pmatrix}I_r & X\\Y & Z\end{pmatrix}PP^{-1}\begin{pmatrix}I_r & O\\O & O\end{pmatrix}Q^{-1} = Q\begin{pmatrix}I_r & O\\Y & O\end{pmatrix}Q^{-1}$$

oder mit den Zerlegungen $Q = (Q_1, Q_2)$, $Q^{-1} = \begin{pmatrix}q_1\\q_2\end{pmatrix}$, $MA = (Q_1, Q_2)\begin{pmatrix}I_r & O\\Y & O\end{pmatrix}\begin{pmatrix}q_1\\q_2\end{pmatrix} = (Q_1 + Q_2Y)\,q_1$ hermitesch

$\Leftrightarrow \quad Y = -Q_2^+Q_1$, was im folgenden analog wie in (3) gezeigt wird.

($\Rightarrow$) $(Q_1 + Q_2Y)\,q_1$ sei hermitesch, d. h., $(Q_1 + Q_2Y)\,q_1 = q_1^*(Q_1 + Q_2Y)^*$

$$\Rightarrow Q_2^*(Q_1 + Q_2Y)\,q_1Q_1 = Q_2^*q_1^*(Q_1 + Q_2Y)^*\,Q_1 = (q_1Q_2)^*\,(Q_1 + Q_2Y)^*\,Q_1.$$

Da wegen

$$Q^{-1}Q = \begin{pmatrix}q_1\\q_2\end{pmatrix}(Q_1, Q_2) = \begin{pmatrix}q_1Q_1 & q_1Q_2\\q_2Q_1 & q_2Q_2\end{pmatrix} = \begin{pmatrix}I_r & O\\O & I_{n-r}\end{pmatrix}$$

$q_1Q_2 = O$ und $q_1Q_1 = I_r$ ist, muß $Q_2^*(Q_1 + Q_2Y) = O$ sein und demnach

$$Y = -(Q_2^*Q_2)^{-1}\,Q_2^*Q_1 = -Q_2^+Q_1.$$

($\Leftarrow$) Umgekehrt folgt mit $Y = -Q_2^+Q_1$ wegen $QQ^{-1} = (Q_1, Q_2)\begin{pmatrix}q_1\\q_2\end{pmatrix} = Q_1q_1 + Q_2q_2 = I_n$

$$(Q_1 + Q_2Y)\,q_1 = Q_1q_1 - Q_2Q_2^+Q_1q_1$$
$$= I_n - Q_2q_2 - Q_2Q_2^+(I_n - Q_2q_2)$$
$$= I_n - Q_2q_2 - Q_2Q_2^+ + Q_2q_2 = I_n - Q_2Q_2^+.$$

Dieser Ausdruck ist aber wegen $Q_2Q_2^+ = (Q_2Q_2^+)^*$ hermitesch.

(5), (6), (7), (8): Zum Nachweis dieser Beziehungen hat man in M lediglich im Fall

(5): $W = I_r, \quad Z = XY, \quad X = -P_1P_2^+,$

(6): $W = I_r, \quad Z = YX, \quad Y = -Q_2^+Q_1,$

(7): $W = I_r, \quad X = -P_1P_2^+, \quad Y = -Q_2^+Q_1,$

(8): $W = I_r, \quad Z = YX, \quad X = -P_1P_2^+, \quad Y = -Q_2^+Q_1$

zu setzen.

Bemerkungen. 1. Da wegen der Nichtsingularität von P und Q die Untermatrizen P_2 und Q_2 Maximalrang haben, gilt

$$P_2^+ = P_2^*(P_2P_2^*)^{-1}, \qquad Q_2^+ = (Q_2^*Q_2)^{-1}\,Q_2^*.$$

2. Die Darstellung von A^+ in der Form

$$A^+ = (Q_1 - Q_2Q_2^+Q_1)\,(P_1 - P_1P_2^+P_2)$$

ist vom Rechenaufwand her gesehen besonders günstig, wenn zuerst die Produkte $Q_2^+Q_1$ und $P_1P_2^+$ berechnet werden.

Satz 4.2. *Die Matrix* $A \in C_r^{m\times n}$ *sei durch* ***nichtsinguläre*** *Matrizen* $P = \begin{pmatrix} P_1 \\ P_2 \end{pmatrix}$ *und* $Q = (Q_1, Q_2)$ *auf die Standardform*

$$PAQ = \begin{pmatrix} B & O \\ O & O \end{pmatrix}, \qquad B \in C_r^{r\times r},$$

transformiert. Die verallgemeinerten Inversen von A haben dann folgende allgemeine Darstellungen, in denen X, Y und Z beliebige Matrizen passenden Formats sind:

(1) $A^- = Q\begin{pmatrix} B^{-1} & X \\ Y & Z \end{pmatrix} P,$ MORRIS, ODELL 1968 [20],

(2) $A^{1,2} = Q\begin{pmatrix} B^{-1} & X \\ Y & YBX \end{pmatrix} P$ MORRIS, ODELL 1968 [20],

$$= Q\begin{pmatrix} B^{-1} \\ Y \end{pmatrix} (I_r, BX)\, P,$$

(3) $A^{1,3} = Q\begin{pmatrix} B^{-1} & -B^{-1}P_1P_2^+ \\ Y & Z \end{pmatrix} P,$

(4) $A^{1,4} = Q\begin{pmatrix} B^{-1} & X \\ -Q_2^+Q_1B^{-1} & Z \end{pmatrix} P,$

(5) $A^{1,2,3} = Q\begin{pmatrix} B^{-1} & -B^{-1}P_1P_2^+ \\ Y & -YP_1P_2^+ \end{pmatrix} P$ MORRIS, ODELL 1968 [20],

$$= Q\begin{pmatrix} B^{-1} \\ Y \end{pmatrix} (I_r, -P_1P_2^+)\, P,$$

(6) $A^{1,2,4} = Q\begin{pmatrix} B^{-1} & X \\ -Q_2^+Q_1B^{-1} & -Q_2^+Q_1X \end{pmatrix} P$

$$= Q\begin{pmatrix} I_r \\ -Q_2^+Q_1 \end{pmatrix} (B^{-1}, X)\, P,$$

(7) $A^{1,3,4} = Q\begin{pmatrix} B^{-1} & -B^{-1}P_1P_2^+ \\ -Q_2^+Q_1B^{-1} & Z \end{pmatrix} P,$

(8) $A^+ = Q\begin{pmatrix} B^{-1} & -B^{-1}P_1P_2^+ \\ -Q_2^+Q_1B^{-1} & Q_2^+Q_1B^{-1}P_1P_2^+ \end{pmatrix} P$ MORRIS, ODELL 1968 [20],

$$= Q\begin{pmatrix} I_r \\ -Q_2^+Q_1 \end{pmatrix} B^{-1}(I_r, -P_1P_2^+)\, P$$

$$= (Q_1 - Q_2Q_2^+Q_1)\, B^{-1}(P_1 - P_1P_2^+P_2).$$

Beweis. Folgt direkt aus Satz 4.1, indem man dort in (1) bis (8) wegen

$$\begin{pmatrix} B^{-1} & O \\ O & I_{m-r} \end{pmatrix} \begin{pmatrix} B & O \\ O & O \end{pmatrix} = \begin{pmatrix} I_r & O \\ O & O \end{pmatrix}$$

P durch $\begin{pmatrix} B^{-1} & O \\ O & I_{m-r} \end{pmatrix} P$ ersetzt. Zum Beispiel ergibt sich (1) aus

$$A^- = Q \begin{pmatrix} I_r & X \\ Y & Z \end{pmatrix} \begin{pmatrix} B^{-1} & O \\ O & I_{m-r} \end{pmatrix} P = Q \begin{pmatrix} B^{-1} & X \\ YB^{-1} & Z \end{pmatrix} P$$

mit der Substitution $Y := YB^{-1}$ (wobei die beliebige Wählbarkeit von Y wegen der Nichtsingularität von B erhalten bleibt) und (8) aus

$$\begin{aligned} A^+ &= Q \begin{pmatrix} I_r & -\tilde{P}_1 P_2^+ \\ -Q_2^+ Q_1 & Q_2^+ Q_1 \tilde{P}_1 P_2^+ \end{pmatrix} \begin{pmatrix} B^{-1} & O \\ O & I_{m-r} \end{pmatrix} P \\ &= Q \begin{pmatrix} B^{-1} & -B^{-1} P_1 P_2^+ \\ -Q_2^+ Q_1 B^{-1} & Q_2^+ Q_1 B^{-1} P_1 P_2^+ \end{pmatrix} P, \end{aligned}$$

da wegen

$$\begin{pmatrix} B^{-1} & O \\ O & I_{m-r} \end{pmatrix} \begin{pmatrix} P_1 \\ P_2 \end{pmatrix} = \begin{pmatrix} B^{-1} P_1 \\ P_2 \end{pmatrix}$$

in Satz 4.1 (8) P_1 durch $B^{-1}P_1 = \tilde{P}_1$ ersetzt werden muß.

4.2. *Gemischte Transformationen*

Bei gemischten Transformationen ist eine der beiden Transformationsmatrizen unitär (oder orthogonal), die andere beliebig nichtsingulär. Die im Anschluß an Lemma 4.1 genannten Vereinfachungen in der Darstellung von verallgemeinerten Inversen, wenn unitäre Transformationsmatrizen verwendet werden, kommen also hier teilweise zum Tragen.

Ausgehend von Satz 4.1, in dem jetzt P oder Q durch unitäre Matrizen U oder V bzw. Permutationsmatrizen S oder T zu ersetzen sind, muß geprüft werden, durch welche Ausdrücke dann die Produkte $P_1P_2^+$ bzw. $Q_2^+Q_1$ ersetzt werden müssen.

Lemma 4.2. $P = \begin{pmatrix} P_1 \\ P_2 \end{pmatrix}$ *und* $Q = (Q_1, Q_2)$ *seien unitäre Matrizen. Dann gilt*

$$P_1 P_2^+ = O, \qquad Q_2^+ Q_1 = O.$$

Beweis. Aus der Annahme „P unitär" folgt

$$PP^* = \begin{pmatrix} P_1 \\ P_2 \end{pmatrix} (P_1^*, P_2^*) = \begin{pmatrix} P_1P_1^* & P_1P_2^* \\ P_2P_1^* & P_2P_2^* \end{pmatrix} = \begin{pmatrix} I_r & O \\ O & I_{m-r} \end{pmatrix},$$

z. B. also $P_2P_2^* = I_{m-r}$, $P_1P_2^* = O$. Da P_2 Maximalrang hat, ist $P_2^+ = P_2^*(P_2P_2^*)^{-1} = P_2^*$ und damit $P_1P_2^+ = P_1P_2^* = O$.

Analog gilt für unitäres Q

$$Q^*Q = \begin{pmatrix} Q_1^* \\ Q_2^* \end{pmatrix} (Q_1, Q_2) = \begin{pmatrix} Q_1^*Q_1 & Q_1^*Q_2 \\ Q_2^*Q_1 & Q_2^*Q_2 \end{pmatrix} = \begin{pmatrix} I_r & O \\ O & I_{n-r} \end{pmatrix},$$

z. B. also $Q_2^*Q_2 = I_{n-r}$, $Q_2^*Q_1 = O$. Dann ist $Q_2^+Q_1 = (Q_2^*Q_2)^{-1}\, Q_2^*Q_1 = Q_2^*Q_1 = O$.

Eine in der Literatur häufig bei Eliminationsverfahren verwendete Transformation transformiert die gegebene Matrix A durch elementare Zeilenoperationen, also lediglich durch Linksmultiplikation mit einer nichtsingulären Matrix P (Produkt von elementaren Matrizen) auf die sogenannte *Hermitesche Normalform* H (vgl. etwa M. Marcus 1960 [16, S. 5], C. R. Rao 1965 [30, S. 17—18], F. A. Graybill 1969 [11, S. 120, 125ff.], A. Ben-Israel, T. N. E. Greville 1974 [2, S. 8—10, 284—285]), die mitunter auch *Row-Echelon-Form* (vgl. etwa C. R. Rao 1965 [30, S. 17] oder B. Noble 1969 [22, S. 80ff.]) genannt wird. Aus der Definition von H, die jedoch in der Literatur nicht einheitlich ist, geht hervor, daß durch Spaltenvertauschungen in H, also durch Rechtsmultiplikation von H mit einer Permutationsmatrix T, stets die (nicht eindeutige) Standardform

$$HT = PAT = \begin{pmatrix} I_r & K \\ O & O \end{pmatrix}$$

erreicht werden kann, in der K eine $(r, n - r)$-Matrix ist, die von der gegebenen Matrix A und der Transformationsmatrix P abhängt. Die Berechnung von P und T geschieht wie in Abschnitt 4.1 am besten nach dem Schema

$$P\ \begin{array}{|c|c|} \hline I_m & A \\ \hline \end{array}\ T \Rightarrow \begin{array}{|c|c|} \hline P & PAT \\ \hline \end{array}$$
$$\qquad\qquad \begin{array}{|c|} \hline I_n \\ \hline \end{array} \qquad\qquad\qquad \begin{array}{|c|} \hline T \\ \hline \end{array}$$

d. h., alle auf A anzuwendenden elementaren Zeilenoperationen P bzw. Spaltenvertauschungen T zur Gewinnung der Standardform

$$PAT = \begin{pmatrix} I_r & K \\ O & O \end{pmatrix}$$

sind gleichzeitig auf die Einheitsmatrizen I_m bzw. I_n anzuwenden, aus denen dadurch die gesuchten Transformationsmatrizen P und T entstehen. Diese sehr einfach zu realisierende Transformation wurde in der Literatur überraschenderweise bisher nur zur Gewinnung von speziellen (1)-Inversen (siehe Bemerkung zu Satz 4.3) benutzt und bei der Berechnung der Moore-Penrose-Inversen mit verwendet (siehe R. P. Tewarson 1967 [35]). Im folgenden Satz 4.3 werden mittels dieser Transformation sämtliche acht verallgemeinerten Inversen in der allgemeinsten Form angegeben. Satz 4.4 bringt dann die analogen Darstellungen, wenn anstatt elementarer Zeilenoperationen P elementare Spaltenoperationen Q verwendet werden:

$$SAQ = \begin{pmatrix} I_r & O \\ K & O \end{pmatrix}.$$

Da Permutationsmatrizen, hier also S und T, orthogonal sind, treten bei einigen verallgemeinerten Inversen die oben genannten Vereinfachungen ein.

Wenn zur Transformation anstelle der Permutationsmatrizen S und T beliebige unitäre Matrizen U bzw. V zugelassen sind, kann sogar die Standardform $\begin{pmatrix} I_r & O \\ O & O \end{pmatrix}$ erreicht werden, also

$$UAQ = \begin{pmatrix} I_r & O \\ O & O \end{pmatrix}, \qquad PAV = \begin{pmatrix} I_r & O \\ O & O \end{pmatrix}.$$

Diese Transformationen bilden die Grundlage der Sätze 4.5 und 4.6. Die rechentechnische Ermittlung der unitären Matrizen U und V kann z. B. durch Householder-Transformation erfolgen (vgl. etwa C. L. LAWSON, R. J. HANSON 1974 [14]).

Satz 4.3. *Die Matrix $A \in C_r^{m \times n}$ sei durch die* ***nichtsinguläre*** *Matrix $P = \begin{pmatrix} P_1 \\ P_2 \end{pmatrix}$ und die* ***Permutationsmatrix*** *T auf die Standardform*

$$PAT = \begin{pmatrix} I_r & K \\ O & O \end{pmatrix}$$

transformiert, wobei $K \in C^{r \times (n-r)}$ von P und A abhängt. Die verallgemeinerten Inversen von A haben dann die folgenden allgemeinen Darstellungen, in denen X, Y, Z beliebige Matrizen passenden Formats sind:

(1) $$A^- = T \begin{pmatrix} I_r - KY & X - KZ \\ Y & Z \end{pmatrix} P,$$

(2) $$A^{1,2} = T \begin{pmatrix} I_r - KY & X - KYX \\ Y & YX \end{pmatrix} P$$
$$= T \begin{pmatrix} I_r - KY \\ Y \end{pmatrix} (I_r, X)\, P,$$

(3) $$A^{1,3} = T \begin{pmatrix} I_r - KY & -P_1P_2^+ - KZ \\ Y & Z \end{pmatrix} P,$$

(4) $$A^{1,4} = T \begin{pmatrix} (I_r + KK^*)^{-1} & X - KZ \\ K^*(I_r + KK^*)^{-1} & Z \end{pmatrix} P,$$

(5) $$A^{1,2,3} = T \begin{pmatrix} I_r - KY & -(I_r - KY)\, P_1P_2^+ \\ Y & -YP_1P_2^+ \end{pmatrix} P$$
$$= T \begin{pmatrix} I_r - KY \\ Y \end{pmatrix} (I_r, -P_1P_2^+)\, P,$$

$$(6)\qquad A^{1,2,4} = T\begin{pmatrix} (I_r + KK^*)^{-1} & (I_r + KK^*)^{-1} X \\ K^*(I_r + KK^*)^{-1} & K^*(I_r + KK^*)^{-1} X \end{pmatrix} P$$

$$= T\begin{pmatrix} I_r \\ K^* \end{pmatrix} (I_r + KK^*)^{-1} (I_r, X)\, P$$

$$= T(I_r, K)^+ (I_r, X)\, P,$$

$$(7)\qquad A^{1,3,4} = T\begin{pmatrix} (I_r + KK^*)^{-1} & -P_1P_2^+ - KZ \\ K^*(I_r + KK^*)^{-1} & Z \end{pmatrix} P$$

$$(8)\qquad A^{+} = T\begin{pmatrix} (I_r + KK^*)^{-1} & -(I_r + KK^*)^{-1}P_1P_2^+ \\ K^*(I_r + KK^*)^{-1} & -K^*(I_r + KK^*)^{-1} P_1P_2^+ \end{pmatrix} P$$

$$= T\begin{pmatrix} I_r \\ K^* \end{pmatrix} (I_r + KK^*)^{-1} (I_r, -P_1P_2^+)\, P$$

$$= T(I_r, K)^+ (I_r, -P_1P_2^+)\, P$$

$$= T(I_r, K)^+ (P_1 - P_1P_2^+P_2).$$

Beweis. Der Einfachheit halber wird von Satz 4.1 ausgegangen, in dem die verallgemeinerten Inversen von A unter Verwendung der Transformationsmatrizen P und Q aus

$$PAQ = \begin{pmatrix} I_r & O \\ O & O \end{pmatrix}$$

angegeben wurden. Unter Beachtung von

$$\begin{pmatrix} I_r & K \\ O & O \end{pmatrix}\begin{pmatrix} I_r & -K \\ O & I_{n-r} \end{pmatrix} = \begin{pmatrix} I_r & O \\ O & O \end{pmatrix},$$

wo $\begin{pmatrix} I_r & -K \\ O & I_{n-r} \end{pmatrix} = E_{12}(-K)$ eine nichtsinguläre Blockeliminationsmatrix ist, gilt

$$PATE_{12}(-K) = \begin{pmatrix} I_r & O \\ O & O \end{pmatrix}.$$

Mit $TE_{12}(-K) = Q$ können wir die Ergebnisse von Satz 4.1 benutzen. Nach Satz 4.1 (1) ist

$$A^- = Q\begin{pmatrix} I_r & X \\ Y & Z \end{pmatrix} P = T\begin{pmatrix} I_r & -K \\ O & I_{n-r} \end{pmatrix}\begin{pmatrix} I_r & X \\ Y & Z \end{pmatrix} P = T\begin{pmatrix} I_r - KY & X - KZ \\ Y & Z \end{pmatrix} P.$$

Auf dieselbe einfache Weise erfolgt die Berechnung von $A^{1,2}$, $A^{1,3}$ und $A^{1,2,3}$. Für $A^{1,4}$ gilt

$$A^{1,4} = T\begin{pmatrix} I_r & -K \\ O & I_{n-r} \end{pmatrix}\begin{pmatrix} I_r & X \\ -Q_2^+Q_1 & Z \end{pmatrix} P = T\begin{pmatrix} I_r + KQ_2^+Q_1 & X - KZ \\ -Q_2^+Q_1 & Z \end{pmatrix} P.$$

Zur Berechnung von $Q_2^+Q_1$ erhält man aus $Q = (Q_1, Q_2) = T \begin{pmatrix} I_r & -K \\ O & I_{n-r} \end{pmatrix}$

$$Q_1 = T \begin{pmatrix} I_r \\ O \end{pmatrix}, \quad Q_2 = T \begin{pmatrix} -K \\ I_{n-r} \end{pmatrix}$$

und damit wegen $Q_2^+ = (Q_2^*Q_2)^{-1} Q_2^*$

$$Q_2^+Q_1 = (I_{n-r} + K^*K)^{-1} (-K^*, I_{n-r}) T^*T \begin{pmatrix} I_r \\ O \end{pmatrix}$$

$$= -(I_{n-r} + K^*K)^{-1} K^* = -K^*(I_r + KK^*)^{-1}.$$

Hiermit ergibt sich

$$A^{1,4} = T \begin{pmatrix} I_r - KK^*(I_r + KK^*)^{-1} & X - KZ \\ K^*(I_r + KK^*)^{-1} & Z \end{pmatrix} P$$

oder wegen $I - KK^*(I + KK^*)^{-1} = (I + KK^*)^{-1}$ der Ausdruck (4). Die Darstellungen für $A^{1,2,4}$, $A^{1,3,4}$ und A^+ ergeben sich auf ganz analoge Weise.

Bemerkung. Setzt man in (1) $X = Y = Z = O$, so erhält man die spezielle (1)-Inverse

$$A_1^- = T \begin{pmatrix} I_r & O \\ O & O \end{pmatrix} P$$

vom Rang $r(A_1^-) = r(A)$, die damit gleichzeitig eine (2)-Inverse ist. Für $Y = O$ und $X = KZ$ (Z beliebig) erhält man eine Unterklasse von (1)-Inversen

$$A_i^- = T \begin{pmatrix} I_r & O \\ O & Z \end{pmatrix} P \qquad \text{Ben-Israel, Greville 1974 [2, S. 10]}$$

vom Rang $r(A_i^-) = r(A) + r(Z)$.

Satz 4.4. *Die Matrix $A \in C_r^{m \times n}$ sei durch die* ***Permutationsmatrix*** *S und die* ***nichtsinguläre*** *Matrix $Q = (Q_1, Q_2)$ auf die Standardform*

$$SAQ = \begin{pmatrix} I_r & O \\ K & O \end{pmatrix}$$

transformiert. Die verallgemeinerten Inversen von A haben dann die folgenden allgemeinen Darstellungen, in denen X, Y, Z beliebige Matrizen passenden Formats sind:

(1) $$A^- = Q \begin{pmatrix} I_r - XK & X \\ Y - ZK & Z \end{pmatrix} S,$$

(2) $$A^{1,2} = Q \begin{pmatrix} I_r - XK & X \\ Y - YXK & YX \end{pmatrix} S$$

$$= Q \begin{pmatrix} I_r \\ Y \end{pmatrix} (I_r - XK, X) S,$$

$$(3)\qquad A^{1,3} = Q\begin{pmatrix}(I_r + K^*K)^{-1} & (I_r + K^*K)^{-1}K^* \\ Y - ZK & Z\end{pmatrix} S,$$

$$(4)\qquad A^{1,4} = Q\begin{pmatrix}I_r - XK & X \\ -Q_2^+Q_1 - ZK & Z\end{pmatrix} S,$$

$$(5)\qquad A^{1,2,3} = Q\begin{pmatrix}(I_r + K^*K)^{-1} & (I_r + K^*K)^{-1}K^* \\ Y(I_r + K^*K)^{-1} & Y(I_r + K^*K)^{-1}K^*\end{pmatrix} S$$

$$= Q\begin{pmatrix}I_r \\ Y\end{pmatrix}(I_r + K^*K)^{-1}(I_r, K^*)\, S$$

$$= Q\begin{pmatrix}I_r \\ Y\end{pmatrix}\begin{pmatrix}I_r \\ K\end{pmatrix}^+ S,$$

$$(6)\qquad A^{1,2,4} = Q\begin{pmatrix}I_r - XK & X \\ -Q_2^+Q_1(I_r - XK) & -Q_2^+Q_1X\end{pmatrix} S$$

$$= Q\begin{pmatrix}I_r \\ -Q_2^+Q_1\end{pmatrix}(I_r - XK, X)\, S,$$

$$(7)\qquad A^{1,3,4} = Q\begin{pmatrix}(I_r + K^*K)^{-1} & (I_r + K^*K)^{-1}K^* \\ -Q_2^+Q_1 - ZK & Z\end{pmatrix} S,$$

$$(8)\qquad A^+ = Q\begin{pmatrix}(I_r + K^*K)^{-1} & (I_r + K^*K)^{-1}K^* \\ -Q_2^+Q_1(I_r + K^*K)^{-1} & -Q_2^+Q_1(I_r + K^*K)^{-1}K^*\end{pmatrix} S$$

$$= Q\begin{pmatrix}I_r \\ -Q_2^+Q_1\end{pmatrix}(I_r + K^*K)^{-1}(I_r, K^*)\, S$$

$$= Q\begin{pmatrix}I_r \\ -Q_2^+Q_1\end{pmatrix}\begin{pmatrix}I_r \\ K\end{pmatrix}^+ S = (Q_1 - Q_2Q_2^+Q_1)\begin{pmatrix}I_r \\ K\end{pmatrix}^+ S.$$

Beweis. Verläuft analog zu Satz 4.3. Die Ergebnisse von Satz 4.1 können wieder benutzt werden, wenn man dort wegen

$$\begin{pmatrix}I_r & O \\ -K & I_{m-r}\end{pmatrix} SAQ = \begin{pmatrix}I_r & O \\ -K & I_{m-r}\end{pmatrix}\begin{pmatrix}I_r & O \\ K & O\end{pmatrix} = \begin{pmatrix}I_r & O \\ O & O\end{pmatrix}$$

nun

$$P = \begin{pmatrix}I_r & O \\ -K & I_{m-r}\end{pmatrix} S = E_{21}(-K)\, S$$

setzt.

Satz 4.5. *Die Matrix* $A \in C_r^{m\times n}$ *sei durch die* ***unitäre*** *Matrix* $U = \begin{pmatrix}U_1 \\ U_2\end{pmatrix}$ *und die* ***nichtsinguläre*** *Matrix* $Q = (Q_1, Q_2)$ *auf die Standardform*

$$UAQ = \begin{pmatrix}I_r & O \\ O & O\end{pmatrix}$$

transformiert. Die verallgemeinerten Inversen von A haben dann die folgenden allgemeinen Darstellungen, in denen X, Y, Z beliebige Matrizen passenden Formats sind:

$$(1)\qquad A^- = Q\begin{pmatrix} I_r & X \\ Y & Z \end{pmatrix} U,$$

$$(2)\qquad A^{1,2} = Q\begin{pmatrix} I_r & X \\ Y & YX \end{pmatrix} U = Q\begin{pmatrix} I_r \\ Y \end{pmatrix}(I_r, X)\, U,$$

$$(3)\qquad A^{1,3} = Q\begin{pmatrix} I_r & O \\ Y & Z \end{pmatrix} U,$$

$$(4)\qquad A^{1,4} = Q\begin{pmatrix} I_r & X \\ -Q_2^+Q_1 & Z \end{pmatrix} U,$$

$$(5)\qquad A^{1,2,3} = Q\begin{pmatrix} I_r & O \\ Y & O \end{pmatrix} U = Q\begin{pmatrix} I_r \\ Y \end{pmatrix}(I_r, O)\, U = Q\begin{pmatrix} I_r \\ Y \end{pmatrix} U_1,$$

$$(6)\qquad A^{1,2,4} = Q\begin{pmatrix} I_r & X \\ -Q_2^+Q_1 & -Q_2^+Q_1X \end{pmatrix} U = Q\begin{pmatrix} I_r \\ -Q_2^+Q_1 \end{pmatrix}(I_r, X)\, U,$$

$$(7)\qquad A^{1,3,4} = Q\begin{pmatrix} I_r & O \\ -Q_2^+Q_1 & Z \end{pmatrix} U,$$

$$(8)\qquad A^+ = Q\begin{pmatrix} I_r & O \\ -Q_2^+Q_1 & O \end{pmatrix} U = Q\begin{pmatrix} I_r \\ -Q_2^+Q_1 \end{pmatrix}(I_r, O)\, U = (Q_1 - Q_2Q_2^+Q_1)\, U_1.$$

Beweis. Folgt direkt aus Satz 4.1, indem man dort $P = U$ und $P_1P_2^+ = O$ setzt.

Satz 4.6. *Die Matrix $A \in C_r^{m\times n}$ sei durch die* ***nichtsinguläre*** *Matrix $P = \begin{pmatrix} P_1 \\ P_2 \end{pmatrix}$ und die* ***unitäre*** *Matrix $V = (V_1, V_2)$ auf die Standardform*

$$PAV = \begin{pmatrix} I_r & O \\ O & O \end{pmatrix}$$

transformiert. Die verallgemeinerten Inversen von A haben dann die folgenden allgemeinen Darstellungen, in denen X, Y, Z beliebige Matrizen passenden Formats sind:

$$(1)\qquad A^- = V\begin{pmatrix} I_r & X \\ Y & Z \end{pmatrix} P,$$

$$(2)\qquad A^{1,2} = V\begin{pmatrix} I_r & X \\ Y & YX \end{pmatrix} P = V\begin{pmatrix} I_r \\ Y \end{pmatrix}(I_r, X)\, P,$$

$$(3)\qquad A^{1,3} = V\begin{pmatrix} I_r & -P_1P_2^+ \\ Y & Z \end{pmatrix} P,$$

$$(4)\qquad A^{1,4} = V\begin{pmatrix} I_r & X \\ O & Z \end{pmatrix} P,$$

$$(5)\qquad A^{1,2,3} = V\begin{pmatrix} I_r & -P_1P_2^+ \\ Y & -YP_1P_2^+ \end{pmatrix} P$$

$$= V\begin{pmatrix} I_r \\ Y \end{pmatrix} (I_r, -P_1P_2^+)\, P,$$

$$(6)\qquad A^{1,2,4} = V\begin{pmatrix} I_r & X \\ O & O \end{pmatrix} P = V\begin{pmatrix} I_r \\ O \end{pmatrix} (I_r, X)\, P, = V_1\,(I_r, X)\, P,$$

$$(7)\qquad A^{1,3,4} = V\begin{pmatrix} I_r & -P_1P_2^+ \\ O & Z \end{pmatrix} P,$$

$$(8)\qquad A^{+} = V\begin{pmatrix} I_r & -P_1P_2^+ \\ O & O \end{pmatrix} P = V\begin{pmatrix} I_r \\ O \end{pmatrix} (I_r, -P_1P_2^+)\, P = V_1\,(P_1 - P_1P_2^+P_2).$$

Beweis. Folgt direkt aus Satz 4.1, indem man dort $Q = V$ und $Q_2^+Q_1 = O$ setzt.

4.3. Transformationen mit unitären Matrizen

Bekanntlich kann jede Matrix $A \in C_r^{m\times n}$ mit $r < \min(m, n)$ durch Linksmultiplikation mit einer geeigneten unitären $(m \times m)$-Matrix U auf die Form

$$UA = \begin{pmatrix} R \\ O \end{pmatrix}$$

transformiert werden, wo $R \in C_r^{r\times n}$ obere Trapezform hat. d. h., $r_{ij} = 0$ für $i > j$, z. B. durch Householder-Transformation. Durch Spaltenvertauschungen kann weiterhin erreicht werden, daß die ersten r Spalten von R linear unabhängig sind, d. h.

$$UAT = \begin{pmatrix} B & K \\ O & O \end{pmatrix},$$

wo T eine Permutationsmatrix und B eine nichtsinguläre obere $(r \times r)$-Dreiecksmatrix ist und die Matrix K im allgemeinen von Null verschiedene Elemente hat (siehe C. L. Lawson, R. J. Hanson 1974 [14, S. 11ff.]). Diese Transformation mit beliebiger nichtsingulärer Matrix B wird in Satz 4.8 vorausgesetzt. Der analoge Fall, daß A von rechts mit einer unitären Matrix V und von links mit einer Permutationsmatrix S multipliziert wird, ergibt die Transformation

$$SAV = \begin{pmatrix} B & O \\ K & O \end{pmatrix},$$

die die Grundlage von Satz 4.9 bildet.

Ersetzt man in den beiden Transformationen die Permutationsmatrizen S und T durch allgemeine unitäre Matrizen, so kann A auf die Form

$$UAV = \begin{pmatrix} B & O \\ O & O \end{pmatrix}$$

gebracht werden, wo B eine nichtsinguläre $(r \times r)$-Matrix ist. Bei Verwendung der Householder-Transformation kann B obere oder untere Dreiecksform annehmen.

Wenn B eine Diagonalmatrix $D = \operatorname{diag}(d_1, d_2, \ldots, d_r)$ ist, nennt man

$$A = U^* \begin{pmatrix} D & O \\ O & O \end{pmatrix} V^* = U_1^* D V_1^* = \sum_{i=1}^{r} d_i (u^*)_i \, v_i^*$$

die *Singulärwertzerlegung* von A, da $d_1, d_2, \ldots, d_r$ die singulären Werte von A, d. h. die positiven Quadratwurzeln der von Null verschiedenen Eigenwerte von AA^* oder A^*A sind. Der Vektor $(u^*)_i$ (i-te Spalte von U^*) ist der zu d_i^2 gehörige Eigenvektor von AA^* und v_i (i-te Spalte von V) der zu d_i^2 gehörige Eigenvektor von A^*A. Für A^+ gilt dann bekanntlich

$$A^+ = V_1 D^{-1} U_1 = \sum_{i=1}^{r} \frac{1}{d_i} v_i (u^*)_i^* .$$

Für die Singulärwertzerlegung, die besonders bei der Untersuchung des Einflusses von Rundungsfehlern in A auf die verallgemeinerten Inversen von A von Bedeutung ist, gibt es ausgefeilte Algorithmen, siehe etwa G. H. Golub, C. Reinsch 1970 [10].

In Satz 4.7 wird jedoch der allgemeine Fall behandelt, daß B beliebig nichtsingulär ist. Im folgenden werden die Zerlegungen

$$U = \begin{pmatrix} U_1 \\ U_2 \end{pmatrix}, \qquad V = (V_1, V_2)$$

verwendet, wo U_1 aus den ersten r Zeilen von U und V_1 aus den ersten r Spalten von V besteht.

Satz 4.7. *Die Matrix* $A \in C_r^{m \times n}$ *sei durch die* **unitären** *Matrizen* $U = \begin{pmatrix} U_1 \\ U_2 \end{pmatrix}$ *und* $V = (V_1, V_2)$ *auf die Standardform*

$$UAV = \begin{pmatrix} B & O \\ O & O \end{pmatrix}, \qquad B \in C_r^{r \times r},$$

transformiert. Die verallgemeinerten Inversen von A haben dann die folgenden allgemeinen Darstellungen, in denen X, Y, Z beliebige Matrizen passenden Formats sind:

(1) $$A^- = V \begin{pmatrix} B^{-1} & X \\ Y & Z \end{pmatrix} U,$$ Hearon, Evans 1968 [12]; Tewarson 1969 [36]

(2) $$A^{1,2} = V \begin{pmatrix} B^{-1} & X \\ Y & YBX \end{pmatrix} U$$ Hearon, Evans 1968 [12]; Tewarson 1969 [36],

$$= V \begin{pmatrix} B^{-1} \\ Y \end{pmatrix} (I_r, BX) \, U ,$$

(3) $A^{1,3} = V \begin{pmatrix} B^{-1} & O \\ Y & Z \end{pmatrix} U,$ SIBUYA 1970 [34],

(4) $A^{1,4} = V \begin{pmatrix} B^{-1} & X \\ O & Z \end{pmatrix} U,$ SIBUYA 1970 [34],

(5) $A^{1,2,3} = V \begin{pmatrix} B^{-1} & O \\ Y & O \end{pmatrix} U$ HEARON, EVANS 1968 [12]; TEWARSON 1969 [36],

$$= V \begin{pmatrix} B^{-1} \\ Y \end{pmatrix} (I_r, O)\, U$$

$$= V \begin{pmatrix} B^{-1} \\ Y \end{pmatrix} U_1,$$

(6) $A^{1,2,4} = V \begin{pmatrix} B^{-1} & X \\ O & O \end{pmatrix} U$ HEARON, EVANS 1968 [12]; GILLIES 1970 [9],

$$= V \begin{pmatrix} I_r \\ O \end{pmatrix} (B^{-1}, X)\, U$$

$$= V_1 (B^{-1}, X)\, U,$$

(7) $A^{1,3,4} = V \begin{pmatrix} B^{-1} & O \\ O & Z \end{pmatrix} U,$

(8) $A^{+} = V \begin{pmatrix} B^{-1} & O \\ O & O \end{pmatrix} U$ TEWARSON 1969 [36],

$$= V \begin{pmatrix} I_r \\ O \end{pmatrix} (B^{-1}, O)\, U$$

$$= V_1 B^{-1} U_1.$$

Beweis. In Satz 4.2 ersetze man P durch U, Q durch V und beachte $P_1 P_2^+ = O$, $Q_2^+ Q_1 = O$.

Bemerkung. Bei J. Z. HEARON und J. W. EVANS 1968 [12] wurde B als Diagonalmatrix vorausgesetzt.

Satz 4.8. *Die Matrix $A \in C_r^{m \times n}$ sei durch die* ***unitäre*** *Matrix $U = \begin{pmatrix} U_1 \\ U_2 \end{pmatrix}$ und die* ***Permutationsmatrix*** *T auf die Standardform*

$$UAT = \begin{pmatrix} B & K \\ O & O \end{pmatrix}, \quad B \in C_r^{r \times r},$$

transformiert. Die verallgemeinerten Inversen von A haben dann die folgenden allgemeinen Darstellungen, in denen X, Y, Z beliebige Matrizen passenden Formats sind:

(1) $A^{-} = T \begin{pmatrix} B^{-1} - B^{-1}KY & X - B^{-1}KZ \\ Y & Z \end{pmatrix} U,$

(2) $$A^{1,2} = T\begin{pmatrix} B^{-1} - B^{-1}KY & X - B^{-1}KYBX \\ Y & YBX \end{pmatrix} U$$

$$= T\begin{pmatrix} B^{-1} - B^{-1}KY \\ Y \end{pmatrix} (I_r, BX)\, U,$$

(3) $$A^{1,3} = T\begin{pmatrix} B^{-1} - B^{-1}KY & -B^{-1}KZ \\ Y & Z \end{pmatrix} U,$$

(4) $$A^{1,4} = T\begin{pmatrix} B^*(BB^* + KK^*)^{-1} & X - B^{-1}KZ \\ K^*(BB^* + KK^*)^{-1} & Z \end{pmatrix} U,$$

(5) $$A^{1,2,3} = T\begin{pmatrix} B^{-1} - B^{-1}KY & O \\ Y & O \end{pmatrix} U$$

$$= T\begin{pmatrix} B^{-1} - B^{-1}KY \\ Y \end{pmatrix} (I_r, O)\, U$$

$$= T\begin{pmatrix} B^{-1} - B^{-1}KY \\ Y \end{pmatrix} U_1,$$

(6) $$A^{1,2,4} = T\begin{pmatrix} B^*(BB^* + KK^*)^{-1} & B^*(BB^* + KK^*)^{-1}\, BX \\ K^*(BB^* + KK^*)^{-1} & K^*(BB^* + KK^*)^{-1}\, BX \end{pmatrix} U$$

$$= T\begin{pmatrix} B^* \\ K^* \end{pmatrix} (BB^* + KK^*)^{-1} (I_r, BX)\, U$$

$$= T(B, K)^+ (I_r, BX)\, U,$$

(7) $$A^{1,3,4} = T\begin{pmatrix} B^*(BB^* + KK^*)^{-1} & -B^{-1}KZ \\ K^*(BB^* + KK^*)^{-1} & Z \end{pmatrix} U,$$

(8) $$A^+ = T\begin{pmatrix} B^*(BB^* + KK^*)^{-1} & O \\ K^*(BB^* + KK^*)^{-1} & O \end{pmatrix} U$$ LA BUDDE, VERMA 1969 [13],

$$= T\begin{pmatrix} B^* \\ K^* \end{pmatrix} (BB^* + KK^*)^{-1} (I_r, O)\, U$$

$$= T(B, K)^+ (I_r, O)\, U$$

$$= T(B, K)^+ U_1.$$

Beweis. Zunächst wird von der Transformation

$$PAT = \begin{pmatrix} B & K \\ O & O \end{pmatrix},$$

P nichtsingulär, T Permutationsmatrix, ausgegangen. Durch Rechtsmultiplikation mit der Blockeliminationsmatrix

$$S_{12}(-B^{-1}K) = \begin{pmatrix} I_r & -B^{-1}K \\ O & I_{n-r} \end{pmatrix}$$

erhält man

$$PATS_{12}(-B^{-1}K) = \begin{pmatrix} B & K \\ O & O \end{pmatrix} \begin{pmatrix} I_r & -B^{-1}K \\ O & I_{n-r} \end{pmatrix} = \begin{pmatrix} B & O \\ O & O \end{pmatrix}$$

oder mit der Abkürzung $TS_{12}(-B^{-1}K) = Q$

$$PAQ = \begin{pmatrix} B & O \\ O & O \end{pmatrix}.$$

Für diese Transformation sind aber nach Satz 4.2 die verallgemeinerten Inversen von A bekannt. In diesen verallgemeinerten Inversen der Form $Q(\ldots)P$ hat man dann wegen $Q = TS_{12}(-B^{-1}K)$ eine Linksmultiplikation von $(\ldots)$ mit $S_{12}(-B^{-1}K)$ auszuführen, P durch U und Q durch T zu ersetzen und dabei $P_1P_2^+ = O$ zu beachten.

Nach Satz 4.2 (1) ist

$$A^- = Q \begin{pmatrix} B^{-1} & X \\ Y & Z \end{pmatrix} P = T \begin{pmatrix} I_r & -B^{-1}K \\ O & I_{n-r} \end{pmatrix} \begin{pmatrix} B^{-1} & X \\ Y & Z \end{pmatrix} U$$

$$= T \begin{pmatrix} B^{-1} - B^{-1}KY & X - B^{-1}KZ \\ Y & Z \end{pmatrix} U.$$

Auf dieselbe Weise erfolgt die Berechnung von $A^{1,2}$, $A^{1,3}$ und $A^{1,2,3}$.

Für $A^{1,4}$ gilt

$$A^{1,4} = Q \begin{pmatrix} B^{-1} & X \\ -Q_2^+Q_1B^{-1} & Z \end{pmatrix} P = T \begin{pmatrix} I_r & -B^{-1}K \\ O & I_{n-r} \end{pmatrix} \begin{pmatrix} B^{-1} & X \\ -Q_2^+Q_1B^{-1} & Z \end{pmatrix} U$$

$$= T \begin{pmatrix} B^{-1} + B^{-1}KQ_2^+Q_1B^{-1} & X - B^{-1}KZ \\ -Q_2^+Q_1B^{-1} & Z \end{pmatrix} U.$$

Zur Berechnung von $Q_2^+Q_1$ erhält man analog zum Beweis von Satz 4.3 aus $Q = (Q_1, Q_2) = T \begin{pmatrix} I_r & -B^{-1}K \\ O & I_{n-r} \end{pmatrix}$ die Matrizen

$$Q_1 = T \begin{pmatrix} I_r \\ O \end{pmatrix}, \quad Q_2 = T \begin{pmatrix} -B^{-1}K \\ I_{n-r} \end{pmatrix}$$

und damit

$$Q_2^+Q_1 = -\left(I_{n-r} + (B^{-1}K)^* B^{-1}K\right)^{-1} (B^{-1}K)^* = -(B^{-1}K)^* \left(I_r + B^{-1}K(B^{-1}K)^*\right)^{-1}$$

und

$$Q_2^+Q_1B^{-1} = -K^*B^{-1*}(I_r + B^{-1}KK^*B^{-1*})^{-1} B^{-1} = -K^*(BB^* + KK^*)^{-1}.$$

Wegen $B^{-1} + B^{-1}KQ_2^+Q_1B^{-1} = B^{-1} - B^{-1}KK^*(BB^* + KK^*)^{-1} = B^*(BB^* + KK^*)^{-1}$ folgt dann (4). Die Darstellungen für $A^{1,2,4}$, $A^{1,3,4}$ und A^+ ergeben sich auf ganz analoge Weise.

Satz 4.9. *Die Matrix $A \in C_r^{m \times n}$ sei durch die* ***Permutationsmatrix*** *S und die* ***unitäre*** *Matrix $V = (V_1, V_2)$ auf die Standardform*

$$SAV = \begin{pmatrix} B & O \\ K & O \end{pmatrix}, \qquad B \in C_r^{r \times r},$$

transformiert. Die verallgemeinerten Inversen von A haben dann die folgenden allgemeinen Darstellungen, in denen X, Y, Z beliebige Matrizen passenden Formats sind:

$$(1)\qquad A^- = V\begin{pmatrix} B^{-1} - XKB^{-1} & X \\ Y - ZKB^{-1} & Z \end{pmatrix} S,$$

$$(2)\qquad A^{1,2} = V\begin{pmatrix} B^{-1} - XKB^{-1} & X \\ Y - YBXKB^{-1} & YBX \end{pmatrix} S$$

$$= V\begin{pmatrix} I_r \\ YB \end{pmatrix} (B^{-1} - XKB^{-1}, X)\, S,$$

$$(3)\qquad A^{1,3} = V\begin{pmatrix} (B^*B + K^*K)^{-1}\, B^* & (B^*B + K^*K)^{-1}\, K^* \\ Y - ZKB^{-1} & Z \end{pmatrix} S,$$

$$(4)\qquad A^{1,4} = V\begin{pmatrix} B^{-1} - XKB^{-1} & X \\ -ZKB^{-1} & Z \end{pmatrix} S,$$

$$(5)\qquad A^{1,2,3} = V\begin{pmatrix} (B^*B + K^*K)^{-1}\, B^* & (B^*B + K^*K)^{-1}\, K^* \\ YB(B^*B + K^*K)^{-1}\, B^* & YB(B^*B + K^*K)^{-1}\, K^* \end{pmatrix} S$$

$$= V\begin{pmatrix} I_r \\ YB \end{pmatrix} (B^*B + K^*K)^{-1}\, (B^*, K^*)\, S$$

$$= V\begin{pmatrix} I_r \\ YB \end{pmatrix} \begin{pmatrix} B \\ K \end{pmatrix}^+ S,$$

$$(6)\qquad A^{1,2,4} = V\begin{pmatrix} B^{-1} - XKB^{-1} & X \\ O & O \end{pmatrix} S$$

$$= V\begin{pmatrix} I_r \\ O \end{pmatrix} (B^{-1} - XKB^{-1}, X)\, S$$

$$= V_1(B^{-1} - XKB^{-1}, X)\, S,$$

$$(7)\qquad A^{1,3,4} = V\begin{pmatrix} (B^*B + K^*K)^{-1}\, B^* & (B^*B + K^*K)^{-1}\, K^* \\ -ZKB^{-1} & Z \end{pmatrix} S,$$

$$(8)\qquad A^+ = V\begin{pmatrix} (B^*B + K^*K)^{-1}\, B^* & (B^*B + K^*K)^{-1}\, K^* \\ O & O \end{pmatrix} S$$

$$= V\begin{pmatrix} I_r \\ O \end{pmatrix} (B^*B + K^*K)^{-1}\, (B^*, K^*)\, S$$

$$= V\begin{pmatrix} I_r \\ O \end{pmatrix} \begin{pmatrix} B \\ K \end{pmatrix}^+ S$$

$$= V_1\begin{pmatrix} B \\ K \end{pmatrix}^+ S.$$

Beweis. Man geht von der Transformation $SAQ = \begin{pmatrix} B & O \\ K & O \end{pmatrix}$ aus und verfährt wie beim Beweis von Satz 4.8, wobei die Eliminationsmatrix

$$S_{21}(-KB^{-1}) = \begin{pmatrix} I_r & O \\ -KB^{-1} & I_{m-r} \end{pmatrix}$$

benutzt und $P = S_{21}(-KB^{-1})\,S$ gesetzt wird.

4.4. Transformation mit Permutationsmatrizen

Jede $(m \times n)$-Matrix A vom Rang r läßt sich durch Zeilenvertauschungen (Linksmultiplikation mit einer Permutationsmatrix S) und Spaltenvertauschungen (Rechtsmultiplikation mit einer Permutationsmatrix T) stets auf die Form

$$SAT = \begin{pmatrix} A_{11} & A_{12} \\ A_{21} & A_{22} \end{pmatrix}$$

bringen, wo A_{11} eine nichtsinguläre Matrix vom Rang r ist. Diese Transformation ist besonders dann günstig, wenn eine nichtsinguläre $(r \times r)$-Untermatrix von A bekannt ist oder sich leicht ermitteln läßt oder wenn wenigstens der Rang von A bekannt ist. Die Umordnung der Zeilen und Spalten bedeutet dann gar keinen oder nur einen geringen zusätzlichen Aufwand, da die Eliminationsverfahren zur Berechnung der Inversen A_{11}^{-1}, die in den Darstellungen der verallgemeinerten Inversen benötigt wird, ohnehin bei der Pivotsuche mit Vertauschungen arbeiten. Wenn der Rang von A nicht bekannt ist und erst ermittelt werden muß, sind andere Verfahren, z. B. die nach Satz 4.3 oder 4.4, günstiger, weil sich dort der Aufwand bei der Rangbestimmung in einer einfacheren Standardform niederschlägt.

Aus den berechneten verallgemeinerten Inversen

$$(SAT)^g, \quad g \in \{-;\ 1,2;\ 1,3;\ 1,4;\ 1,2,3;\ 1,2,4;\ 1,3,4;\ +\},$$

erhält man die verallgemeinerten Inversen der Ausgangsmatrix A, indem man die auf die Zeilen (Spalten) von A angewandten Vertauschungen nunmehr auf die Spalten (Zeilen) von $(SAT)^g$ anwendet, also

$$A^g = T(SAT)^g\,S.$$

Da wegen $r < \min(m, n)$ die letzten $m - r$ Zeilen ($n - r$ Spalten) von SAT Linearkombinationen der ersten r Zeilen (Spalten) sein müssen, gibt es Matrizen L und R, so daß

$$\begin{pmatrix} A_{12} \\ A_{22} \end{pmatrix} = \begin{pmatrix} A_{11} \\ A_{21} \end{pmatrix} R \quad \text{und} \quad (A_{21}, A_{22}) = L(A_{11}, A_{12})$$

gilt. Danach kann man SAT in der Form

$$SAT = \begin{pmatrix} A_{11} & A_{11}R \\ LA_{11} & LA_{11}R \end{pmatrix}$$

mit $L = A_{21}A_{11}^{-1}$ und $R = A_{11}^{-1}A_{12}$ schreiben. Die Einführung der Matrizen L und R dient lediglich zur Vereinfachung der Schreibweise.

Satz 4.10. *Die Matrix $A \in C_r^{m\times n}$ sei durch die* ***Permutationsmatrizen*** *S und T auf die Standardform*

$$SAT = \begin{pmatrix} A_{11} & A_{12} \\ A_{21} & A_{22} \end{pmatrix}, \qquad A_{11} \in C_r^{r\times r},$$

transformiert. Die verallgemeinerten Inversen von A haben dann die folgenden allgemeinen Darstellungen, in denen

$$L = A_{21}A_{11}^{-1}, \quad R = A_{11}^{-1}A_{12}, \quad F = I_r + RR^*, \quad G = I_r + L^*L$$

bedeutet und X, Y, Z beliebige Matrizen passenden Formats sind:

(1) $$A^- = T\begin{pmatrix} A_{11}^{-1} - XL - RY - RZL & X \\ Y & Z \end{pmatrix} S,$$ SEARLE 1971 [33]; DRYGALLA 1975 [7],

(2) $$A^{1,2} = T\begin{pmatrix} A_{11}^{-1} - XL - RY + RYA_{11}XL & X - RYA_{11}X \\ Y - YA_{11}XL & YA_{11}X \end{pmatrix} S$$
$$= T\begin{pmatrix} A_{11}^{-1} - RY \\ Y \end{pmatrix} (I_r - A_{11}XL, A_{11}X)\, S,$$

(3) $$A^{1,3} = T\begin{pmatrix} (GA_{11})^{-1} - RY & (GA_{11})^{-1}L^* - RZ \\ Y & Z \end{pmatrix} S,$$ DRYGALLA [7] 1975,

(4) $$A^{1,4} = T\begin{pmatrix} (A_{11}F)^{-1} - XL & X \\ R^*(A_{11}F)^{-1} - ZL & Z \end{pmatrix} S,$$ DRYGALLA 1975 [7],

(5) $$A^{1,2,3} = T\begin{pmatrix} (GA_{11})^{-1} - RY & (GA_{11})^{-1} L^* - RYL^* \\ Y & YL^* \end{pmatrix} S$$
$$= T\begin{pmatrix} (GA_{11})^{-1} - RY \\ Y \end{pmatrix} (I_r, L^*)\, S,$$

(6) $$A^{1,2,4} = T\begin{pmatrix} (A_{11}F)^{-1} - XL & X \\ R^*(A_{11}F)^{-1} - R^*XL & R^*X \end{pmatrix} S$$
$$= T\begin{pmatrix} I_r \\ R^* \end{pmatrix} \left((A_{11}F)^{-1} - XL, X\right) S,$$

(7) $$A^{1,3,4} = T\begin{pmatrix} (GA_{11})^{-1} + (A_{11}F)^{-1} - A_{11}^{-1} + RZL & (GA_{11})^{-1} L^* - RZ \\ R^*(A_{11}F)^{-1} - ZL & Z \end{pmatrix} S,$$

(8) $$A^+ = T\begin{pmatrix} (GA_{11}F)^{-1} & (GA_{11}F)^{-1} L^* \\ R^*(GA_{11}F)^{-1} & R^*(GA_{11}F)^{-1} L^* \end{pmatrix} S$$ PENROSE 1956 [24];
$$= T\begin{pmatrix} I_r \\ R^* \end{pmatrix} (GA_{11}F)^{-1} (I_r, L^*)\, S$$ NOBLE 1966 [21],
$$= T(I_r, R)^+ A_{11}^{-1} \begin{pmatrix} I_r \\ L \end{pmatrix}^+ S.$$

(Weitere Darstellungen in Bemerkung 4 und 5.)

Beweis. Durch Links- und Rechtsmultiplikation mit den Blockeliminationsmatrizen

$$E_{21}(-L) = \begin{pmatrix} I_r & O \\ -L & I_{m-r} \end{pmatrix} \quad \text{und} \quad E_{12}(-R) = \begin{pmatrix} I_r & -R \\ O & I_{n-r} \end{pmatrix}$$

wird die Matrix $SAT = \begin{pmatrix} A_{11} & A_{11}R \\ LA_{11} & LA_{11}R \end{pmatrix}$ auf die Form

$$E_{21}(-L)\, SATE_{12}(-R) = \begin{pmatrix} A_{11} & O \\ O & O \end{pmatrix}$$

gebracht. Setzt man $E_{21}(-L)\, S = P$, $TE_{12}(-R) = Q$, $A_{11} = B$, so lautet die Transformation

$$PAQ = \begin{pmatrix} B & O \\ O & O \end{pmatrix},$$

und man kann nunmehr Satz 4.2 anwenden. Zum Beispiel ergibt sich aus Satz 4.2 (1)

$$A^- = Q \begin{pmatrix} B^{-1} & X \\ Y & Z \end{pmatrix} P = T \begin{pmatrix} I_r & -R \\ O & I_{n-r} \end{pmatrix} \begin{pmatrix} A_{11}^{-1} & X \\ Y & Z \end{pmatrix} \begin{pmatrix} I_r & O \\ -L & I_{m-r} \end{pmatrix} S$$

$$= T \begin{pmatrix} A_{11}^{-1} - RY - XL + RZL & X - RZ \\ Y - ZL & Z \end{pmatrix} S.$$

Indem man $X - RZ = X'$ und $Y - ZL = Y'$ setzt, woraus $XL = X'L + RZL$ und $RY = RY' + RZL$ folgt, und anschließend die Striche wieder wegläßt, erhält man (1). Analog bekommt man $A^{1,2}$. Um die Darstellungen der restlichen verallgemeinerten Inversen zu erhalten, müssen die in Satz 4.2 vorkommenden Ausdrücke $P_1P_2^+$ und $Q_2^+Q_1$ umgerechnet werden. Im Beweis des Satzes 4.3 ergab sich für $Q = TE_{12}(-K)$

$$Q_2^+Q_1 = -K^*(I_r + KK^*)^{-1}.$$

Da jetzt $Q = TE_{12}(-R)$ ist, hat man lediglich K durch R zu ersetzen und erhält

$$Q_2^+Q_1 = -R^*(I_r + RR^*)^{-1} = -R^*F^{-1}.$$

Der Ausdruck für $P_1P_2^+$ wurde in Satz 4.4 nicht explizit ausgeführt. Vergleicht man jedoch die rechten Seiten der Gleichungen (3) der Sätze 4.4 und 4.1, so sieht man, daß

$$-P_1P_2^+ = (I_r + K^*K)^{-1}\, K^*$$

ist, wobei $P = E_{21}(-K)\, S$ galt. Im jetzigen Fall ist $P = E_{21}(-L)\, S$, folglich gilt

$$P_1P_2^+ = -(I_r + L^*L)^{-1}\, L^* = -G^{-1}L^*.$$

Als Beispiel sei die Berechnung von A^+ unter Verwendung von Satz 4.2 (8) angeführt:

$$A^+ = Q \begin{pmatrix} I_r \\ -Q_2^+Q_1 \end{pmatrix} B^{-1} (I_r, -P_1P_2^+)\, P$$
$$= T \begin{pmatrix} I_r & -R \\ O & I_{n-r} \end{pmatrix} \begin{pmatrix} I_r \\ R^*F^{-1} \end{pmatrix} A_{11}^{-1}(I_r, G^{-1}L^*) \begin{pmatrix} I_r & O \\ -L & I_{m-r} \end{pmatrix} S$$
$$= T \begin{pmatrix} I_r - RR^*F^{-1} \\ R^*F^{-1} \end{pmatrix} A_{11}^{-1}(I_r - G^{-1}L^*L, G^{-1}L^*)\, S.$$

Hieraus folgt wegen $I_r - RR^*F^{-1} = (F - RR^*)\, F^{-1} = F^{-1}$ und $I_r - G^{-1}L^*L = G^{-1}$

$$A^+ = T \begin{pmatrix} I_r \\ R^* \end{pmatrix} F^{-1}A_{11}^{-1}G^{-1}(I_r, L^*)\, S,$$

also (8). Die daraus folgende Darstellung

$$A^+ = T(I_r, R)^+ A_{11}^{-1} \begin{pmatrix} I_r \\ L \end{pmatrix}^+ S$$

kann man auch sehr einfach direkt aus

$$A = S^* \begin{pmatrix} A_{11} & A_{11}R \\ LA_{11} & LA_{11}R \end{pmatrix} T^* = S^* \begin{pmatrix} I_r \\ L \end{pmatrix} A_{11}(I_r, R)\, T^*$$

gewinnen, indem man die „Reverse-Order-Regel“ anwendet.

Bemerkungen. 1. Wenn A von vornherein die Gestalt $A = \begin{pmatrix} A_{11} & A_{12} \\ A_{21} & A_{22} \end{pmatrix}$ mit $A_{11} \in C_r^{r \times r}$ hat, d. h., wenn in Satz 4.10 $S = I_m$ und $T = I_n$ ist, bekommt man die zugehörigen verallgemeinerten Inversen, indem man in (1) bis (8) S und T einfach wegläßt.

2. V. Drygalla [7] gelangte zu den Darstellungen (1), (3) und (4) mit $S = I_m$ und $T = I_n$ beim Existenznachweis von $A^{1,3}$ und $A^{1,4}$, indem er mit

$$A = \begin{pmatrix} A_{11} & A_{12} \\ A_{21} & A_{22} \end{pmatrix} \quad \text{und} \quad A^g = \begin{pmatrix} W & X \\ Y & Z \end{pmatrix}$$

direkt in die Penrose-Gleichungen einging und daraus W und X bzw. Y bestimmte.

3. Einige *Spezialfälle* der angegebenen verallgemeinerten Inversen sind bereits aus der Literatur bekannt:

$$A_1^{1,2} = T \begin{pmatrix} A_{11}^{-1} & O \\ O & O \end{pmatrix} S, \qquad \text{Rao 1965 [30, S. 25]},$$

$$A_1^{1,2,3} = T \begin{pmatrix} A_{11}^{-1} \\ O \end{pmatrix} G^{-1}(I_r, L^*)\, S, \qquad \text{Meyer, Painter 1970 [17]},$$

$$A_1^{1,2,4} = T \begin{pmatrix} I_r \\ R^* \end{pmatrix} F^{-1}(A_{11}^{-1}, O)\, S, \qquad \text{Ben-Israel, Greville 1974 [2, S. 193]}$$

$$A_1^{1,3,4} = T \begin{pmatrix} (GA_{11})^{-1} + (A_{11}F)^{-1} - A_{11}^{-1} & (GA_{11})^{-1} L^* \\ R^*(A_{11}F)^{-1} & O \end{pmatrix} S, \qquad \text{Lee 1971 [15]}.$$

4. Die Darstellung (8) für A^+ wurde in der Literatur bisher stets B. NOBLE zugeschrieben, der sie 1966 [21] veröffentlichte. Die Darstellung von NOBLE,

$$A^+ = \begin{pmatrix} I_r \\ R^* \end{pmatrix} (I_r + RR^*)^{-1} A_{11}^{-1} (I_r + L^*L)^{-1} (I_r, L^*),$$

in der vorausgesetzt wird, daß A bereits die Form

$$A = \begin{pmatrix} A_{11} & A_{12} \\ A_{21} & A_{22} \end{pmatrix}, \qquad A_{11} \in C_r^{r \times r},$$

hat, lautet, ausführlich geschrieben,

$$A^+ = \begin{pmatrix} I_r \\ A_{12}^* A_{11}^{-1*} \end{pmatrix} (I_r + A_{11}^{-1} A_{12} A_{12}^* A_{11}^{-1*})^{-1} A_{11}^{-1} (I_r + A_{11}^{-1*} A_{21}^* A_{21} A_{11}^{-1})^{-1}$$
$$\times (I_r, A_{11}^{-1*} A_{21}^*).$$

Hieraus folgt durch einfache Umformung

$$A^+ = \begin{pmatrix} I_r \\ A_{12} A_{11}^{-1*} \end{pmatrix} A_{11}^* (A_{11} A_{11}^* + A_{12} A_{12}^*)^{-1} A_{11}$$
$$\times (A_{11}^* A_{11} + A_{21}^* A_{21})^{-1} A_{11}^* (I_r, A_{11}^{-1*} A_{21}^*)$$
$$= \begin{pmatrix} A_{11}^* \\ A_{12}^* \end{pmatrix} M (A_{11}^*, A_{21}^*)$$

mit $M = (A_{11} A_{11}^* + A_{12} A_{12}^*)^{-1} A_{11} (A_{11}^* A_{11} + A_{21}^* A_{21})^{-1}$ oder

$$A^+ = \begin{pmatrix} A_{11}^* A M_{11}^* & A_{11}^* M A_{21}^* \\ A_{12}^* M A_{11}^* & A_{12}^* M A_{21}^* \end{pmatrix}.$$

Dies ist aber genau die von R. PENROSE 1956 [24], allerdings ohne Beweis, angegebene Darstellung.

5. Da M aus Bemerkung 4 auch in der Form

$$M = \left[(A_{11}^*, A_{21}^*) \begin{pmatrix} A_{11} \\ A_{21} \end{pmatrix} A_{11}^{-1} (A_{11}, A_{12}) \begin{pmatrix} A_{11}^* \\ A_{12}^* \end{pmatrix} \right]^{-1}$$
$$= \left[\begin{pmatrix} A_{11} \\ A_{21} \end{pmatrix}^* \begin{pmatrix} A_{11} \\ A_{21} \end{pmatrix} A_{11}^{-1} (A_{11}, A_{12}) (A_{11}, A_{12})^* \right]^{-1}$$

geschrieben werden kann und $\begin{pmatrix} A_{11} \\ A_{21} \end{pmatrix} A_{11}^{-1} (A_{11}, A_{12}) = A$ gilt, erhält man aus der Darstellung

$$A^+ = \begin{pmatrix} A_{11}^* \\ A_{12}^* \end{pmatrix} M (A_{11}^*, A_{21}^*)$$

von Bemerkung 4 die äquivalente Form

$$A^+ = (A_{11}, A_{12})^* \left[\begin{pmatrix} A_{11} \\ A_{21} \end{pmatrix}^* A (A_{11}, A_{12})^* \right]^{-1} \begin{pmatrix} A_{11} \\ A_{21} \end{pmatrix}^*,$$

die von S. Zlobec 1970 [38] angegeben wurde. Mit den Abkürzungen

$$(A_{11}, A_{12}) = A_1, \qquad \begin{pmatrix} A_{11} \\ A_{21} \end{pmatrix} = A_2$$

erhält man hieraus

$$A^+ = A_1^*(A_2^*AA_1^*)^{-1} A_2^*$$

oder auch

$$A^+ = A_1^+A_{11}A_2^+.$$

Diese Darstellungen für A^+ gelten natürlich auch für den allgemeineren Fall (8), nämlich

$$A^+ = TA_1^*(A_2^*SATA_1^*)^{-1} A_2^*S$$

bzw.

$$A^+ = TA_1^+A_{11}A_2^+S.$$

4.5. *Matrizen mit Maximalrang*

Wenn $A \in C^{m\times n}$ Maximalrang hat, vereinfachen sich die Ausdrücke für die verallgemeinerten Inversen. Wie bereits zu Beginn von Abschnitt 4 bemerkt, reduziert sich dann die allgemeine Standardform

$$N = PAQ = \begin{pmatrix} P_1 \\ P_2 \end{pmatrix} A(Q_1, Q_2) = \begin{pmatrix} P_1AQ_1 & P_1AQ_2 \\ P_2AQ_1 & P_2AQ_2 \end{pmatrix} = \begin{pmatrix} N_{11} & N_{12} \\ N_{21} & N_{22} \end{pmatrix}$$

im Fall $r(A) = m$, d. h. A *zeilenregulär,* auf

$$N_z = (N_{11}, N_{12})$$

und im Fall $r(A) = n$, d. h. A *spaltenregulär,* auf

$$N_s = \begin{pmatrix} N_{11} \\ N_{21} \end{pmatrix}.$$

Für die Zerlegungen der Transformationsmatrizen P und Q bedeutet dies:

$P = P_1$, d. h., P_2 tritt nicht auf im Fall $r(A) = m$,

$Q = Q_1$, d. h., Q_2 tritt nicht auf im Fall $r(A) = n$.

Als Beispiele, wie sich damit die verallgemeinerten Inversen vereinfachen, sollen die Transformationen (T 1) und (T 10) betrachtet werden.

Folgerung aus Satz 4.1. 1. Es sei $A \in C_m^{m\times n}$, d. h. A *zeilenregulär.* Dann läßt sich A stets auf die Form

$$PAQ = PA(Q_1, Q_2) = (I_m, O)$$

transformieren, und es gilt

$$A^- = A^{1,2} = A^{1,3} = A^{1,2,3} = Q\begin{pmatrix} I_m \\ Y \end{pmatrix} P, \qquad Y \in C^{(n-m)\times m} \text{ beliebig},$$

$$A^{1,4} = A^{1,2,4} = A^{1,3,4} = A^+ = Q\begin{pmatrix} I_m \\ -Q_2^+Q_1 \end{pmatrix} P.$$

2. Es sei $A \in C_n^{m\times n}$, d. h. A *spaltenregulär*. Dann läßt sich A stets auf die Form

$$PAQ = \begin{pmatrix} P_1 \\ P_2 \end{pmatrix} AQ = \begin{pmatrix} I_n \\ O \end{pmatrix}$$

transformieren, und es gilt

$$A^- = A^{1,2} = A^{1,4} = A^{1,2,4} = Q(I_n, X)\, P, \qquad X \in C^{n\times(m-n)} \text{ beliebig},$$
$$A^{1,3} = A^{1,2,3} = A^{1,3,4} = A^+ = Q(I_n, -P_1P_2^+)\, P.$$

Folgerung aus Satz 4.10. 1. Es sei $A \in C_m^{m\times n}$, d. h. A *zeilenregulär*. Dann läßt sich A stets auf die Form

$$AT = (A_{11}, A_{12}), \qquad A_{11} \in C_m^{m\times m},$$

transformieren, und es gilt

$$A^- = A^{1,2} = A^{1,3} = A^{1,2,3} = T\begin{pmatrix} A_{11}^{-1} - RY \\ Y \end{pmatrix}, \qquad Y \in C^{(n-m)\times m} \text{ beliebig},$$

$$A^{1,4} = A^{1,2,4} = A^{1,3,4} = A^+ = T\begin{pmatrix} I_m \\ R^* \end{pmatrix} (A_{11}F)^{-1}$$

mit $R = A_{11}^{-1}A_{12}$.

2. Es sei $A \in C_n^{m\times n}$, d. h. A *spaltenregulär*. Dann läßt sich A stets auf die Form

$$SA = \begin{pmatrix} A_{11} \\ A_{21} \end{pmatrix}, \qquad A_{11} \in C_n^{n\times n},$$

transformieren, und es gilt

$$A^- = A^{1,2} = A^{1,4} = A^{1,2,4} = (A_{11}^{-1} - XL, X)\, S, \qquad X \in C^{n\times(m-n)} \text{ beliebig}$$
$$A^{1,3} = A^{1,2,3} = A^{1,3,4} = A^+ = (GA_{11})^{-1}\,(I_n, L^*)\, S$$

mit $L = A_{21}A_{11}^{-1}$, $G = I_n + L^*L$.

5. Bemerkungen zur Berechnung der Moore-Penrose-Inversen und weitere Darstellungen

Zur numerischen Berechnung der Moore-Penrose Inversen sind bisher zahlreiche Verfahren entwickelt worden. Detaillierte objektive Vergleiche und ausreichende Tests der Verfahren hinsichtlich Rechenaufwand, Genauigkeit und numerischer

Stabilität fehlen jedoch. Da die Elemente der verallgemeinerten Inversen im Gegensatz zur gewöhnlichen Inversen nicht stetig von den Elementen der gegebenen Matrix abhängen, ist die Entwicklung sicherer Algorithmen weit komplizierter als bei der gewöhnlichen Inversion. Dies ist auf die bekannten Schwierigkeiten bei der numerischen Rangbestimmung zurückzuführen.

Die in Abschnitt 4 angegebenen zehn Darstellungen der Moore-Penrose-Inversen sind sämtlich für die numerische Berechnung geeignet. Die Berechnung der nichtsingulären Transformationsmatrizen P und Q wird man in Abhängigkeit von der gewünschten Standardform mit dem Gauß-Jordan-Verfahren oder einem anderen Gauß-Eliminationsverfahren durchführen. Dabei empfiehlt es sich, alle Möglichkeiten der Stabilisierung des Rechenprozesses durch Pivotstrategien und eventuell vorheriger Equilibration auszunutzen. Zur Berechnung der unitären Transformationsmatrizen U und V bieten sich das Verfahren von Householder und die Gram-Schmidt-Orthogonalisierung an. Die sorgfältige Bestimmung des numerischen Ranges in Abhängigkeit von der Stellenzahl der Maschine ist ausschlaggebend für die Genauigkeit der Ergebnisse, insbesondere bei schlechtkonditionierten und rangdefizienten Matrizen. Man vergleiche dazu die Arbeit von G. PETERS und J. H. WILKINSON 1970 [25].

Nach unseren bisherigen Erfahrungen eignen sich die in den Sätzen 4.3 und 4.4 angegebenen Darstellungen der verallgemeinerten Inversen mittels der *Hermiteschen Normalform* gut für die numerische Auswertung. Für die Moore-Penrose-Inverse ergibt sich im Fall $m = n = r$ der niedrige Rechenaufwand von weniger als $3n^3$ Multiplikationen für große n, zum Vergleich n^3 für eine gewöhnliche Inversion. Transformationen mit unitären Matrizen erfordern einen höheren Rechenaufwand als Transformationen mit beliebigen nichtsingulären Matrizen, dafür haben aber die verallgemeinerten Inversen eine einfachere Gestalt. Der Gesamtrechenaufwand ist aber höher als bei den Eliminationsverfahren, besonders bei den verallgemeinerten Inversen, die nur einen Teil der Penrose-Bedingungen erfüllen. Zum Beispiel ergibt sich nach Satz 7 der kuriose Fall, daß der Rechenaufwand für die Moore-Penrose-Inverse nicht höher ist als für alle anderen verallgemeinerten Inversen. Eine genauere Einschätzung der verschiedenen Verfahren wird in einer späteren Arbeit erfolgen.

Ausgehend von den verschiedenen Blockdarstellungen der verallgemeinerten Inversen in Abschnitt 4 können weitere Darstellungen der Moore-Penrose-Inversen hergeleitet werden, die für eine günstige numerische Berechnung in Betracht gezogen werden können. Als Grundlage dienen die bekannten Beziehungen

$$A^+ = A^*(AA^*)_1^{1,3},$$

$$A^+ = (A^*A)_1^{1,4}\, A^*$$

(vgl. etwa [34]), in denen $(AA^*)_1^{1,3}$ eine beliebige spezielle (1,3)-Inverse von AA^* und $(A^*A)_1^{1,4}$ eine beliebige spezielle (1,4)-Inverse von A^*A bedeutet. Prinzipiell können diese beiden Ausdrücke für alle zehn angegebenen Transformationen gebildet werden. Es werden hier jedoch nur vier Darstellungen angegeben, die für eine rechnerische Auswertung günstig erscheinen.

Satz 5.1. *Die Matrix $A^*A \in C_r^{n\times n}$ sei durch die* **nichtsinguläre** *Matrix* $P = \begin{pmatrix} P_1 \\ P_2 \end{pmatrix}$

*und die **Permutationsmatrix** T auf die Standardform*

$$PA^*AT = \begin{pmatrix} I_r & K \\ O & O \end{pmatrix}$$

transformiert. Dann gilt

$$A^+ = T \begin{pmatrix} I_r \\ K^* \end{pmatrix} (I_r + KK^*)^{-1} P_1 A^* = T(I_r, K)^+ P_1 A^*.$$

Beweis. Aus Satz 4.3 (4) folgt mit $X = Z = O$

$$(A^*A)_1^{1,4} = T \begin{pmatrix} I_r \\ K^* \end{pmatrix} (I_r + KK^*)^{-1} (I_r, O)\, P = T \begin{pmatrix} I_r \\ K^* \end{pmatrix} (I_r + KK^*)^{-1} P_1$$
$$= T(I_r, K)^+ P_1.$$

Hieraus ergibt sich mit $A^+ = (A^*A)_1^{1,4} A^*$ die Behauptung.

Bemerkung. A^+ wurde in der Form

$$A^+ = T \begin{pmatrix} I_r \\ K^* \end{pmatrix} [(I_r + KK^*)^{-1}, O]\, PA^*$$

bereits 1962 von A. CHARNES und A. BEN-ISRAEL [6] angegeben, ebenfalls 1963 in [1] und von A. BEN-ISRAEL und S. J. WERSAN 1963 in [4], siehe auch [3]. Der Rechenaufwand soll nach [4] für $m = n = r$ und große n nur etwa $5n^3/2$ Multiplikationen betragen. Da aber von der berechneten Matrix A^*A anstatt von der Originalmatrix A ausgegangen wird, ist bei schlechtkonditionierten Matrizen mit einem erheblichen Genauigkeitsverlust zu rechnen. Dies ist auch bei den drei folgenden Verfahren der Fall.

Satz 5.2. *Die Matrix $AA^* \in C_r^{m\times m}$ sei durch die **Permutationsmatrix** S und die **nichtsinguläre** Matrix $Q = (Q_1, Q_2)$ auf die Standardform*

$$SAA^*Q = \begin{pmatrix} I_r & O \\ K & O \end{pmatrix}$$

transformiert. Dann gilt

$$A^+ = A^*Q_1(I_r + K^*K)^{-1} (I_r, K^*)\, S = A^*Q_1 \begin{pmatrix} I_r \\ K \end{pmatrix}^+ S.$$

Beweis. Aus Satz 4.4 (3) folgt mit $Y = Z = O$

$$(AA^*)_1^{1,3} = Q \begin{pmatrix} I_r \\ O \end{pmatrix} (I_r + K^*K)^{-1} (I_r, K^*)\, S = Q_1(I_r + K^*K)^{-1} (I_r, K^*)\, S$$
$$= Q_1 \begin{pmatrix} I_r \\ K \end{pmatrix}^+ S.$$

Hieraus ergibt sich mit $A^+ = A^*(AA^*)_1^{1,3}$ die Behauptung.

Satz 5.3. *Die Matrix* $AA^* \in C_r^{m\times m}$ *sei durch die* ***unitäre*** *Matrix* $U = \begin{pmatrix} U_1 \\ U_2 \end{pmatrix}$ *und die* ***Permutationsmatrix*** $T = (T_1, T_2)$ *auf die Standardform*

$$UAA^*T = \begin{pmatrix} B & K \\ O & O \end{pmatrix}, \qquad B \in C_r^{r\times r}$$

transformiert. Dann gilt

$$A^+ = A^*T_1B^{-1}U_1.$$

Beweis. Aus Satz 4.8 (3) folgt mit $Y = Z = O$

$$(AA^*)_1^{1,3} = T\begin{pmatrix} B^{-1} & O \\ O & O \end{pmatrix} U = T_1B^{-1}U_1.$$

Hieraus ergibt sich mit $A^+ = A^*(AA^*)_1^{1,3}$ die Behauptung.

Satz 5.4. *Die Matrix* $A^*A \in C_r^{n\times n}$ *sei durch die* ***Permutationsmatrix*** $S = \begin{pmatrix} S_1 \\ S_2 \end{pmatrix}$ *und die* ***unitäre*** *Matrix* $V = (V_1, V_2)$ *auf die Standardform*

$$SA^*AV = \begin{pmatrix} B & O \\ K & O \end{pmatrix}, \qquad B \in C_r^{r\times r},$$

transformiert. Dann gilt

$$A^+ = V_1B^{-1}S_1A^*.$$

Beweis. Aus Satz 4.9 (4) folgt mit $X = Z = O$

$$(A^*A)_1^{1,4} = V\begin{pmatrix} B^{-1} & O \\ O & O \end{pmatrix} S = V_1B^{-1}S_1.$$

Hieraus ergibt sich mit $A^+ = (A^*A)_1^{1,4}\, A^*$ die Behauptung.

6. Zahlenbeispiel

Gegeben sei die (5×4)-Matrix

$$A = \begin{pmatrix} 11 & 10 & 10 & 11 \\ 12 & 11 & 11 & 12 \\ 13 & 12 & 12 & 13 \\ 11 & 11 & 10 & 12 \\ 10 & 10 & 9 & 11 \end{pmatrix}.$$

Berechnet werden sollen je eine spezielle (1)-Inverse, (1, 3)-Inverse, (1, 4)-Inverse von A und die Moore-Penrose-Inverse A^+. Dabei werden die in Satz 4.3 angegebenen Ausdrücke benutzt. Zunächst wird A durch Linksmultiplikation mit einer noch zu ermittelnden nichtsingulären Matrix P auf Hermitesche Normalform gebracht und anschließend durch Spaltenvertauschung, also durch Rechtsmultiplikation mit einer geeigneten Permutationsmatrix T auf die Standardform

$$PAT = \begin{pmatrix} I_r & K \\ O & O \end{pmatrix}$$

transformiert. Dies geschieht nach dem in Abschnitt 4.2 angegebenen Schema

$$P \begin{array}{|c|c|} \hline I_m & A \\ \hline & I_n \\ \hline \end{array} \; T \Rightarrow \begin{array}{|c|c|} \hline P & \begin{matrix} I_r & K \\ O & O \end{matrix} \\ \hline & T \\ \hline \end{array}$$

in folgenden willkürlich gewählten Schritten:

I_5					A			
1	0	0	0	0	11	10	10	11
0	1	0	0	0	12	11	11	12
0	0	1	0	0	13	12	12	13
0	0	0	1	0	11	11	10	12
0	0	0	0	1	10	10	9	11

$\Rightarrow$

1	0	0	0	0	11	10	10	11
−1	1	0	0	0	1	1	1	1
−1	0	1	0	0	2	2	2	2
1	0	0	1	0	0	1	0	1
−1	0	0	0	1	−1	0	−1	0

$\Rightarrow$

12	−11	0	0	0	0	−1	−1	0
−1	1	0	0	0	1	1	1	1
1	−2	1	0	0	0	0	0	0
−1	0	0	1	0	0	1	0	1
−2	1	0	0	1	0	1	0	1

$\Rightarrow$

12	−11	0	0	0	0	−1	−1	0
11	−10	0	0	0	1	0	0	1
1	−2	1	0	0	0	0	0	0
−1	0	0	1	0	0	1	0	1
−1	1	0	−1	1	0	0	0	0

$\Rightarrow$

11	−11	0	1	0	0	0	−1	1
11	−10	0	0	0	1	0	0	1
−1	0	0	1	0	0	1	0	1
1	−2	1	0	0	0	0	0	0
−1	1	0	−1	1	0	0	0	0

$\Rightarrow$

−11	11	0	−1	0	0	0	1	−1
11	−10	0	0	0	1	0	0	1
−1	0	0	1	0	0	1	0	1
1	−2	1	0	0	0	0	0	0
−1	1	0	−1	1	0	0	0	0

$\Rightarrow$

P					$\begin{pmatrix} I_3 & K \\ O & O \end{pmatrix}$			
−11	11	0	−1	0	1	0	0	−1
11	−10	0	0	0	0	1	0	1
−1	0	0	1	0	0	0	1	1
1	−2	1	0	0	0	0	0	0
−1	1	0	−1	1	0	0	0	0
					0	1	0	0
					0	0	1	0
					1	0	0	0
					0	0	0	1
					T			

Damit hat man also

$$P = \begin{pmatrix} P_1 \\ P_2 \end{pmatrix} = \begin{pmatrix} -11 & 11 & 0 & -1 & 0 \\ 11 & -10 & 0 & 0 & 0 \\ -1 & 0 & 0 & 1 & 0 \\ \hdashline 1 & -2 & 1 & 0 & 0 \\ -1 & 1 & 0 & -1 & 1 \end{pmatrix}, \qquad T = (T_1, T_2) = \left(\begin{array}{ccc:c} 0 & 1 & 0 & 0 \\ 0 & 0 & 1 & 0 \\ 1 & 0 & 0 & 0 \\ 0 & 0 & 0 & 1 \end{array}\right),$$

$K = \begin{pmatrix} -1 \\ 1 \\ 1 \end{pmatrix}$, und es ist $r(A) = 3$. Hieraus ergibt sich

$$(I_3 + KK^*)^{-1} = \begin{pmatrix} 2 & -1 & -1 \\ -1 & 2 & 1 \\ -1 & 1 & 2 \end{pmatrix}^{-1} = \frac{1}{4} \begin{pmatrix} 3 & 1 & 1 \\ 1 & 3 & -1 \\ 1 & -1 & 3 \end{pmatrix},$$

$$(P_2 P_2^*)^{-1} = \begin{pmatrix} 6 & -3 \\ -3 & 4 \end{pmatrix}^{-1} = \frac{1}{15} \begin{pmatrix} 4 & 3 \\ 3 & 6 \end{pmatrix},$$

$$P_1 P_2^+ = P_1 P_2^* (P_2 P_2^*)^{-1} = \frac{1}{15} \begin{pmatrix} -63 & 39 \\ 61 & -33 \\ -4 & -3 \end{pmatrix}.$$

Nach Satz 4.3 erhält man dann, indem man für die beliebig wählbaren Matrizen X, Y, Z die Nullmatrix einsetzt,

$$A_1^- = T \begin{pmatrix} I_3 & O \\ O & O \end{pmatrix} P = T_1 P_1 = \begin{pmatrix} 11 & -10 & 0 & 0 & 0 \\ -1 & 0 & 0 & 1 & 0 \\ -11 & 11 & 0 & -1 & 0 \\ 0 & 0 & 0 & 0 & 0 \end{pmatrix},$$

$$A_1^{1,3} = T \begin{pmatrix} I_3 & -P_1 P_2^+ \\ O & O \end{pmatrix} P = T_1 (I_3, -P_1 P_2^+)\, P$$

$$= \frac{1}{15} \begin{pmatrix} 71 & 5 & -61 & -33 & 33 \\ -14 & -5 & 4 & 12 & 3 \\ -63 & 0 & 63 & 24 & -39 \\ 0 & 0 & 0 & 0 & 0 \end{pmatrix},$$

$$A_1^{1,4} = T \begin{pmatrix} (I_3 + KK^*)^{-1} & O \\ K^*(I_3 + KK^*)^{-1} & O \end{pmatrix} P = T \begin{pmatrix} I_3 \\ K^* \end{pmatrix} (I_3 + KK^*)^{-1} P_1$$

$$= \frac{1}{4} \begin{pmatrix} 23 & -19 & 0 & -2 & 0 \\ -25 & 21 & 0 & 2 & 0 \\ -23 & 23 & 0 & -2 & 0 \\ 21 & -21 & 0 & 2 & 0 \end{pmatrix}$$

$$A^+ = T \begin{pmatrix} I_3 \\ K^* \end{pmatrix} (I_3 + KK^*)^{-1} (I_3, -P_1 P_2^+) P$$

$$= \frac{1}{60} \begin{pmatrix} 164 & 20 & -124 & -87 & 57 \\ -176 & -20 & 136 & 93 & -63 \\ -132 & 0 & 132 & 51 & -81 \\ 120 & 0 & -120 & -45 & 75 \end{pmatrix}.$$

Bemerkung. Wegen $X = Y = Z = O$ gilt sogar

$$A_1^- = A_1^{1,2}, \qquad A_1^{1,3} = A_1^{1,2,3}, \qquad A_1^{1,4} = A_1^{1,2,4}.$$

7. Schlußbemerkungen

Die in dieser Arbeit hergeleiteten Blockdarstellungen von verallgemeinerten Inversen können zur Auflösung linearer algebraischer Gleichungssysteme benutzt werden. In einer gesonderten Arbeit [37] werden für jede der zehn Transformationen Ausdrücke für die allgemeine Lösung von homogenen und konsistenten inhomogenen Gleichungssystemen, für die Minimum-Norm-Lösung von konsistenten Gleichungen, für die allgemeine Kleinste-Quadrate-Lösung und die bestapproximierende Lösung von inkonsistenten Gleichungen konstruiert. Erste Ansätze dazu finden sich, ohne Verwendung von verallgemeinerten Inversen, bereits 1962 bei L. BRAND [5].

Literatur

[1] Ben-Israel, A., and A. Charnes, Generalized inverses and the Bott-Duffin network analysis, J. Math. Anal. Appl. **7** (1963), 428–435.

[2] Ben-Israel, A., and T. N. E. Greville, Generalized inverses: Theory and applications, John Wiley, New York 1974.

[3] Ben-Israel, A., and Y. Ijiri, A report on the machine computation of the generalized inverse of an arbitrary matrix, ONR Research Memo No. 110. Carnegie Inst. of Tech., Pittsburgh, Penns., March 1963.

[4] Ben-Israel, A., and S. J. Wersan, An elimination method for computing the generalized inverse of an arbitrary complex matrix, J. Assoc. Comp. Mach. **10** (1963), 532–537.

[5] Brand, L., The solution of linear algebraic equations, Math. Gazette **46** (1962), 203–207.

[6] Charnes, A., and A. Ben-Israel, ONR Research Memo. 68, Northwestern Univ., Evanston, Ill., Sept. 1962.

[7] Drygalla, V., Unveröff. Manuskript, Univ. Halle, Sektion Math., 1975.

[8] Eckart, C., and G. Young, A principal axis transformation for non-Hermitian matrices, Bull. Amer. Math. Soc. **45** (1939), 118–121.

[9] Gillies, A. W., On the classification of matrix generalized inverses, SIAM Review **12** (1970), 573–576.

[10] Golub, G. H., and C. Reinsch, Singular value decomposition and least squares solutions, Numer. Math. **14** (1970), 403–420.

[11] Graybill, F. A., Introduction to matrices with applications in statistics, Wadsworth Publ. Co., Belmont, Calif., 1969.

[12] Hearon, J. Z., and J. W. Evans, On spaces and maps of generalized inverses, J. Res. Nat. Bur. Standards **72B** (1968), 103–107.

[13] la Budde, C. D., and G. R. Verma, On the computation of a generalized inverse of a matrix, Quart. Appl. Math. **27** (1969), 391–395.

[14] Lawson, C. L., and R. J. Hanson, Solving least squares problems, Prentice-Hall, Englewood Cliffs, N. J., 1974.

[15] Lee, A., Általánosított mátrix inverzekre adott újabb formulák (On some new formulae concerning generalized matrix inverses), Mat. Lapok **22** (1971), 51–58.

[16] Marcus, M., Basic theorems in matrix theory, Nat. Bur. Standards, Appl. Math. Ser. **57** (1960), 27 p.

[17] Meyer, C. D., and R. J. Painter, Note on a least squares inverse for a matrix, J. Assoc. Comp. Mach. **17** (1970), 110–112.

[18] Moore, E. H., On the reciprocal of the general algebraic matrix (Abstract), Bull. Amer. Math. Soc. **26** (1920), 394–395.

[19] Moore, E. H., General analysis, Memoirs Amer. Philos. Soc. **1** (1935), bes. 197–209.

[20] Morris, G. L., and P. L. Odell, A characterization for generalized inverses of matrices, SIAM Review **10** (1968), 208–211.

[21] Noble, B., A method for computing the generalized inverse of a matrix, SIAM J. Numer. Anal. **3** (1966), 582–584.

[22] Noble, B., Applied linear algebra, Prentice-Hall, Englewood Cliffs, N. J., 1969.

[23] Penrose, R., A generalized inverse for matrices, Proc. Cambridge Philos. Soc. **51** (1955), 406–413.

[24] Penrose, R., On best approximate solutions of linear matrix equations, Proc. Cambridge Philos. Soc. **52** (1956), 17–19.

[25] Peters, G., and J. H. Wilkinson, The least squares problem and pseudo-inverses, Computer J. **13** (1970), 309–316.

[26] Pringle, R. M., and A. A. Rayner, Generalized inverse matrices with applications to statistics, Griffin, London 1971.

[27] Rao, C. R., A note on a generalized inverse of a matrix with applications to problems in mathematical statistics, J. Royal Statist. Soc., Ser. B, **24** (1962), 152–158.

[28] Rao, C. R., Linear statistical inference and its applications, John Wiley, New York 1965, 2., erweiterte Aufl. 1973.

[29] Rao, C. R., Calculus of generalized inverses of matrices, Sankhya, Ser. A, **29** (1967), 317–342.
[30] Rao, C. R., Lineare statistische Methoden und ihre Anwendungen, Akademie-Verlag, Berlin 1973 (Übersetzung der 1. Aufl. von [28]).
[31] Rao, C. R., and S. K. Mitra, Generalized inverse of matrices and its applications, John Wiley, New York 1971.
[32] Rohde, C. A., Contributions to the theory, computation and application of generalized inverses, Doctoral dissertation, Department of Statistics, North Carolina State University, Raleigh 1964.
[33] Searle, S. R., Linear models, John Wiley, New York 1971.
[34] Sibuya, M., Subclasses of generalized inverses of matrices, Ann. Inst. Statist. Math. **22** (1970), 543–556.
[35] Tewarson, R. P., A direct method for generalized matrix inversion, SIAM J. Numer. Anal. **4** (1967), 499–507.
[36] Tewarson, R. P., On some representations of generalized inverses, SIAM Review **11** (1969), 272–276.
[37] Zielke, G., Die Auflösung beliebiger linearer algebraischer Gleichungssysteme durch Blockzerlegung, Beitr. Numer. Math. (eingereicht)
[38] Zlobec, S., An explicit form of the Moore-Penrose inverse of an arbitrary complex matrix, SIAM Review **12** (1970), 132–134.

Manuskripteingang: 14. 6. 1976

VERFASSER:

Doz. Dr. sc. nat. Gerhard Zielke, Sektion Mathematik der Martin-Luther-Universität Halle–Wittenberg

Berichtigungen

JOCHEN W. SCHMIDT, Eine Anwendung des Brouwerschen Fixpunktsatzes zur Gewinnung von Fehlerschranken für Näherungen von Polynomnullstellen, Beitr. Numer. Math. 6 (1977), 158–163.

Herr Professor WOLFGANG BÖRSCH-SUPAN machte mich freundlicherweise darauf aufmerksam, daß im Abschnitt 4 über Abschätzungen bei mehrfachen Nullstellen und Wurzelhaufen die durch (17) erklärten Funktionen $T_{\nu j}$ im allgemeinen im Kreis K_ν nicht mehr stetig sind, sofern der Radikand aus (17) in K_ν Nullstellen besitzt. In solchen Fällen ist der Brouwersche Fixpunktsatz auf die $T_{\nu j}$ nicht mehr anwendbar. Der Satz 5 ist daher nur bewiesen, wenn zusätzlich die recht einschneidende Voraussetzung aufgenommen wird, daß der Radikand in den Funktionen $T_{\nu j}$ im Kreis K_ν nicht verschwindet.

BERND HEINRICH, Zur Anwendung des Differenzverfahrens bei Aufgaben mit freiem Rand, Beitr. Numer. Math. 6 (1977), 81–95.

Seite 90, Zeile 21 v. u.: statt $\Gamma_h^{(k)} \subset \Gamma_h^{(k)}$ lies $\Gamma_h^{(k)} \subset \Gamma^{(k)}$

Seite 90, Zeile 4 v. u.: statt $\Gamma_{k\mathscr{F}}^{(k)}$ lies $\Gamma_{h\mathscr{F}}^{(\infty)}$

Seite 93, Zeile 2 v. u.: statt $\Gamma_{\mathscr{F}}^{(1)}$ lies $\Gamma_{\mathscr{F}}^{(0)}$

Seite 95, Literatur [4]: statt BRAMBLE, J. G., lies BRAMBLE, J. H.

FSC
www.fsc.org
MIX
Papier | Fördert
gute Waldnutzung
FSC® C083411

Kolibri 360 GmbH
Ferdinand-Jühlke-Straße 7
99095 Erfurt, Deutschland
produktsicherheit@kolibri360.de